作者近照

中国环境外交（上）

——从斯德哥尔摩到里约热内卢

China Environmental Diplomacy（Ⅰ）

——From Stockholm to Rio de Janeiro

王之佳　编著

中国环境科学出版社·北京

图书在版编目（CIP）数据

中国环境外交（上）/王之佳编著. —北京：中国环境
科学出版社，2012.5
　ISBN 978-7-5111-0963-7

　Ⅰ．①中… Ⅱ．①王… Ⅲ．①环境保护—国际合
作—概况—中国　Ⅳ．①X-12

　中国版本图书馆 CIP 数据核字（2012）第 065148 号

责任编辑	吴再思　沈　建
责任校对	扣志红
封面设计	彭　杉

出版发行	中国环境科学出版社
	（100062　北京东城区广渠门内大街 16 号）
	网　　址：http://www.cesp.com.cn
	电子邮箱：bjgl@cesp.com.cn
	联系电话：010-67112765（编辑管理部）
	发行热线：010-67125803，010-67113405（传真）
	印装质量热线：010-67113404
印　　刷	北京市联华印刷厂
经　　销	各地新华书店
版　　次	2012 年 5 月第 1 版
印　　次	2012 年 5 月第 1 次印刷
开　　本	787×960　1/16
印　　张	25.5
字　　数	385 千字
定　　价	75.00 元

再版序

2003 年 4 月始，到联合国环境规划署工作。这期间，外交部、北京大学、外交学院等来联合国开会的代表见面时均提到我出的两本小册子：《中国环境外交》，《对话与合作——国际环境问题与中国环境外交》。看来这两本书还有些用，没有浪费宝贵的纸张。这促使本人愿与中国环境科学出版社商谈再版之事，以应断档之需。

斯德哥尔摩联合国人类环境会议召开已近 40 周年，巴西里约热内卢联合国环境与发展大会召开也近 20 周年，联合国环境规划署亦将迎来其 40 周岁生日。此时，再版此书，是希望为从事、支持和热爱环保事业的人们提供过去几十年人类解决环境问题的部分历史资料和记录，提供有关划时代的环保宣言和行动纲领，提供国际环境问题的由来和解决进程，以史为鉴。企盼此书能为解决困扰人类的若干全球性环境问题和探索可持续发展的途径发挥些许有益的参考作用。

此次再版，对两书稍做了修改。将《中国环境外交》一书中的资料照片删减了，更名为《中国环境外交（上）》；将《对话与合作》更名为《中国环境外交（下）》。同时，对两书的部分内容做了增删和调整。

自 1976 年在国务院环境保护领导小组办公室从事环保工作至今，已经 36 个年头了。作为一位环保外交战线的老兵，面对全球严峻的环境和资源形势，吾愿与国内外环保仁人志士一道，为使我们共同的地球家园天更蓝、水更清、大气更清新、大地更美好而努力。是为序。

王之佳

2012 年初春于肯尼亚内罗毕

序

目前，国际形势正处在重大、深刻的变化之中。虽然局部战争和冲突接连不断，但是，和平与发展仍是时代的主题。环境问题自冷战结束后一直高居世界政治议题前列，是国与国之间、多边领域内的重要议题。由此开展的环境外交成为各国外交的一个新领域。

环境外交是国家和其他外交主体通过谈判等和平方式，以调整国际环境关系的各种活动的总称；是国家推行其环境外交政策、维护其环境权益、促进其环境发展事业的重要手段；是一个新兴的、十分活跃的、兼有环境工作和外交工作双重特点的工作领域。

中国的环境外交可以说始自 1972 年派团出席在斯德哥尔摩召开的联合国人类环境会议。回首这27年，光阴荏苒，记录了中国环境保护一步步走出国门融入世界的足迹。到目前为止，中国已同 27 个国家签署了双边环境保护合作协议或备忘录，加入了包括《生物多样性公约》、《联合国气候变化框架公约》、《保护臭氧层维也纳公约》等20多个国际环境公约。这在环境与发展舞台上极大地提高了我国的国际地位，维护了广大发展中国家和我国的权益，并向国际社会表明中国政府是个合作、负责任的政府。中国作为世界上最大的发展中国家在环发领域发挥的重要作用使国际社会充分认识到，解决全球环境问题没有中国的参与是不行的。此外，通过对外合作，我国在宣传自己、引进资金、技术、经验和能力建设方面取得了很大的成效，促进了我国环境质量的改善。

环境外交舞台很少是和风细雨，文雅幽默，却经常是唇枪舌剑，阵线分明，为某一个问题或一个条款各方只字必争，挑灯夜战。记得在1995年2月，我出席由挪威首相布伦特兰夫人主持的可持续消费高级圆桌会。会议本来讨论发达国家应如何改变其不可持续的生产和消费方式，不料，世界观察研究所那位布朗先生却在会上抛出了《谁将养活中国》一文，误导会议走向，避而不谈发达国家人均消耗世界资源数十倍于发展中国家这一事实，反把注意力引向中国。我们当即据理驳斥，以正视听。此事后来为国内外媒体广为报道，不再赘述。本书作者王之佳同志经历了这场斗争。上述事例表明，作为环境外交工作者，应该在国际环境舞台上既要讲合作，又要讲原则，既要广交朋友，又要维护广大发展中国家的权益，更要维护国家尊严。不辱使命，皆寓于此。

中国环境外交20多年的辉煌历程值得加以总结。而这项工作由直接参与者做则显得格外真切实在，可给人以更多的启迪和借鉴。作者作为有心人不辞辛苦完成这一工作是十分有意义的。在书中，作者对环境外交工作者的奉献、所取得的成就进行了介绍，可以使读者真正感到中国环境外交的历程就是每一位环境外交工作者兢兢业业、献身环保的历程。他们为了环境保护这一美好的事业奋斗，创下了辉煌的业绩。

当然，本书还有不足，还未能充分反映出我国在环境外交各个方面所取得的成绩。我在此要指出的是作者是一位环境外交的实践者，他能够呈现给读者一部作品，已经出色地担当起了自己的角色，并有一定的拓展。希望这本旨在进行总结和展望的书能够起到抛砖引玉的作用。

昔日辉煌已成为历史，我祝愿作者和他的同事们今后在环境外交大舞台上，导演出更多更好有声有色的戏剧来。

解振华

1999 年 7 月

自　序

　　拙作《中国环境外交》即将付梓之际，抚着散发着浓浓墨香的清样，回想这一年多来的写作修改过程，百感交集，情不自禁地提笔写点感受。

　　1997 年 12 月，在日本京都，我与联合国环境规划署执行主任多德斯韦尔女士在部长及官员高级委员会主席团会议上交谈时，她讲："中国在国际环境论坛上的作用日益重要。若没有中国的参与，解决任何全球性环境问题是不可能的。"她的话对我触动很大，抚今追昔，中国环境外交自 1972 年以来可以说有了突破性的飞跃，有很多值得思考和总结的东西，由此坚定了写这段 20 多年环境外交历程的念头，这是外因。内因是我自参加环境保护工作以来一直搞对外合作，亲身经历了许多有重大意义的环境外交历史事件，也收集和积累了一些有关的资料，感受颇多，早有写点东西的心愿，在外因的推动下，1998 年年初，我开始着手本书的写作。

　　中国环境外交是一个新领域，是中国外交的一个重要方面，它对国家利益和国内环境保护工作有很大影响。

　　中国环境外交已经有 20 多年的历程，总结这个历程与经验具有十分重要的意义。作为一个参与者做这个总结，可能会显得更真切实在。

　　我从事环境保护国际合作已有 23 年，多年来我见证了中国环境外交发展的各个阶段，在动笔之前，我清楚地意识到把过去的事件真实复现在冷冰冰的印刷纸上并不是件易事，但强烈的冲动和了却心愿的欲望，使我挤时间，开夜车，历经一年有余，终于把中国环境外交逐步发展壮大走向辉煌的画面展现在读者面前。

　　在环境问题日益成为热点的情况下，我拙笔介绍我国环境外交所走过的历程，就是希望尽可能给读者一个清晰的轮廓，使国外和国内读者对中国的环境外交有一个概貌性的了解和认识，使环境工作者得到一些信息或启发，为有关领导决策提供参考。

另外，在写作中，我常常想到中国环境外交的成就是环境外交工作者集体创造的。中国环境外交的历程充满了环境外交人员用爱国心、事业心、责任心书写的动人事例。在一次次环境外交谈判中，在高层外交活动中，经过艰苦的努力和辛勤的工作，取得较为满意的成果时，会让人深深地体味到环境外交的酸甜苦辣。此时，我想引用西奥多·罗斯福的一句话赠给中国环境外交的同事们："荣誉属于这样的人，他置身角斗场上，脸上沾满灰垢、汗水和鲜血；他英勇拼搏；他犯有错误，一再表现出不足之处，因为要奋斗就会有缺点和错误；但是，他实实在在为建功立业而拼搏；他懂得伟大的热忱、崇高的献身精神。"

中国环境外交在发展历程中经历了各种各样的困难，有时也有失误，但这是前进道路上不可避免的。它取得的每一点进步，直至今天的辉煌，是两代中国环境外交人员努力的结果。他们为了维护国家权益，为了国内环境保护事业，兢兢业业，积极开拓，勇于奉献。中国环境外交史上将铭记他们的功绩和名字，"谨以此书献给为中国环境外交辛勤工作的人们！"是我此时最想说的心里话。

此书的完成，首先要感谢我的妻子刘淑琴，她为本书的出版做了许多工作，尽管当时她在为自己的博士论文答辩而经常熬夜，可还是抽时间帮我查找资料，翻译外文，整理草稿，并对一些章节提出了自己的看法和建议，她是本书的第一个读者。一些老领导、老同志也提供了无私和热情的关注与支持，如全国人民代表大会环境与资源保护委员会主任委员、我的老领导曲格平教授，出席联合国人类环境会议中国代表团团长唐克同志，前中国常驻联合国环境规划署代表薛谋洪教授等。我朝夕相处的国家环境保护总局国际合作司的同事们给予了我最大的支持和协助，在此一并表示感谢。在本书的写作过程中，现已行世的一些有关环境问题及环境外交的书籍和论文，给了我不少教益与启发；参考和借鉴了许多作者的成果和表述，特向有关作者深表谢意。最后，我还要感谢贾金虎同志、国家环境保护总局环境与经济政策研究中心赵峰、中国科学院赵扬教授、中国人民大学王杏芳教授、中国城市出版社李越编审等同志的无私帮助，他们审阅、修改了部分章节。没有他们的帮助，根本无法设想本书的付梓。

当然，本书还有不足，难免存在这样那样的问题，敬请读者指正。我写本书的出发点和目的是总结更是展望，希能起到抛砖引玉的作用。

王之佳

1999 年春　北京官园

前　言

　　20世纪以来，随着科技进步和社会生产力的极大提高，人类创造了前所未有的物质财富，极大地推动了文明发展的历程。但与此同时，臭氧层破坏、地球变暖、水资源污染等全球性环境污染和生态破坏却日益严重，对人类的生存和发展构成了现实威胁。保护生态环境，实现可持续发展，已成为全世界紧迫而艰巨的任务。

　　环境问题的出现，对传统的国际关系理论和外交理论形成了重大的冲击，在生态问题上的传统观点已发生变化，常涉及或含有国家主权、国家安全、国际合作等新的内涵，需要审视。

　　围绕着环境问题，各国开展了广泛的外交活动。环境外交作为一个崭新的领域，逐渐成为国际外交的焦点，引起了世界各国的普遍重视。对于环境外交的定义，目前尚无统一的认识。简单地说，环境外交就是指为解决全球性和区域性环境问题，维护我国和发展中国家环境合法权益而进行的双边与多边环境合作、国际交流和外交斗争，是国际政治、经济、环境和外交等因素相互影响、相互作用而表现的一种新的国际关系形式。环境外交的基础是国际环境关系，国际环境关系是国际关系的重要组成部分。我们相信，随着全球化浪潮的进一步发展，环境外交作为国际合作的重要基础，必将成为建立世界新秩序和构筑未来世界格局的重要内容。

　　我国是一个发展中国家，同时又是一个环境大国，在国际环境论坛上有着举足轻重的地位。积极地开展环境外交，加强双边、多边合作，一方面可以通过科技交流、经贸合作促进我国环境保护事业的发展，促进国民经济快速、持续、健康的发展，另一方面也可以促进国际环境合作，解决国际环境问题，为全球环境保护做出贡献。因此，做好环境外交的研究工作意义十分重大。

从 1972 年斯德哥尔摩人类环境会议始，我国开展环境外交的历史已有 20 多年，取得了辉煌的成就。然而迄今为止，我国对环境外交的系统性研究尚未开展，对这方面的重视程度也还远远不够，这是与我国的环境大国地位不相符的。更重要的是，各国从本国的环境、经济和政治利益出发，对解决环境问题有着不同的出发点、态度和方式，从而使国际环境外交格局呈现出一种变幻莫测的多极化趋势，环境外交领域形势复杂。环境因素与政治、经济等交织在一起，对国家安全、国际贸易及跨国投资等有着重大影响。因此，在同其他国家的谈判和接触过程中，稍有不慎，便可能对我国的经济和政治利益造成重大损失。对我国的环境外交战略和策略进行系统性的研究和整体性规划已势在必行。

笔者长期工作于环境外交工作的第一线，参与了我国的一些重大环境外交活动，并且在日常工作中十分注意对中国环境外交工作进行思考和研究，因此，对中国环境外交进行一次系统性的回顾和理论总结是笔者的宿愿。

由于多方面因素的影响，中国环境外交的发展过程呈现出很强的阶段性。本书把中国环境外交的发展大致分为三个阶段，并对每个阶段进行了详尽的评述。全书框架如下：

第一章：描述了全球环境污染和生态恶化的状况，重点介绍了温室效应、化学烟雾、酸雨等几大全球性环境污染问题。这是环境外交兴起的宏观背景。

第二章：介绍了联合国环境规划署、全球环境基金等国际组织以及日本、美国、中国等环境大国的环境保护举措。

第三章：论述了当今全球环境外交中的分歧与争论、开展环境外交的必然性以及全球环境外交发展的几个阶段，指出了环境外交的一些基本特点。

第四章：评述了中国环境外交的开辟阶段（1972—1978 年），重点介绍了中国参加斯德哥尔摩联合国人类环境会议的情况。

第五章：评述了中国环境外交的深入发展阶段（1979—1992 年），重点介绍了中国在《蒙特利尔议定书》的谈判中，与广大发展中国家协调一致，出色地开展环境外交的情况。在此阶段，我国的环境外交得到了系统化的开创和进一步的发展，取得了显著的成就。

第六章：中国环境外交的渐趋成熟阶段（1992 年至今），重点描述了中国参加 1992 年巴西里约热内卢联合国环境与发展大会的情况。在此阶段,我国的环境外交工作逐步走向成熟。

第七章:论述了中国开展中日环境合作、中加环境合作、中美环境合作等双边环境外交和参加国际环境会议等多边环境外交的一些基本情况。

第八章:20 多年来中国环境外交发展的回顾与思考。这是对第四、五、六、七章的归纳和总结,进一步阐述了中国环境外交发展的必然性,总结了中国环境外交所取得的成就,分析了中国环境外交的基本原则立场。

第九章:对 21 世纪中国环境外交的展望,分析了 21 世纪环境外交的新走向以及中国环境外交的发展。这是本书的总结。

为了使广大读者从整体上了解中国环境外交的发展,本书在附录里收录了中国环境保护外交大事记(1972—1999 年)及具有历史性意义的国际人类宣言,中国同其他国家签署的一些双边环境合作协定等文件。

环境外交是一个新兴的富有挑战性的前沿领域,需要各界人士的共同努力,才能取得丰硕的成果。本书的目的在于抛砖引玉,希望能给有志于此的广大同仁一点新的思路,并能引起大家对环境外交的重视。由于迄今国内在这方面的系统性研究工作尚未展开,资料也相对不足,加上本人水平有限,不当之处自是难免,尚请诸位专家、学者和环保界的同仁批评指正。

目　录

从斯德哥尔摩到里约热内卢

从斯德哥尔摩到里约热内卢

从斯德哥尔摩到里约热内卢

第一章　人类生存状况的恶化

——环境污染与生态破坏

炽热的地球：温室效应和全球变暖

让每个人理解生存中遇到的困境及其起因和对策是一个艰难的历程。人们现在惊异地发现，已经习惯了的春夏秋冬四季有了明显的改变，特别是冬天已不再如记忆中的那么寒冷，就连日本的长野为举办冬奥会也因气温升高冰雪不断融化，工作人员不得不采取如人工降雪和制冰等紧急措施，以保证赛事正常进行。科学家们经过研究，认为 20 世纪 80 年代是最近 40 年中"最暖的 10 年"。科学家们经过对金星的研究，发现由于金星大气成分的 97%是二氧化碳，这层厚厚的酸性云层虽然可以防止太阳直接辐射，但更强烈地阻止金星表面的热辐射散逸，因而形成一个高效率的"大温室"，使金星成为浓云之下不见天日的热球。根据这一发现，科学家们将大气层中的某些微量组分，能使太阳的短波辐射透过，加热地面而地面增温后所放出的热辐射，却被这些组分吸收，使大气增温的现象形象地称为温室效应。"夏日酷暑，冬天无寒"就是温室效应使然。

研究结果表明，能使地球大气增温的组分有二氧化碳、甲烷、氟氯烷烃等。因为二氧化碳所起的作用占到 55%，因此二氧化碳的增加无疑是造成全球变暖，即产生温室效应的主要因素。我们人类赖以居住的地球，原本就存在着温室效应，是它使得地球能够保持一个适应于人类生存的正常温度和环境。但近百年来，由于经济迅速发展，人类活动的规模日益扩大，人类向空气中排放了大量的能使地球大气增温的气体，尤其是二氧化碳。据统计，100 多年来，工厂的烟囱和焚烧森林共向大气排放了大约 8 000 亿吨的二氧化碳，这些二氧化碳除了溶于海洋和被亿万浮游生物及陆地植物吸收外，其余均进入大气，从而使得大气中的二氧化碳浓度（体积分数）从 100 多年前的 260～280 μl/L 增加到 340 μl/L。据预测，到 21 世纪中叶，大气中二氧化碳的含量还可能达到 600 μl/L。大气圈中的二氧化碳数量增加 1 倍，将使全球平均气温升高 1.5～3℃，高纬度地区气温升高 4～10℃。温室效应的增强，在全球范围内引发了一系列问题。1988 年的全球平均气温比 1949—1979 年的多年平均记录值高 0.34℃，比 20 世纪初高 0.59℃。1995 年 1 月，人们发现位于南极半岛东侧的拉尔塞陆缘冰，出现了大规模龟裂。最近，我国科学家在一次学术会议上宣布，在钻取到目前世界上海拔最高的冰芯（达索普冰芯）中发现了人类工业化所留下的证据，从而证实几十年来人类污染在加剧，全球在逐渐升温。种种征兆表明全球气候因"温室效应"确实有变暖的趋势。温室效应还带来全球性的干旱。

由于全球气候明显逐渐变暖，将会导致北极、南极的冰雪部分融化，从而使海平面上升。自 1920 年以来，两极冰雪融化，海平面呈现增长的趋势。目前，世界大洋温度正以每年 0.1℃ 的速度上升，全球海平面平均上升了 11.5 厘米。设在英国的政府间气候变化专门委员会（IPCC）的研究表明，随着温室气体的排放，21 世纪，全球气温每 10 年将上升 0.3℃，到 2025 年，全球气温将上升 1℃；联合国的专门委员会经电脑模拟实验后认为：当 2050 年全球海平面升高 30～50 厘米时，世界各地海岸线的 70% 将被海水淹没。假如南极冰川全部融化，全世界海平面将上升 70 米，即使仅有 1/10 融化，也将导致整个地球海平面上升 7 米的严重后果。气候变暖，不断持续升温，引起海平面升高，这一问题引起了小岛屿发展中国家的严重关切和不安。在巴巴多斯首都布里奇敦召开的"联合国第一届小岛屿发展中国家可持续发展全球会议"，标志着国际社会对小岛屿国家命运的关心。瓦努阿图常驻联合国代表曾说："海平面升高威胁至少几个小岛屿国家的生存，这不是一个遥远或抽象的问题，而是一个即将来临的史无前例的全球灾难。"联合国环境规划署在一份报告中提出：全世界最容易受海平面升高影响的是孟加拉、埃及、冈比亚、印度尼西亚、马尔代夫、莫桑比克、巴基斯坦、塞内加尔、苏里南和泰国 10 个国家。气候的变化使旋风、飓风和台风加强，破坏力增大。气候变暖可能干扰世界粮食生产稳定性和分布性，从而引起粮食贸易的巨大变动。气候变暖使有些地区和国家获得收益，而有些地区将产生损失。这种不均衡性带来不尽相同的后果，可谓几家欢乐几家愁：加拿大安大略富庶的农田由于降雨量的减少引发粮食歉收；美国中西部由于干热的夏天使农田遭到损害；我国边远地带的农田变得多雨，可提高产量；印度和孟加拉这两个国家遭到更多的台风和洪水的光顾，农业生产可能绝收。据估算，气候变暖将会使森林所占土地面积从现在的 58%减到 47%，荒漠从 21%扩展到24%，草原从 18%增加到 29%。但是从总体上来看，弊大于利，是不争的事实。

全球变暖可能影响到死亡率，并将增加慢性和传染性的呼吸疾病、过敏性反应和生殖方面疾病的发病率，它还可能影响到由传播媒介引起的疾病的地理范围。极端的气温往往也会对心血管、脑血管和呼吸疾病产生更严重的影响，尤其是对老年人。对美国部分城市的研究发现，当气温升到 25℃以上时，心脏病和中风发病率会急剧增加。全球气温升高后，高纬度国家居民的疾病会增多。据统计资料表明，在无其他环境变化的情况下，气温升高 2～4℃，人口死亡率即会增加。

气温的变化可能会改变植物、动物、昆虫、细菌和病毒的分布范围与生命周期。变暖还可能增加体内寄生虫，例如蛔虫病和南美锥虫导致的疾病向北传播。

地球变暖已经被列为世界面临的重大环境问题之一。解铃还需系铃人，由于气候变化是人类引起的，所以这些变化也应由人类采取有效的措施来阻止。为了抑制全球变暖带来的深重灾难，有关国际组织多次发出呼吁，制定保护全球大气层法，要求到 2005 年把二氧化碳的排放量减少到 1988 年的 20%。《联合国气候变化框架公约》的谈判和签订，正是在此背景下取得的一个瞩目成就。为了人类的生存和健康，人们不应无所作为，而应行动起来，协同控制全球气候变暖。如果不扼制温室效应等全球变暖对环境的冲击，则最终结果将不亚于爆发一场全球性的热核战争。

环境污染与生态破坏

第一章 人类生存状况的恶化

窒息的空气：化学烟雾四处弥漫

人们的活动对世界气候形态带来的重大影响是显而易见的。但我们对于生活中不可或缺的空气的洁净程度却缺乏应有的关心。殊不知在人们所呼吸的每一口空气中，其中不乏有毒污染成分。可是人们对于日积月累的慢性潜在危害却总是漠然视之，没有正视和估计它的灾难性后果。我们其实已处在一个空气被污染的世界中。例如：随着亚太地区人口的不断增加，工业和交通业快速地发展，各种大气污染源与日俱增，造成严重的大气污染。在亚洲，大气污染的程度各地区不尽相同。南亚的悬浮颗粒物水平最高，东南亚居中正在上升，东亚较低。铅水平则东南亚最高，南亚居中，中国较低。东亚的二氧化硫较为严重。1993 年联合国的一份报告中说："有关空气污染的统计数字表明，生活在亚太地区大城市里的危险特别大"。除了东京和新加坡，几乎所有亚太地区的首都均有严重的空气污染问题。据 1996 年中国环境状况公告，我国城市空气中总悬浮颗粒浓度普遍超标，二氧化硫浓度水平较高，部分城市污染相当严重。全国大城市尾气污染趋势加重，氮氧化物已成为一些大城市空气中的主要污染物。

通常，气体污染物从污染源排入大气，可以直接造成污染，同时也可以经过反应形成二次污染物。在二次污染物中危险最大也最为普遍的是光化学烟雾。历史上曾发生八起触目惊心的光化学烟雾事件，如 1952 年 12 月，美国洛杉矶市由于燃烧石油排出的大量污染性气体，使盆地上空烟雾弥漫扩张，在这次光化学烟雾中，65 岁以上的老人和 15 岁以下的小孩共计约 4 000 人死亡；1970 年 7 月 18 日，日本东京市也发生过一次严重的光化学烟雾事件，受害的人数高达 6 000 余人。其中最著名的当属震惊世界的伦敦烟雾事件。1952 年岁末，人们正沉浸在迎接圣诞节的欢乐气氛中，一场特大的浓雾降临，由于"雾都"市民对此早已司空见惯，因此伦敦周围的工厂照常开工，无数的烟囱如往常一样把浓烟喷吐向空中，浓烟中的大量二氧化碳和粉尘，因无风在浓雾中难以散开，一场静悄悄的灾难逐渐地降临到伦敦市民的头上。每立方米大气中含烟尘达 4.5 毫克，二氧化硫 3.8 毫克。几千市民感到呼吸困难，并出现咳嗽、呕吐等症状，当天死亡率急剧上升，4 天中死亡人数较常年同期多 4 000 人，患有呼吸器官疾病者是平时的 4 倍，患心脏病者是平时的 3 倍。城市昏天黑地，行人视线被遮，车辆无法行驶。在烟雾事件后的 2 个月内，还陆续有 8 000 人病死。1997 年举世震惊的印度尼西亚森林大火，足足在加里曼丹和苏门答腊岛上燃烧了 3 个月，对空气的污染十分严重。对苏门答腊岛占碑省进行的一项非公开的空气污染分析报告表明，其空气中的尘埃量为英国安全量的 50 倍，约为世界卫生组织和美国安全量的 20 倍。约有 2 000 万人生活在印度尼西亚空气严重污染的地区，数百万人生活在受其影响而烟雾笼罩的马来西亚东部及新加坡。据报道，东南亚上空令人窒息的黄灰色烟雾曾迫使工厂关门，航班取消，医院就诊患者大增。法国医学家指出：实际上，从这次森林大火中，我们确实又发现了洛杉矶"烟雾"中的那些成分。

在低浓度空气污染物的长期作用下，可引发人们患上呼吸道炎症、慢性支气管炎、支气管哮喘以及肺气肿等疾病；空气污染已成为肺心病、冠心病、动脉硬化、高血压等心血管疾病的重要致病因素；被称为"文明症"的癌症，尤其是肺癌的多发，更与空气污染有密切关系。此外，空气污染会降低人体的免疫功能，造成抗病力的下降，促成多种其他疾病的发生与发展。若局部环境中某些污染物浓度过高，甚至可引起急性中毒与死亡。一项调查发现，空气污染不仅缩短城市居民的寿命，而且还极大地影响儿童的发育。泰国曼谷由于受空气中铅浓度剧增的影响，通过对 7 岁儿童检查发现，平均智商要损失 4 点以上。

空气污染对人体的影响，有些是污染物，如氯气、氟化物、硫氧化合物气体、氮氧化合物气体、多环芳烃、石棉尘、氯乙烯等直接作用所造成的；有些是由于污染物破坏了空气中某些成分，间接对人体发生作用的，如臭氧层的破坏与负离子的减少等，使空气的养护能力下降，间接对人体产生危害。世界上的许多地区的人们都在深受空气污染对人体带来的伤害。

无情的雨滴：酸雨普降

科学家们将 pH 值小于 5.6 的天然降水和酸性气体及颗粒沉降称为酸雨。人

环境污染与生态破坏

们知道由于空气污染而造成酸雨，可追溯到 19 世纪中叶的英国。其后在 20 世纪 30 年代到 60 年代期间，相继在美国、瑞典、挪威、比利时、荷兰、德国及法国等工业发达国家发现了酸雨现象。但是，没有引起人们足够的重视。直到在 1972 年瑞典斯德哥尔摩召开的联合国人类环境会议上，才第一次把酸雨作为一个国际性环境污染问题提出来。在最近二三十年间，随着人口的急剧增长和工业的迅速发展，尤其是一些国家未能摆脱传统工业高投入、高消耗、高污染的增长模式，没有低投入、低消耗、无污染的技术可供采用，故向大气中排放了大量的二氧化硫、氮氧化物等酸性污染物，因此，酸雨危害范围不断扩大，危害程度日益严重。人们只要观察一下脚下的土地、流动的河水、街边的树叶，或从每日的传媒中都可感受到酸雨的存在。酸雨作为全球性问题已经发展到对环境构成严重污染危害的程度。

在发达国家，酸雨的浓度不断上升，如欧洲雨水的酸度每年上升 1%。其中比利时的酸化程度已超过正常标准 16 倍，荷兰、英国和丹麦等国也超过正常标准 16 倍左右。斯堪的纳维亚半岛南部、瑞典、波兰、捷克、德国等国的酸雨的 pH 值多为 4.0～4.5。意大利酸雨成灾。北美酸雨频降，其 pH 值为 3～4，美国已有 15 个州的酸雨 pH 值接近 5。加拿大受酸雨损害的面积达 120 万～150 万平方公里。80 年代后，在亚洲、美洲和非洲等洲及许多发展中国家也相继出现酸雨，并且这种趋势日益增强，在日本东京地区、马来西亚、泰国和巴西等地产生程度不同的酸雨。据 1996 年中国环境状况公报统计，我国酸雨主要分布于长江以南、青藏高原以东地区及四川盆地。以长沙市为代表的华中酸雨区，降水酸度值最低，酸雨出现频率最高，并呈逐年加重的趋势；西南酸雨区污染程度仅次于华中酸雨区，华南酸雨区、华东沿海酸雨区分布较广，污染较重。北方城市出现酸雨的比率也大幅度增加。全国酸雨覆盖面占国土面积的 25%。长沙、赣州、重庆、柳州等地已是"十雨九酸"，降水 pH 值低于 4。

酸雨对环境所造成的污染和危害十分严重，成为影响全球生态系统的一个重要因素。酸雨对水生生态系统的危害很大，因为酸雨降落在湖泊、江河、水库等水域中，使水域酸度增大，浮游和水生生物减少至不能存活。挪威南部 500 个湖泊有近一半鱼虾已绝迹；在美国有近 1 200 个湖泊已全部酸化。据报道，美国还有约 50%的湖泊的酸度正在上升。在加拿大 30 多万个湖泊中，就有 5 万个因湖泊酸化水生生物完全灭绝。酸雨对陆生生态系统的影响，主要是导致土壤的酸化，造成土壤中营养元素流失，抑制微生物固氮和分解有机质的活动，最终使土壤贫瘠化。在欧洲有 5 000 万公顷森林受酸雨危害而枯萎；德国巴伐利亚州山区的 12 000 公顷森林有 1/4 坏死。意大利近年来约有 9 000 公顷的森林完全毁于酸雨。酸雨还腐蚀建筑房屋、桥梁、工业装备等材料以及包括古迹、历史建筑、雕刻、装饰等文化设施。每年世界各地的古迹、桥梁受酸雨损害而耗去的维修费高达 50 亿美元。酸雨对人体健康的影响也引起了人们的关注。

裸露的星球：臭氧层损坏

在距地表 25～30 公里高度处是大气圈的平流层。在平流层内聚集着地球大气中的一种微量成分臭氧，科学家称之为臭氧层。臭氧层能把太阳辐射来的 UV-B 段紫外线的 99%吸收掉，臭氧自身分解为氧（O_2）和原子氧（O），使地球上的生物免遭紫外线伤害，可以说它是地球上生命的"保护伞"。假如没有它的保护，所有强紫外线全部射到地面的话，日光晒焦的速度将比烈日炎炎的夏季快 50 倍，几分钟之内，地球上的一切林木都会被烤焦，所有的飞禽走兽都将被杀死，生机勃勃的地球就会变成一片荒凉的焦土。

岁月悠悠，日积月累。人类导致的大气污染，无意间使人类自身及地球上万种动、植物的"保护伞"出现了空洞。1984 年，英国科学家首先发现南极上空出现了臭氧层"空洞"，消息传出世界震动。1985 年，美国的"雨云-7 号"气象卫星测得这个"空洞"的面积为 1 000 万平方公里，与美国领土差不多相等，其深度相当于珠穆朗玛峰的高度。虽然早在 1958 年人们就发现高空臭氧层有减少的趋势。南极上空臭氧层"空洞"扩展的速度令人吃惊，刚到 1995 年也就仅仅十年的时间，这个"空洞"就增至 2 000 万平方公里，已相当于欧洲面积的 2 倍。在 1990 年以前的几年中，在世界人口最稠密的一些国家和地区，其上空的臭氧浓度平均下降了 2.3%，美国南部的天空中的臭氧比过去薄了 5%～10%。我国华南地区减少 3.1%，华东、华北减少 1.7%，东北减少 3%，在 1980—1987

年间观察到昆明湖上空臭氧层平均含量减少 1.5%，北京减少 5%。据报道，在 18 公里高空的漩涡中心内部，臭氧层损失速度惊人，到 1995 年 3 月，臭氧层已减少 35%。在北极也出现了臭氧空洞，其面积约为南极的 1/5。总之，全球的臭氧层都在不同程度上受到破坏，全球臭氧层的耗损已是客观存在的事实。环境污染所造成臭氧损耗的问题，事关人类生存。

经研究表明，臭氧层主要受到三个方面的破坏：一是长期无节制地向大气中排放大量的污染物；二是作为制冷剂氯氟烃的大量使用；三是越来越多的空中超音速喷气飞机等航空器将大量的氮氧化合物排入高空。有人指出：如果有 50 架这类喷气式飞机在高于 17 公里的空中飞行，就能对臭氧层产生明显的影响。尽管许多化学物质都会引起臭氧层耗损，但主要的危害却来自属氯氟烃的氟利昂。它的生产还不到 70 年，然而却已经对大气造成重大的影响。来自宇宙空间的信息表明，臭氧层越来越稀薄的现象不仅发生在冬季，春季和夏季也会出现，而正是这两个季节内阳光最强烈，地球上的人类和生物都需要臭氧层的保护。具有讽刺意味的是，由于平流层中臭氧含量减少，增强的紫外线辐射又与城市上空的空气污染互起作用，增加了烟雾量，也增加了低空含量较低的臭氧。平流层中的臭氧在紫外线辐射到达地面之前加以吸收从而保护了我们，然而地面上的臭氧却是刺激人类肺部的有害污染物。"假如全世界以目前的速率使用化学品，到 21 世纪为止，臭氧层将消耗 16.5%"，这种预测并非危言耸听。平流层中臭氧每减少 1%，到达地球表面的紫外线辐射强度就会增加 2%。显然，臭氧层变薄，就会有较多的紫外线辐射到达地球表面。许多生命都将受到更多的辐射，从而受到危害，其中包括通常通过光合作用消除大气中大量二氧化碳的多种多样的植物。研究表明，这些植物在暴露于增加了的紫外线辐射之后，不再能发挥同样程度的光合作用，这又增长了大气中二氧化碳的水平。

臭氧减少直接影响和危及人类健康。例如晒斑、眼病、免疫系统变化、光学反应和皮肤癌。最为人所知的后果是皮肤癌和白内障。两者的患病率目前都已增高，特别是在南半球的澳大利亚、新西兰、南非和南美的巴塔哥尼亚等地区。一般认为，南半球人群的皮肤癌发病率高于北半球，是由于大而深的南极臭氧洞造成的。在澳洲东北部的"阳光州"昆士兰州，现在 65 岁以上的公民中有 75%以上患有某种皮癌。法律规定学生们在往返途中要戴宽帽和围巾，以保护学生不受紫外线的过度辐射。在巴塔哥尼亚，猎人们见到瞎了眼睛的兔子，渔民们则捕获到瞎了眼睛的大马哈鱼。臭氧减少 1%，白内障患者将增加 0.2%～0.6%。

全世界范围内每年大约有 10 万人死于皮肤癌，大多数病例与紫外线有关。

不大为人所知的是增多的紫外线辐射对于人体免疫系统的影响。虽然人们还在调查和争辩具体的影响，但有一点正在变得清楚：增长了的辐射水平的确抑制免疫系统，并且加速产生若干免疫系统的新疾病。

科学家们已经发出了严厉的警告：人类如果不采取措施保护大气臭氧层，那么到 2075 年全世界将有 1.54 亿人患皮肤癌，其中 300 多万人死亡；将有 1 800 万人患白内障；农作物减产 7.5%；水产品减产 25%；材料的损失将达 47 亿美元；光化学烟雾的发生率将增加 30%。

平流层的臭氧一旦遭到破坏，它将会改变平流层的结构，成为整个地球环境变化的巨大潜在因素。关于保护臭氧层，全世界通过协调认识，通力合作，已经取得了一定成效。1985 年，20 多个国家在维也纳签署了《保护臭氧层维也纳公约》。1987 年 9 月 14 日至 16 日在加拿大蒙特利尔制定了《关于消耗臭氧层物质的蒙特利尔议定书》，这是世界上第一个关于控制氯氟烃的保护臭氧层条约。

干涸的水源：水资源短缺与水体污染

水是生命之源，它对任何文明的生存和昌盛都具有极其重要的作用，人类文明表现出的一个卓越才能就是确保水的适当供应。水是地球上丰富的自然资源，其总体积约为 13.68 亿立方公里，总面积占地球表面积的 71%。但是，水资源中 97%分布在海洋中，余下的不是被以冰山冰川的形式封存，就是存于盐碱湖和内海，而适于人类饮用的淡水和江河的总水量还不到地球总水量的 1%。据推算，这个水量依然可以满足人类社会的需求。然而，淡水资源的分布极不均匀。赤道带是水资源最丰富的地区，而撒哈拉地区、中东、中亚南部等水资源缺乏。亚洲是一个缺水的地区，人均可再生的水资源约 $3.37×10^3$ 立方米，仅占全球水资源平均值的 44%。同时，只占全球水资源的 26% 的亚洲却担负着全球用水总量的 46%。我国东南水量丰富，西北则水源缺乏。耕地面积只占全国25% 的长江流域与江南地区，拥有的水资源占全国的 70%；华北、西北的耕地面积占全国耕地的一半，河川径流却不足全国的 10%；另外 1 年之内有明显的雨季与旱季，全年 90% 的降雨集中在 4 月至 10 月，有些地区甚至只集中在 2～3 个月内，其余时间，水源得不到补充。据统计，从 1970 年到 1975 年，年用水量大约增加了 6.5 倍。预计到 2000 年，全球淡水用量可达 60 000 亿立方米。世界人口的剧增，大量耗水工业的兴建与发展，致使目前全世界有将近 5 亿人面临用水短缺的问题，预计到 2025 年这个数字将增加 28 亿人。到 2025 年，世界人口将达到 80 亿人，那时每 3 个人中就有一个人是生活在饮水短缺的国家。目前世界上有 31 个国家水供应紧张或供水不足。1996 年世界人均可用淡水量比 1970 年减少了 10%。美国的水资源的人均拥有量越来越少，1990 年比 1955年少了 1/3，预计到 2025 年将比 1955 年少 2/3。据最近报道，现在，我国人均水资源占有量居世界第 88 位。进入 21 世纪，我国人口将达到 16 亿，对水的需求进一步增加，1993 年全国工农业用水达 5 250 亿立方米，人均用水 450 立方米。初步估计 2030 年需增加供水 2 000 亿～2 500 亿立方米方能满足。黄、淮、海三流域到 2010 年以后，人均水资源将不足 400 立方米。并且当地水源已无潜力可挖。就世界范围而言，目前几乎所有易获水源都已在或正在开发之中，各国可获得的淡水资源是有限的。因此，人类本应该充分珍惜和有效利用每一份淡水资源，维持地球的平衡和人类生存的发展，但不幸的是，随着工业的快速发展，汞、镉、铅、砷等有毒金属，酚、氰、石油各种有机化合物等有机有毒物质，还有大量流失的农药和化肥……这些形形色色污染物源源不断地流入水体，造成水污染，加剧了水资源危机，严重地制约着社会、经济的发展，威胁着人类的身体健康和生物的生存。

海洋和内陆江河系统等地表水首先遭到了污染。美国有差不多一半的河流湖泊与水库，目前均受到污染的威胁。亚洲开发银行在一份报告里说："无论用哪一种尺度衡量，亚洲河流的污染都远比世界其他河流严重。根据全球环境监测系统的数据，亚洲河流的悬浮颗粒水平一般相当于世界平均的 4 倍，经合发组织国家的 20 倍。亚洲河流的生物需氧量为世界平均水平的 1.4 倍，为经合发组织国家的 1.5 倍，高于拉丁美洲许多倍。据报道，亚洲河流中粪便大肠菌群的指数高于世界卫生组织指标 50 倍。"马来西亚的工业废水基本上未经处理即排入河流，致使几十条河流成为"死亡的河流"。泰国的湄南河、夜功河等主要河流也成了工业废水的排泄处，污染十分严重。菲律宾有近 70% 的工厂直接将废水排入河流湖泊。随着经济的发展，人口激增对于水的需求不断增加，以及不合理利用和地表水的污染，导致地表水可利用资源越来越少，不少地区地表水资源接近枯竭，所以人们就不断增加地下水的开采量，许多地方超采现象严重，地下水的开采量远远超过了地下水的补给量，导致地下水迅速减少。例如，墨西哥由于过分无节制开采地下水使地下水层不断降低，可供水近年来每人每年下降了 2/3。全国 450 个依靠地下水生活的城镇中，有 45 个地下水已经枯竭。另一方面，由于污染了的地表水渗入地下，使本来十分宝贵的地下水又受到了污染。

水体的污染对人体的健康产生严重影响。1953 年，日本九州熊本县的水俣市发生了一件天下奇闻——"狂猫跳海"。人们看到一群疯猫惊恐万状地投入大海，好像要扑灭身上的烈火似的。与此同时，水俣市医院接连不断地收容奇怪的患者：病状初期是手脚、上嘴唇和舌头感觉麻木，然后语言不清，重者面部痴呆，神经失常。在同一地区还发现鸟类和鱼类大量死亡。在靠近工业区的排水口地带，肥美的鲈鱼翻着肚皮仰浮海面，许多水禽也死在海滩上。

"狂猫跳海"发生以后的几年中，又有数十例怪病患者相继入院。后来经过近 10 年的调查，终于揭开了这种怪病的秘密。原来，在水俣市附近有一家氮肥工业公司，这家公司用氯化汞和硫酸汞作催化剂生产氯乙烯和醋酸乙烯，最后把大量含汞的毒水和废渣排入水俣湾，特别是甲基汞在鱼体内富集，人再吃含毒的鱼就会患这种怪病。据 1996 年中国环境状况公报报道，1996 年我国江河湖库水源仍普遍受到不同程度的污染。除个别水系支流和部分内陆河流外，总体上仍呈加重趋势，78% 的城市河段不适宜作饮用水水源，50% 的城市地下水受到污染。由于湖泊的富营养化，致使水中生物不能生存，许多湖泊成为死湖。

芬兰的许多湖泊都面临此种情况，"千湖之国"的名称蒙上了一层阴影。我国有些湖泊的水质污染状况也令人担忧。

我国的广西桂林是一座具有 2 100 年历史的风景文化名城，山青洞奇水秀，自古以来就有"桂林山水甲天下"的美称，成为中外游客所向往的旅游胜地。可是由于历史上的原因，人为失误造成的破坏和大量污水排入漓江，使桂林山水的自然风貌和景观遭受到严重的污染和破坏。江面浮起一片片油污和泡沫，水质浑浊。有的江段一边清一边黑，锌、汞等有毒物质含量都超过国家规定的标准。江水受到严重污染，自然生态平衡受到破坏，影响着水生动植物的生长，漓江鱼类减少，鸬鹚不能繁殖，甚至中毒死亡，数量越来越少。

我国的湖泊退化愈演愈烈。从 1977 年到 1985 年，自然湖泊总数减少 19%，总面积缩小 11%。仅仅用了 40 年的时间，江汉湖群的湖泊数量由 50 年代的 1 066 个减少到 182 个。华北白洋淀水面缩小了 42%；洞庭湖水面缩小了 46%；青藏高原的湖泊有 30%以上干化成盐湖或干盐湖。

世界范围内的净化污水工作虽然已取得了一些重要的进展，但是，从世界水资源的整个状况来看，水资源的污染仍在继续增长，而且呈急剧恶化之势。

发展中国家对于水污染造成的后果有更为直观、深切和悲惨的感受：病毒或细菌引起的霍乱、伤害、痢疾、腹泻及其高死亡率。17 亿以上的人没有适当的安全饮水供应，30 多亿人缺乏合适的卫生设备。例如在印度，114 个城镇直接把人的粪便和其他未经处理的污水倾入恒河，而恒河是印度主要饮用水和农业灌溉用水的源泉，其造成的危害可想而知。根据联合国环境署的一项调查：在发展中国家里，每 5 种常见病中有 4 种是由脏水或是没有卫生设备造成的。由水污染引起的疾病每天平均致使 35 万人死亡。

现在，一个不争的事实是水资源短缺与水体污染这个有关人类生存的问题将要随着人类一同进入 21 世纪，水的问题势将成为 21 世纪的一个全球性重大国际环境主题。面对这一挑战，人类要在何种生命之源滋养下生活的问题摆在我们面前，我们需要保住的不是冰山，而是对生命的珍视，雨水使树木花草滋生，干旱却制造干裂和灾荒。江河湖泊滋养人类，但必须留心，它们必须是纯净的，没有受污染的。

绿色的消失：森林的滥伐与雨林的消失

人类是从森林走出来的，从森林中获取食物，穿树叶，以木建屋，钻木取火。可以说人类历史是从森林开始的。森林是人类赖以生存的生态系统中最为精巧、重要和脆弱的环节。它通过光合作用不断地吸进二氧化碳呼出氧气，为人类的生存繁衍提供生命能量；森林能起到稳定和保持土壤的作用，抵御风沙，调节气候，保护人类免受水旱洪涝之苦；森林可以通过叶与籽的脱落，通过树木死后身躯的倒落，使营养物得以再循环，为陆地表面的所有物种提供多产的栖息地。森林有涵养水分的功能，当大雨降落到林地，茂密的林冠枝叶可以截流 15%～40%的雨。落于地表的其余部分，也被树根固定的土壤涵蓄起来，然后再缓缓释放，源源不断地补给河川，调剂河川丰水期和枯水期的流量。森林蓄水量的一个特性是，它不受地形限制，其调节水分的作用是天然合理和灵活有度的，任何水体工程都难以比拟。据推算，5 万亩①森林相当于一个 100 万立方米容量的水库。此外，森林还能够降低噪声，吸滞粉尘、二氧化碳、二氧化硫、氯气、氟化氢、氨以及汞、铅蒸气等多种有害气体，植物分泌的菌素能减少空气中的细菌、病毒，消除与日俱增的视觉污染，有利于人体健康。

但是现在正在铲掉大片森林，也就摧毁了各个物种所依赖的极为重要的基地，水土流失加剧，自然灾害频繁。毁林最危险的形式是破坏雨林，特别是靠近赤道的热带雨林。雨林是地球生物多样性的最重要来源，在侵损生态系统的今天，雨林是首当其冲受害最重的部分。雨林有其独特生态性，世界上全部物种的 50%是以热带雨林为家的，它们不可能在别的地方生存下去，而热带雨林的迅速破坏及随之而产生的物种灭绝是不可弥补的损失，世界舆论惊呼"拯救热带雨林！"。热带雨林曾覆盖了全球面积的 1/6。世界上还留有三大片雨林：亚马孙雨林，扎伊尔及其邻近国家的中非雨林，大部分集中于巴布亚新几内亚、马来西亚和印度尼西亚的东南亚雨林。目前热带雨林以惊人速度消失着。雨林正被烧掉，以便清出地方来做牧场；正被砍伐下来作为木材；正被水力发电的

---

① 1 亩=1/15 公顷。

拦河坝淹没，以便发电。

森林作为生态系统的主体之一，是保护环境稳定的最基本的因素。但是由于长期以来人类无节制的砍伐，导致森林资源锐减，森林质量下降，森林的诸多环境功能减弱，直接或间接影响了生态环境。根据1987年国际环境与发展研究所和世界资源研究所的报告，在人类活动干扰之前，全世界约有森林和林地面积60亿公顷。到1954年减少到40亿公顷，其中温带森林减少了32%～33%，热带森林减少了15%～20%。亚洲的森林植被以每年1%的速度锐减，与世界其他地区相比，亚洲的森林覆盖率较低，它只拥有13%的世界森林，却有世界人口的1/2。过去南亚的砍伐较严重，现在是东南亚的森林消失的速度惊人。亚洲现在仍有3 000万～8 000万人从事火耕，仅此一项将毁林7 500万～1.2亿公顷森林。非洲人为了获取薪柴，盲目砍伐森林，致使本来植被丰富的非洲大陆变得一片疮痍。在过去的30年里，非洲的森林面积已减少了一半。科特迪瓦每年砍伐51万公顷的森林，是非洲砍伐速度最快的国家。尼日利亚热带雨林面积已减少90%，埃塞俄比亚森林面积从占国土的30%下降到3%。包括阿拉斯加以南的最大温带古生雨林在内的太平洋西北部的针叶树林，正在消失，其速度甚至比南美的热带雨林消失得还要快。全世界雨林的40%和亚马孙雨林的15%已经消失了。世界热带森林1981—1990年毁坏速度为0.9%，拉丁美洲为0.9%，南美为0.8%，非洲为0.8%，亚洲为1.2%。我国的森林面积较小，由于砍伐不当，全国森林面积从1949年的13%减少到80年代的11.5%。东北森林面积从1949年的82.5%减少到80年代的14.2%。西双版纳也砍掉了近一半以上的森林。目前全世界森林每年减少1 800万～2 000万公顷。平均每分钟有40公顷的森林化为乌有。到2000年世界人均森林面积将由1975年的0.68公顷下降到0.33公顷。

世界上的森林正面临着被毁灭的危险，它已经给人类带来了许多灾难：森林的破坏使自然生态环境恶化，森林生态系统失去平衡，气候异常变化易导致洪水泛滥成灾。印度和尼泊尔的森林破坏，很可能就是印度和孟加拉国近些年来洪水泛滥成灾的主要原因。1970年印度的阿拉卡曼河泛滥，它是该河首次发生的灾难性洪水，这场灾难使印度的许多村庄被冲走，大量泥沙在下游淤积，破坏了印度北方平原上的灌溉系统；1988 年 5 月至 9 月，孟加拉国遇到百年来的最大的一次洪水，淹没了 2/3 的国土，死亡 1 842 人，50 多万人感染疾病。近几年孟加拉国几乎年年都有洪水泛滥，变本加厉地肆虐这块多灾多难的土地，造成的损失也越来越大。这些突发性的灾难，虽然有特定的气候因素和地理条件作用，但森林被大规模破坏是最直接的原因。

热带雨林曾经像巨大的保护伞那样，保护着周围的土地和生态环境，但它们消失过后，裸露于地表的土壤非常易于受风雨的侵害。据英国瓦德布里奇生态中心的一项研究指出，在撒哈拉以南的非洲国家科特迪瓦工作的科学家细心记录了毁掉森林之前与其后土地遭受侵蚀程度的数据，其差别之大令人难以相信。另有一项研究表明，在陡坡地上，有森林覆盖土壤每年的侵蚀率每公顷仅为 0.03 吨。但一旦森林被毁，就会高达每公顷 90 吨。印度每年丧失近 60 亿吨的表土，大部分是森林被毁的后遗症。毁林也对水文循环造成灾害，最终致使相关地区降雨量剧减。其过程是先水灾，然后土壤被侵蚀，最后是降雨大减。

森林的加速破坏和水土大量流失导致土地荒漠化进程增快。目前世界上平均每分钟就有 10 公顷土地变成沙漠，地球上已经荒漠化和受其影响的地区已高达 3 843 万平方公里。

人类若允许森林继续被毁坏，将会使地球上最丰富的基因信息存储库丧失，从而也就丧失了多种我们治愈疾病的手段。现今，许多药物均取自热带雨林动植物。这种损害，将会把我们子孙某些用来救命的药的基因库毁掉，某些独一无二的生命形式永远消灭，就意味着人类未来的拯救缺乏了一个支持，摧毁森林就是葬送财富。茂密的森林还可以保护人类免予遭受全球变暖引起的恶果。事实上，森林被夷为平地，人类未来的可怕境遇是可以预料的。

流沙的疆域：草原退化、水土流失与荒漠化扩展

中国的一首古诗曰："天苍苍、野茫茫，风吹草低见牛羊。"人们每当吟诵此诗时，眼前就会浮现一片广阔无际的大草原，绿色连天，广袤无边，牛羊肥硕。这是一种大自然的赐予，充满了瑰丽的憧憬和丰收的希望。可是如果人为

错误地毁草开荒，劫难也就在一步步逼近人们，涌入人们眼帘的将是一片荒夷。不幸的是，这种情况并非想象，而是时刻在发生的现实。据 1987 年国际草地植被会议提供的资料，世界草地资源面积占陆地总面积的 38%，但是由于人类过度放牧、开垦、占用、破坏植被等使草场质量退化，草地面积不断缩小。草地灌丛化、盐渍化等正向荒漠化发展。自 1968 年以来，非洲草地损失已达 7 亿多公顷，占原草地面积的 25%。亚洲的森林减到原来总量的 41%，北美中部的草原，曾扩展到 100 多万平方公里，现在 99% 以上面积已不存在。我国由于长期对草地采用自然粗放式经营，放牧超载、乱开滥垦、草原破坏严重，已有大约 1/6 的草原出现了程度不同的退化，现在产草量比 60 年代减少了约 45%。

1956 年法国科学家亨利率领的法国探险队在撒哈拉发现了约 1 万种壁画，经研究认为在公元前 8000 年前，当地居民在这里捕猎水牛、大象和羚羊。至公元前 4000 年，当地居民开始饲养牲畜。壁画中牧牛人的服饰和生活方式都同现在生活在撒哈拉南部黑尔地区的乎鲁贝尔人相同。学者们认为从公元前 8000 年到公元前 2000 年，撒哈拉地区生长着热带草原植物。只是由于后来人们乱砍滥伐，毫无节制地放牧和大量垦荒种由，再加上气候变化，风沙侵蚀，致使水土流失，草原沙化，昔日的草原变得面目皆非。成了今日这一望无际的大沙漠。人类活动不仅使人类进步了，也给人类自身带来了许多事先未考虑到的问题。草原地区的生态历史表明，较短时期内的人类活动就能把平衡的天然草原群落变成人为的、荒凉的沙漠化环境。

大片大片的草原退化，不仅降低了产草量，影响牧业生产，更为严重的是出现旱地、沙化和盐渍化，破坏生态环境，不少草原地区大风和沙尘次数逐年增加，气候日趋干燥。

保护草原，已成为全球有识之士的共识，各国政府也采取了措施，不少地区的生态环境已得到初步改善。但是由于南北差距扩大，发展中国家沉重的债务负担，使得这些国家难免采取一些短视的措施，以牺牲自然资源，求得尽快提高经济实力。

为了人类和地球的绿色未来，需要不同国家、不同种族的人们携手合作，共同努力。只要尊重生态规律，定会取得更大的进步。正如绿色和平运动者所说的那样："生态学教育我们，人类不是这个星球的中心。整个地球是我们身体的一部分，我们应该像尊重自己一样尊重地球，也应该像同情自己一样同情一切生命形式——鲸、海狮、大海、森林和草原。"

土地是养育万物之母。千万不要小看陆地表面那看似薄薄一层的土壤，正是它养育了人类，没有土壤就没有人类。人类依赖土地从事农业、林业、牧业等各种经济活动，以满足食物和其他各方面的需要。土壤在生态平衡中的作用也是十分巨大的：土壤中的细菌在调节大气成分方面，扮演着重要的角色，它对大部分地球生物化学循环具有关键作用；主要来自土壤的矿物和植物粉尘，是形成云雨的基础，并且粉尘微粒能向太空反射太阳辐射，从而改变太阳辐射照射地球的比例，对地球的温度有深刻的影响。

在人口迅速增长的今天，解决粮食问题已成为许多国家，特别是发展中国家的严重负担。迄今为止，人类衣食住行的资源，大部分仍取自土地，特别是取自数量较少的耕地。还没有任何一位科学家敢断言，将会有某种物质代替土地而成为人类食物的来源。全世界约有一半人口受到饥饿的威胁，为了要养活地球上越来越多的人口，并提高人们的生活水准，必须继续从土地上获取更多的食物，别无良方。在地球上，陆地面积为 1.48 亿平方公里，其中近 0.14 亿平方公里被冰雪覆盖着，所以人们实际支配的土地大约 1.34 亿平方公里，其中，耕地约占 10.8%，草原和牧地约占 22.3%，林地约占 30.1%。在 1.34 亿平方公里的土地上，1975 年世界每个人平均耕地为 3 100 平方米，到 2000 年将下降到 1 500 平方米。另外由于世界人口分布的不平衡，世界各国每个人平均土地拥有量的差异非常大。

水土流失，触目惊心。土壤学家估计，自人类开始耕作以来，全世界已经损失了 3 亿多公顷的耕地。水土流失，已是当前最严重的环境问题之一。我国水土流失面积达 367 万平方公里，其中水力侵蚀 179 万平方公里，风力侵蚀 188 万平方公里。每年流失土壤达 50 亿吨以上，相当于所有耕地每年被剥去 1 厘米的肥土层，损失氮、磷、钾等肥料 400 多万吨，这个数字几乎等于我国一年化肥生产量的总和。仅黄河流域，每年就要流失土壤 16 亿吨。水土流失的不仅仅是泥沙，而是创造财富的基础。在有良好植被保护的处女地上，风雨对土壤的侵蚀速度一般为每年每公顷 0.25～1.48 吨；但在农田的侵蚀量可增加几倍到几十倍。细小的土壤颗粒，是土壤中肥力最高的成分，由于它们的损失，使土壤结构逐渐被破坏，贮水能力下降，土壤变得干燥、粗化；越来越不适于植物生长。随着植物生长量的减少，风雨侵蚀日益严重。由于森林、草地的破坏，土壤失去"绿色卫士"的庇护，使土壤侵蚀犹如火上浇油。据报道，全世界地面每年约有 270 亿吨土壤流失，美国每生产 1 千克谷物就要流失近 10 千克土壤，难怪人们感慨地说，美国每出口一吨小麦，同时也从密西西比"出口"10 吨左右的土壤。目前，美国有 1/2 的国土受到侵蚀危害，每年损失土壤 30 亿吨，由于肥分流失而退化的土壤 12 000 平方公里。

从长远来看，严重的水土流失是一种十分危险的信号。人类能够用来发展农业种植的土壤，不过 30 厘米厚，若每年被剥蚀 1 厘米，则在二三十年后就流失殆尽。拿我国的黄土高原来说，在明朝以前还是森林茂密、沃野千里的肥美土地。后来，由于伐木为薪，垦荒为田，致使水土流失加剧，短短几百年，就变成今天人们看到的那样千沟万壑、支离破碎，成为了土地贫瘠、水源缺乏、旱涝灾害频繁的地方。

根据一份报告，美国每年由于土壤侵蚀而损失的氨、磷、钾肥价值为 68 亿美元之巨。此外，水土流失还造成河湖淤塞、水库淤积、生态平衡失调，其损失根本无法统计。在自然力作用下，地球表面平均每千年才生成约 10 厘米厚的土壤层。因而土壤可算是一种不可再生或很难再生的资源，土地的损失，可以称得上是一件动摇人类生存基础的大事。如果水土流失得不到遏制，我们的子孙将怎样获得食物。

对土地的另一大威胁是荒漠化。荒漠化（或土地退化）是指涉及气候变异和人类活动等诸多因素造成的干旱、半干旱和亚湿润干旱地区的土地退化。世界上有很多沙漠在很早之前并非就是沙漠，而是肥沃的土地，上面生长过茂密的森林，还可能有山清水秀的村庄，生活过人们的祖先，但是，由于人类的活动破坏了生态平衡。而如今留给人们的仅是满目黄沙和对过去传说的回忆。

目前，世界性的土地沙漠化趋势非常令人不安，根据联合国环境规划署的初步估计，全球有 4 800 万平方公里的土地受到荒漠化的严重威胁，约合世界陆地表面积的 1/3，至少影响 8.5 亿人的生活。其中 1 亿～2 亿人有在短期内失去土地的危险。 80 年代初期，在全世界 32.57 亿公顷的生产用旱地中，约有 19.86 亿公顷已受到荒漠化和严重荒漠化的影响。全世界每年有 600 万公顷的土地变为沙漠，100 万公顷的土地严重退化。世界上所有国家与地区至少有 2/3 受到荒漠化的影响。荒漠化照目前的趋势继续发展下去，到 21 世纪初，因荒漠化而损失的耕地，将占所有耕地的 1/3。荒漠化的土地面积将扩大 20%。目前世界上干旱土地占土地总面积的 35%，大约有 3/4 的干旱地区已不同程度的沙化，生产力下降 25%。亚洲的土地退化仅在 1945—1990 年间，就有 20% 的土地。印度、斯里兰卡、孟加拉、尼泊尔、印度尼西亚土地退化多系水侵蚀所致，蒙古、中国的西部、巴基斯坦系季风侵蚀。泰国的土壤侵蚀率为每年每公顷 34 吨。非洲大陆是沙漠化最严重的地区，其次是南美、印度、西亚、澳大利亚和北美。在非洲、亚洲、美洲和地中海沿岸等地区，已有 100 个国家不同程度地受到沙漠化侵害。受害最深的当属低收入的发展中国家，尤其是以农为主的非洲国家。在非洲 3 000 多万平方公里的土地上，荒漠化和水土流失愈演愈烈。据统计，近 50 年来，撒哈拉沙漠扩大了近 100 万平方公里，沙漠以南有 25% 的土地荒漠化现象极为严重。美丽的塞内加尔河流域 80% 的沃土变成沙漠。毛里塔尼亚 80% 的土地面临成为不毛之地的危险，整个大陆人均可耕地较 30 年前减少了一半多。埃及总统说："荒漠化是非洲面临的最严重的危机"。

我国有一半国土处于干旱或半干旱地区。在历史上，西北的一些地区黄沙漫天，风沙袭击成为常客。唐诗中也有许多描绘西北沙漠景象的诗句，如"大漠孤烟直，长河落日圆"、"大漠风尘日色昏，红旗半卷出辕门"等。近代以来，由于人口的增加，不断向干旱地区迁徙，生产活动加强，在人为因素的作用下，沙漠面积不断扩大，使许多原来的肥美草原也成了沙漠。半个多世纪以来，在北方新形成的 51 万平方公里沙漠中，85% 是由盲目开垦、过度放牧与乱采滥伐所致；9.4% 是水利资源利用不当与工矿建设破坏植被的结果；5% 是沙丘扩散、入侵农田草场的结果。

我国有沙漠、戈壁、沙化土地约 262.23 万平方公里，其主要分布在西北、华北、东北十几个省、市、自治区，占干旱、半干旱和亚湿润干旱区总面积的

近 80%，约占国土总面积的 27.3%。其中风蚀荒漠化 160 万平方公里，水蚀荒漠化 20.5 万平方公里，冰融荒漠化 36 万平方公里，各种盐渍化土地 23 万平方公里。荒漠化面积超过了耕地面积的总和。近 1/3 的国土受到风沙威胁，每年因风沙危害造成的直接经济损失高达 450 亿元人民币。更让专家们担忧的是，治沙的速度落后于沙化的速度，土地荒漠化有不断扩大的势头。20 世纪 50～70 年代，土地沙漠化面积每年 1 560 平方公里，80 年代上升至 2 100 平方公里，许多丰美的草原已沙漠化。

沙漠化是人类文明的大敌，它吞噬了庞大罗马帝国在非洲北部的"粮仓"，埋葬了盛极一时的美索不达米亚，截断了著名的丝绸之路，使人们只能从沙砾覆盖的古代遗迹，去考察那些人类进步与文明的过去。目前，沙漠化正高速进逼农田和草原，近几十年来，非洲的撒哈拉沙漠，向南扩展；印度的塔尔沙漠，也以每年 0.8 公里的速度蚕食周围的土地；60 年代的干旱导致智利北部的阿塔卡尔马沙漠以每年 1.5～3 公里的速度向外扩展。这种趋势完全背离了人类对土地需求的增长，使人口发展与土地资源间的矛盾，日趋紧张激烈。

虽然沙漠的状态很不稳定，有时候也会出现进两步退一步的情况，但最近这几十年的实际情况却表明沙漠覆盖面积在全面增加。而且在某些地区，沙漠前进的速度和冰川一度在陆地上移动的速度相似。在沙漠边缘，不断增加的贫困牧民收集柴禾，牛羊群吃草，结果使得土地更趋裸露。

荒漠化的危害主要是破坏土地资源，使可供农牧用的土地面积减少，土地能力退化，生物产量降低或完全损失，环境趋于恶化。沙漠化给全球造成的经济损失每年达 260 亿美元。

越垦越穷，越穷越垦这一恶性循环，多少年来成为悬在人们头上的一柄利剑，成为人类追求发展的一把绞索，使地球上的土地资源继续退化。各国人民已经深刻认识到了这一点，采取了多种措施。特别是在里约热内卢会议上通过的《21 世纪议程》这一国际合作的框架文件中，议定了几个防止水土流失和沙漠化的项目方案，成为指导全球行动的基本纲领。

现在，国际上越来越多的人们认识到保护土地资源、防止土壤退化是世界环境保护面临的最重大问题。美国巴尔尼博士曾谈到，空气和水的污染固然十分重要，但首要问题是水土流失，因为土地是人类赖以生存的基础，只有土地才能满足人类最基本的需要；土壤的形成是非常缓慢的，一旦流失，岩石裸露，很难恢复；从全世界看，城市人口占少数，农村人口是多数，这对发展中国家来说尤其如此。因此，拯救土地，遏制荒漠化土地的扩展，逆转和恢复已经荒漠化的土地，以达到可持续发展，至关重要。

单调的世界：生物多样性锐减

生物是我们生存的地球最为显著的标志。人类的生存与发展要受周围自然条件的约束与限制。虽然人类依靠自己的智慧，从一般的生物中脱颖而出，成为万物之灵，居于主宰地位，但也不能割断人类与其他生物的关系，仍要依赖它们才能生存。采伐森林、耕耘农田、从事渔猎、饲养禽畜，以致改造山河，这些都是人与自然竞争的一面。但这种竞争也是有一定限度的。森林不能砍光烧尽，鸟兽不能赶尽杀绝，鱼类不可一网打尽，因为如果毁了生物界，人类也就断绝了自己的生计。农作物选自于野生植物；家畜家禽由野生动物驯化而得，鱼、贝等种源，也靠自然界提供。因此，只有保护好生物赖以生存的环境条件，使整个生物界繁荣昌盛，人类才有坚实的生存基础，才能兴旺发达。

自然界有其自身的规律：物竞天择，优胜劣汰，适者生存。曾一度在地球上占主宰地位的恐龙早已销声匿迹，对它的各种了解多是基于对恐龙化石的研究，这个客观规律使生物界保持着生态平衡和发展。由于人们无情地捕杀和掠夺式的开发，使这个曾经非常繁荣的生物大家族逐渐地衰退，灭绝的物种越来越多。就整个动物界而言，目前每天灭绝 1 种，真是触目惊心！

野生动物是十分宝贵的自然资源，目前处于锐减之中。野生动物除能提供肉类外，还可以成为药材与毛皮的来源。因为野生动物具有很高的经济价值，不可避免地遭到大量的捕杀，许多动物资源正在迅速枯竭，而且经济价值越高的动物，命运就越是凄惨。19 世纪末，北美大草原上的美洲野牛约有 6 000 万头，人们为猎取它的皮与肉，1871 年屠杀了 850 万头。至 1889 年美洲野牛就只剩下 150 头了，1894 年最后一头野牛在科罗拉多被射杀，从此这一大型哺乳

环境污染与生态破坏

动物从自然界消失了。目前世界上的美洲野牛都处在人工养殖与保护下。白令海峡的大海牛，在 1741 年首次被动物学家发现，在人们掠夺性捕杀下，仅 30 年左右，就全部被斩尽杀绝了。

除直接猎杀外，人类的生产活动与环境污染等都在威胁着野生动物的生境与食物。无论挖掘矿藏，开发沼泽滩涂，或者开垦草原、荒地，砍伐森林，都使一些野生动物失去家园或食源，有的甚至造成种群的覆灭。例如，梅花鹿曾广泛分布在我国东北地区，到处都有它的足迹，但现在仅在个别地方有少数幸存者。

人类的活动，也能对人类的朋友——鸟类造成伤害。卡逊在《寂静的春天》中所忧虑的春天无鸟叫并非天方夜谭，如果不节制人类活动，不保护鸟类，它有可能成为现实。

鸟类曾有过十分兴盛的年代。在新生代时期，地球上可能生存过 160 万种鸟类，后来由于地壳变化和冰川运动，大部分鸟类已经灭绝。到了近代，人类活动更是加速了鸟类灭绝的过程。19 世纪初叶，美洲旅鸽一度是地球上数量最多的一种鸟，但只经过短短数十年，这种经济价值很高的鸟类再也找不到了。1914 年 9 月 1 日，最后一只人工饲养的旅鸽也死于美国辛辛那提动物园。

野生动物是地球生态系统的重要成员，它们对维持生态平衡起着重要的作用，对家畜、家禽的品种改良、科学研究、工农业与其他事业，都有着重大的意义。在已知的 8 684 种鸟类中，已绝灭的有 94 种，濒临绝灭的尚有 187 种。在造成野生动物绝灭的各种因素中，人类活动竟占 3/4，其中以破坏栖息地和狩猎比重最大。除不丹和马来西亚等国之外，亚洲国家已丧失 70%～80% 的野生生物栖息地。亚洲一半以上的湿地已经丧失。随着斯里兰卡的潮湿地带、印度南部的森林以及孟加拉、泰国生物栖息地的减少、生物种类急剧减少。据研究表明，如果地球的生态环境减少 50%，则物种的半数将要灭绝。估计 1990—2020 年主要由于砍伐热带雨林引起的物种灭绝将减少世界物种的 5%～15%，即每天 15～150 种。国际自然保护同盟（IUCN）和联合国环境规划署的资料表明，南撒哈拉非洲地区野生生物栖息地丧失 65%，亚洲热带地区丧失了 67%。孟加拉丧失率达 90%，亚洲有 600 种动物、500 种植物即将灭绝。由此可知，自然界历经千百万年方可造就的物种，人类在数百年甚至几十年就能彻底将其消灭干净，人类的这种竭泽而渔的发展方式，造成的恶果必然会反作用于人类自身。

微生物是地球生命的祖先。它们对环境的进化，曾起到过十分巨大的作用，至今仍是生态系统中物质循环的主要环节之一。如果没有微生物，也就没有生态系统，更没有生命与生物世界。

自从人类诞生时起，微生物就与人发生着千丝万缕的联系。从细小角度说，人体中也有许多微生物生长，它们起着帮助消化的作用，如果人体内缺乏了这些微生物或由于长期使用抗生素而使其生存受到危害，就会引发菌群失调的疾病。从大的方面讲，人类造成的环境污染物，也要靠微生物来分解与消纳。世界上盛行的污水处理法，如活性污泥法、氧化塘法、生物膜法与厌氧消化法，以及土地处理等，都要借助于微生物的作用，才能将污染物无毒化或无害化。

尽管人类很早就开始同微生物打交道，但在一个相当长的历史时期内没有见到过微生物的真面目。只有在显微镜与原子示踪技术发展以后，人们才对微生物的形态有了认识。今天人们已经掌握了利用微生物进行炼油等先进技术，在纺织、制革、缫丝、药物生产以及环境保护等方面，微生物均已开始为人类服务，而且还有广阔的施展空间，大有可为。

微生物是人们用肉眼看不见的微小生命体，一般可分为三大类：原核微生物，如细菌、放射菌等；非细胞形微生物，如病毒、类病毒等；真核微生物，如真菌、霉菌等。它们有的对人有益，有的对人有害。人类对它们的认识，至今尚十分肤浅。但认识不足，不能成为对它们滥施灭绝的借口，正因为对它们还需要进行深入广泛的研究，许多对人类身体健康和生活有益的方面尚待发掘，所以不能埋葬有所突破的希望。或许有时它们目前尚无太大用处，但谁又能保证将来它不会发挥举足轻重的作用。因而保护微生物也是对未来负责的一种行为。可是现代人类活动排放的污染物，对微生物也产生着很大影响。例如，酸雨的频降，就影响土壤微生物的数量与活动；镉污染也会影响微生物的活力。因而，对微生物的保护需要花大力气，才能取得成效。

植物与人类的生产、生活和健康更加息息相关。森林是资源宝库，它对于保护生命的作用在前面已经讲述过，它是"保护伞"，是生命庇护所、自然保健

环境污染与生态破坏

从斯德哥尔摩到里约热内卢

医生，这些说法均不过头。我们所吃的食物，是从种子发育长成粮食作物收获而来的，缺乏食物或没有食物，造成的不安与动荡不用多说。人类文明的起步可以说从种子的选育开始，随着社会的发展，人口增多，人类对粮食的需求越来越大。缺少粮食的现象可以从表面加以解决——提高产量，但这并不是一个简单的问题，包括有许多方面的工作，其中由于植物物种遭到破坏，粮食作物抗病虫害基因能力降低是最基础也是最要害的一个部分。

农作物本身的基因具有抵抗枯萎病、虫害和气候改变造成的大规模破坏的能力。这种抵抗能力对任何食物供应都起到决定作用。要保持基因的抵抗力，就必须引进新变种，而许多变种只有在世界某地的一些特定野生环境中才能找到。这些环境是强壮、有活力、有弹性的基因的养殖场和贮藏所。但是这些环境本身都是脆弱的，而且现在都处于严重危险之中。确实，人们必需的粮食作物的来源目前正受到有系统的大规模摧残，菲律宾水稻基因国际贮存中心负责人张德竹对《国家地理》杂志发表谈话说："人们称之为进步的东西——水电堤坝、公路、伐木事业、拓殖、现代农业等正逼着我们在食物安全的问题上走钢丝。我们正在各处丧失野生稻苗和历史悠久的作物。"

快速增长的人口对土地、薪柴和各式各样的资源都提出了过分的需求。许多社区迅速侵害了遗传多样性中心，甚至那些地处极为偏僻的中心也不能幸免。例如，在小麦的家乡美索不达米亚，现在唯一能找到小麦野生亲属的地方是坟地和城堡的废墟。野生小麦之所以能在这些地方幸存下来是因为对大自然常常采取忽视态度的人们根本不屑于理会这些极小极不重要的地方，而这也意外地保护了它们。

另外一个典型例子是 70 年代末，差不多南亚和东亚地区的全部水稻都受到一种病害侵袭，引起这种病的是阻碍草类发育的病毒。对多少亿人的食物威胁来得极其凶猛，菲律宾的国际水稻研究所的科学家风风火火地要在全世界的基因库中 4.7 万个品种里找出一种能够抵抗这种病毒的基因。最后他们终于如愿以偿在印度一个山谷找到了唯一一种野生稻品种。但这些植物并非生长在不可侵犯的圣殿中，不久这个山谷修建了水利工程，它们也没了生身之地，如果今天再发生 70 年代末的情况，人们又到哪里去找基因呢？

农业遗传多样性的丧失也是一个极重要的问题。例如在印度尼西亚，一方面 1 500 个当地水稻品种在过去的 15 年里消失了，另一方面 74%的水稻品种有相同的母系。据估计，全世界有经济价值的 900 个野生或半栽培的树种，在其全部或部分分区中濒临绝灭。许多实际例子告诉我们，植物物种的减少给现代食物供应带来的冲击何等严厉，人类处于一种怎样紧迫的境地！1970 年，美国突然遭受玉米作物绝收的损失。当时南方的玉米叶枯萎了，因为那里用的是一种统一培育的品种。在 1971 年，科学家在厄瓜多尔找到了鳄梨树的一种野生远亲，能够抗拒枯叶病。对加利福尼亚的鳄梨种植者来说，这种遗传特性太有价值了。但是与好消息一同来的还有坏消息，原来这种鳄梨树只有 12 株生长在一小片森林中，这一小片森林是一大片低地森林的残余，而那一大片早因厄瓜多尔人口的增长而砍伐掉了。

科学家们估计，过去的 2 亿年间，大约每 100 年平均有 90 种脊椎动物灭绝，每 27 年平均一种高等植物灭绝。以此做背景速率，人类的干扰使鸟类和哺乳动物灭绝速度提高 100～1 000 倍。据估计，全世界植物中 10%的物种处于濒危状态。在大洋的岛屿，植物受威胁的状况更严重。蕴藏着全球 70%物种的热带雨林是生物多样性受威胁最严重的地区。专家认为，在 20～30 年内，全球生物多样性总量的 1/4 将濒临灭绝。水体的污染严重影响着河流、海洋、湖泊及水库中的生物生存，甚至灭绝。我国的洞庭湖有鱼类 114 种，现由于水质污染，过度捕捞，天然经济鱼类锐减。沿海和近海海洋的几种生物生境——红树林、海草和珊瑚礁损失严重。美国科学家在 1999 年的一期《科学》杂志上发表文章说，二氧化碳排放量的不断增加使海洋的酸度增加，这使珊瑚虫产生的碳酸钙减少，从而导致珊瑚礁的生长放慢。当某些物种消失后，可能给人类带来深刻而长远的影响。当前，地球上数十亿人口，仅依赖少数几种农作物与家畜、家禽生活。而对自然界的选择，任何物种都有其产生、繁荣与消灭的过程，要培养适应环境变迁的新品种，就得依赖野生物种。作物、果树的改良或新品种的创造，家禽与家畜的驯化与改良，都得依靠自然界提供种源。因此，可以说生物资源破坏所造成的损失，也许并不在于一些看来个体较大、经济价值较高的兽类与鸟类资源的匮乏上，而在于人类需要的基因大量丧失。

环境污染与生态破坏

第一章　人类生存状况的恶化

现在，已有越来越多的人认识到，在人与自然之间，保护野生生物的多样性是一件有战略意义的大事，对待野生生物的态度已成为衡量一个国家文化水准与精神文明的重要标志。

生物多样性，指的是陆地、海洋和其他水生生态系统及这些系统所构成的生态综合体，是形形色色的基因、物种、生物群落的总称。全世界关注和提倡的保护生物多样性包括保护物种、基因、生态系统三个方面的多样性。生物多样性对人类有十分巨大的重要意义，可以归纳为以下几点：

（1）生物多样性是人类赖以生存的资料来源，当今人类的食物都来自生物产品，而且还可提供生命所必需的药材和工业原料。

（2）拥有潜力巨大。根据科学研究论证，地球上食用植物的物种大约有 7 万～8 万种，其中有 150 余种可供大规模栽培，而人类迄今已利用的，仅有 20 多个物种，粮食产量就已占全世界总产量的 90%。我们地球上的 20 万～30 万种植物中，人类已用口尝过的植物约有 3 000 种，这 3 000 种也未被人们充分利用。可见，保护生物多样性对于人类开辟新的食物来源，改善食物营养乃至增加食物的多样性和色香味，都有巨大意义。

（3）增加产值，启动未来的农业生态革命。日本的科学家宣称，21 世纪将是"生物技术"的世纪，谁掌握了更多的基因库和生物技术，谁就会成为激烈竞争中的胜利者。

总之，人们不仅要看到地球上物种锐减的恶果、严重趋势以及保护生物多样性的紧迫性，还要看到保护生物多样性也就是保护地球的生态环境，对人类的生存和发展是十分有利的，也是造福千秋万代的一件大事，我们要共同行动起来，合理保护生物大家族的结构，使它们枝繁叶茂，生生不息，为人类提供所需要的资源。

20 世纪七八十年代以来，研究自然与人、研究人本身，返璞归真，返回自然的呼声，已由最初的涓涓细流，汇成了一股汹涌潮流。这是一股逆 20 世纪的科技潮流而动的新潮流，它重新审视和反思近代与现代科学技术，所以 20 世纪被称为"科学技术世纪"，有的人称 21 世纪为"科学技术的反思世纪"。

在当代，针对越来越严重的环境问题，人们逐步认识到科学技术不仅带来了人类生活水平的提高、财富的扩张和想象空间的扩大，同时也把人们所希望的延续与公平进一步埋没，发展的负面作用日益激烈撞击人们的灵魂。人类面临的将是一个资源不断匮乏，生物多样性被毁，各种环境危机频出，威胁着人类自身的前景。

目前，全球生物多样性受到有史以来最为严重的威胁。人类处在一个转折点，留给下一代尽可能丰富的世界，还是一个生物种类日渐贫乏的世界，值得深思。

尴尬的境遇：环境激素危害加剧

"环境激素"是指由于人类活动而扩散到环境中的有害化学物质的总称，其在动物和人体内起着类似雌性激素的作用，能干扰体内正常激素，致使生殖机能失常。据统计这类化合物目前已发现双酚A、邻苯二甲酸、苯乙烯、对氯苯基三氯乙烷、聚氯联苯等70多种。世界上已有的十几万种人工合成的化合物，以及层出不穷的新合成的化学物质，有许多将是潜在的"环境激素"。

人类合成的某些化学物质具有类似雌性激素的功能，一旦这类物质被摄入动物和人类体内就会干扰体内激素，严重影响生殖机能而出现生殖变异现象。据报道，近50年来人类的精子数量减少1/2，年轻女性的不孕症、生殖器官异变、乳腺癌等都与环境激素有重要的直接关系。环境激素进入水体之中，还会扰乱水栖动物的生殖。在日本海沿岸就发现被有毒化学物质造成性异常的海螺。日本北九州市的一处曾是美军弹药库用地的自然公园的池塘中发现青蛙前肢畸形的现象。在日本还发现，有一种身长约30毫米的卷贝，其雌性体内几乎全部长有突起状的雄性生殖器。80年代初，在英国南部的一条河流的某污水处理厂排水口下游水域中，发现了绝非单性繁殖的泥鳅体内同时具有雌雄两性生殖系统。经过对这一现象近10年的研究表明，其原因是羊毛加工厂中洗涤羊毛的一种能使羊毛变得柔软的表面活性剂分解成一种具有雌性激素的化学物质，被泥鳅摄入后，而使泥鳅的生殖系统混乱异变。在美国佛罗里达州的一处湖泊中的鳄鱼，因湖泊周围的工厂将DDT等化学物质排入湖中，经食物链而积存在鳄鱼体内并搅乱其激素，致使雄性鳄鱼的生殖器缩短 1/2～1/4，而雌鳄鱼产的卵的孵化率仅为正常孵化率的 1/7。由于鱼类遭到环境激素的污染，以鱼为食的鸟类生殖出现异常，幼鸟存活率降低。环境激素危害现象在许多国家都有发现，已经成为人们关注的一个新的重要问题。

　　1991 年，科学家们就有毒化学物质对野生动物、实验动物和人类的影响达成共识：化学物质进入动物体内，具有类似雌性激素的作用，它能够干扰体内激素系统；已有许多动物受到有毒化学物质的影响，有些有毒化学物质已在人体内蓄积。这些化学物质用不了多久便会对人类产生明显的影响。如发展下去，对野生动物会出现种类灭绝的危险。环境激素与温室效应、臭氧层损耗、生物多样性锐减等一样，成为一个严峻的危及人类生存的问题。解决这一问题的根本方法是避免向环境中扩散有毒化学物质，但是目前污水处理技术尚达不到去除激素化学物质的水平。

第二章　环境外交

——任重道远的崭新外交领域

外交家如是说：环境问题与其他问题平分秋色

地球生态环境退化是全人类面临的共同问题，一国、一地的环境问题有可能对整个地区乃至全球的生态环境产生影响，它不受国界、社会制度、意识形态的制约。由于地球变暖、臭氧层的损耗与破坏、生物多样性的减少、有毒化学品及危险废物污染与转移、森林毁坏、水土流失、荒漠化和海洋污染等环境危机的爆发，使许多有责任感的政治家取得了共识，一致对传统的依赖过度消耗地球资源求得经济发展的模式提出了谴责和反思。从生态学的意义上说，人类所面临的全球性环境危机，有可能导致人类社会的政治危机和社会危机，甚至引发区域性或国际性的武装冲突。因此，这就要求所有国家的政治行为包括外交行为或国际关系准则有所改变或调整，国家和政治团体应使用其权力对生态进行控制。没有哪种生态功能不会影响到社会和个人，也没有哪种政治决策不影响到生态系统作用的过程。

正是由于地球生态环境退化是全人类所面临的共同问题，为了保护自己及子孙后代赖以生存繁衍的地球，国际社会别无选择，只有互相协商，互相合作，为人类共同利益携手治理环境。

外交家们已发现："在处理我们的传统议程方面取得进展是不够的……能源、资源、环境、人口、空间和海洋的利用等全球议程，现已与组成传统外交议程的军事安全、意识形态和领土纷争等问题平分秋色。"

环境保护中所指的环境问题，是由人类活动不当引起的，环境污染和生态破坏是其两个主要表现。人们在开发利用自然环境的活动中，由于人为排污活动向环境输入大量物质或能量，不当地从自然界中取走、灭绝某些资源如滥伐森林、滥捕野生动物以及其他非排污性的活动，超过了环境的自我调节、平衡机能，引起生态失衡、环境资源减损而有害于动植物生长、人体健康及社会经济发展。环境问题按影响范围大小可分为局部环境问题、国内环境问题、全球环境问题等。

当前，全球10大环境问题为：气候变化、臭氧层破坏、生物多样性锐减、酸雨蔓延、森林毁坏、土地荒漠化、大气污染、水体污染、海洋污染、固体废物污染。

全球环境问题与军事、领土问题明显不同。环境问题具有公害性，又具有区域性、地方性，还具有整体性、关联性和传递性。环境问题的传递性，就如《大混乱，创造一门新科学》一书中比喻的那样，影响极大。就如一只蝴蝶在北京搅动着空气，这可能演变成下月在纽约的一场风暴。50亿人都是蝴蝶，可以对千里之外的环境产生重大影响。环境问题具有流动性、累积性、不确定性和长期性；环境污染在环境中的迁移变化、发生发展与许多因素有关，它影响、危及人类的生存与繁衍。

全球环境问题的出现，要求人们采取行动，保护地球。国际环境保护是国际社会保护和改善环境、处理和解决环境问题的各种措施和活动的总称。国际环境保护的主要内容可以概括为预防和治理环境污染及生态破坏，保护和改善生活环境及生态环境这两个方面。此外它还包括公民、组织、国家和国际社会在这两个方面所采取、实施的行政、法律、经济、科学技术、宣传教育等各种措施和行为。

国际环境保护活动具有鲜明的公益性，其关系到人类的共同利益，受到地球上所有人的共同关心，没有哪个国家或哪个组织宣称保护臭氧层对它们弊大于利。国际环境保护是一项具有极强综合性和广泛性的工作，属于一项巨大的系统工程，涉及众多学科和行业，具有交叉性和边缘性。它能否取得成效，则取决于地球上的所有国家、地区和组织的努力。国际环境保护活动具有预防性、长期性和对人类影响的广泛性。国际环境保护具有极强的科学性和技术性。科学技术是文明进步的动力和经济发展的基础因素，也是合理利用资源、保护环境的保证。国际环境保护具有区域性和地方性，不仅双边和多边的环境保护活动同一定区域有关，全球性的环境保护活动也要落实到具体的国家和地区。

目前国际上的环保热情高涨，渗透到政治、经济、外交等各个领域，形成全民环境责任感，使得全球环境保护行动愈发富于组织性和计划性。

国际环境问题的产生，国际环境保护运动的兴起，正在引起各国和国际社会的一系列深刻变化。当前，世界一些政治家都主动从更广泛的角度来重新审视国家安全概念和国际合作问题。西方国家一位出席臭氧层公约谈判代表曾说过：东西方冲突的危险已因对人类安全构成威胁的环保问题而黯然失色。环境问题已经强烈地影响到国家的安全和社会的发展，环境问题没有国界，解决环境问题必须进行国际合作，才能取得共同的经济发展。

历史发展到了今天，联合国讨论的诸多问题，都直接或间接地与环境保护相联系，国与国之间关系亦如此。环境问题已跃为世界政治议题的重点之一，环境问题的国际合作已成为促进国际间交往的活跃连接点。各国政府不仅要制定国内环境政策，也需要共同制定一个相应的国际环境政策，来统摄国际间的合作。有人预言，国际环境保护将引起一场新的革命。这场革命就是以保护人类生存环境为主题，实行可持续发展，建立起人与环境关系协调的新文化和新文明。以下这些变化，势必对国际合作产生重大影响。

（1）国际环境问题的发展和防治上的努力，引起了人类生产方式、生活方式、思维方式、社会观念、价值观念、战争与和平观念、经济结构以及科学技术的巨大变革。它改变着国际社会中形成的安全观念，反对战争对环境的破坏，不仅是绿色和平组织自认的天职，而且已成为大多数人的共识。和平解决国际争端，维护人类的生存环境已经形成了一种新观念；各国政府制定政策也开始考虑环境因素，并把其作为对外关系中一个重点。

（2）在发展方式上，通过对追求眼前直接利益的传统发展模式的反思，形成了建立在发展与合作基础上的可持续发展战略，在经济与社会发展的同时，实行经济、社会和环境的协调发展。

任重道远的崭新外交领域

第二章　环境外交

（3）在工业生产部门中，由环保引起的工业变革正在深化。工业界兴起了"洁净运动"，生产"清洁产品"、"绿色产品"、"无公害产品"；将环境管理纳入企业管理，制定环保标准。产业结构和生产方式的调整将带来极大的经济利益。

（4）环境保护将引发并推动一场新的技术革命。环境科学已成为当代最富有生命力的一门新兴科学，人类正向着对环境有利的技术时代迈进。

（5）在国际贸易中，环境保护已逐渐成为一个制约因素。比较严格的、高的环境标准和环境保护要求，既可能成为促进出口、向国外投资的压力，又可能成为限制进口、引进外资的非关税壁垒。国际环境公约的签订和实施可以对国际贸易产生深远和现实的影响，甚至改变一个国家的贸易方式、产品结构和贸易策略。

（6）环境保护日益成为经济援助的一个前提条件。目前，许多发展中国家一方面反对附带任何条件包括环保条件的经济援助；另一方面也反对发达国家转嫁污染和输出污染技术。近年来，国际组织和援助国一般都主张把环保作为援助的一个条件，对不利于环保或不考虑环保的项目不赠款、不贷款，对保护和改善环境的项目给予优惠。如联合国开发计划署，已明确提出环保这个前提条件。

（7）在生活方式和观念意识方面，也在悄然发生变化。环保关系到自身和后代的生存发展，人们已开始自觉地形成良好的环境道德规范和风气；"保护环境，人人有责"等口号日益深入人心。对于过去所认为的空气和水既无价也无须在使用时付费的认识有了改变，提出了"环境资源价值观"和"自然资源有偿使用观"。

国际环境问题的日益严重，国际环境保护运动的深入发展，使人们充分认识到了加强环境保护方面的国际合作，是改善人类生存条件的一个重要途径。

人类的共识：保护生存环境

地球的生态系统正遭受着现代工业的猛烈冲击，严重的后果正逐渐地显现出来。

　　毫无疑问，只要人们对自己的目标有足够清晰的认识，就能够取得所追求的成就。尽管这需要进行艰难的选择去改变某些既有的思维与行为模式，保持地球生态平衡的使命既是人们所不容推辞的，也是力所能及的。从道德伦理角度来说，承担医治环境创伤这一使命意味着要献身所信仰的事业，即所有人不可剥夺的生存权利。人类拥有生存、自由和追求幸福的权利，这在《人类环境宣言》中已得共识昭示天下。

　　努力是行动，但为了确保行动有效，最为艰难的是取得全面的共识。

　　应把努力保护地球环境作为共识，以协调人们的行动。地球虽然具有一定承受力，但一旦突破极限，将难以收拾。因此，人们不能等待着明显的灾难逼近时方恍然大悟，应立即就保护地球这一目标达成共识。

　　也许有一些人一厢情愿地等待我们能够轻而易举地适应环境恶化带来的一切。但这是一种懒惰的思维，是绥靖主义的态度，最终将使人类作茧自缚，难以生存。

　　保护地球的斗争要人们付出极大的勇气，因为这一次是向自己开战。那些意识到自己对地球负有责任的人们是地球最有效力的维护者和捍卫者。

　　不管到何时何地，只要人们对地球的责任感被淡化或让位于其他所谓的紧迫事务，那么对环境的关心和管理程度就可能降低，因此要把这种责任时时刻刻放在首位。例如，如果考核木材公司管理者的成绩是以每个季度的利润增减为标准时，那么他们就可能砍伐树龄较小的树木，不怎么考虑为了将来应大力栽种树苗，而且更不太顾及这种做法将要导致的水土流失。若以人和环境相协调的思想武装人类的头脑，人们就能够在全力保护地球环境的努力中获得胜利。同时，它还要求采取重大措施以保证人们既拥有能够理解这种挑战的重大影响所必需的信息，也拥有足够的政治和经济权力去管理好他们生活和工作的地方。那些觉悟的个人仅凭单枪匹马是不可能赢得这场战争的，必须唤起千千万万的公众把保护地球环境当成自己的使命，那样人类的生存环境才会得到改善。

必然的选择：走可持续发展之路

1987 年，以挪威首相布伦特兰夫人为首的世界环境与发展委员会提出了一份题为《我们共同的未来》的报告，阐述了可持续发展的思想，并以此为基本纲领，从保护环境资源、满足当代和后代的需要出发，提出了一系列政策目标和行动建议。报告中阐述的可持续发展是指既满足当代人的需要，又不对后代人满足其需要的能力构成危害的发展。它包括两个重要的概念：一是"需要"的概念，尤其是世界上贫困人民的基本需要，应将此放在特别优先的地位考虑；二是"限制"的概念，技术状况和社会组织对环境满足眼前和将来需要的能力施加的限制。

工业化国家创造了人类历史上一种新的发展模式。在生产方面出现了以大工业为主导的格局，在社会交换和流通方面出现了市场竞争和自由贸易的机制。

就其生产过程而言，它以高度组织化的方式劳动，以批量化、流水线生产标准的产品，以新的能源动力，富含新技术的机器，成十倍、百倍地提高劳动生产率。就流通过程而言，货币加速转化为产品，产品又加速转化为货币。在这两个过程中，货币和产品均处在滚雪球的增长过程中，货币越滚越多，产品也越滚越多。于是国民财富得到了极大的增长。

由此可见，工业化发展模式的根本特征就是以滚雪球式的指数方式增长。这个流程可以简单概括为，以批量化生产使产品价格大幅度下降，以廉价产品占领市场，以市场刺激消费，用消费来刺激生产，完成一个正反馈过程。导致的最终结果是消费水平越来越高，国民财富越来越多。在工业革命后至今两个半世纪中，人类创造的财富比此前有史以来创造的全部财富之和还要多。

这滚滚涌出的财富从哪而来呢？抛开一些晦涩高深难懂的经济理论，只要对能量和物质的流向追踪就可以发现，全部以指数方式滚滚而来的财富基本上来自两个方面：一是人，二是地球。

创造如此多财富的人不再是从前简单意义上的人，其生活、生产方式发生了天翻地覆式的改变。人已经同工业化发展方式相互适应、相互协调、相互促进，成为工业社会的一分子，人的丰富、复杂、多元的存在方式有了改变，向着单调、简化、一元的存在方式转化。

工业化的生产方式与以前生产方式有着极其明显的区分。工业化的生产方式节奏快，高度组织性，分工高度专业化，追求效率、效益，也就是说追求有效性成为人类社会的主基调、主旋律。

在工业化社会条件下，人们改变了以往悠闲的状态而变得忙碌起来，单调划一地处理同一个类型的事情或生产，建立了一个以人类为中心的带有很强支配性、控制性、征服性的结构体系，一切以人类感到合适，以自己的意志得到了实现为目标。工业化造成了以人为主，而对于自然界、地球以及上面的所有其他生命，无暇顾及了，管不了那么多，整个全部忘掉了。

然而，正是拥有土地、海洋、空气、各种资源在内的地球，为工业化创造所有财富提供了源泉。若对这个源泉利用合理得度，它所能提供的远远大于工业化所得到的。大地是人类的母亲，源源不绝地供给人类以养料，这种供给如清泉山溪，自然而然。这种供给丰富而多彩，使人类能够全身的沐浴在自然的恩赐之中。不幸的是，人类并没有满足于自然永恒而毫不吝啬的赐予，而是要按照自己的意志，破坏自然神圣的恩赐结构，直接取得认为对自己有利的东西，有意或无意间破坏自然的生命构造。有的甚至发展到为了得到一根象牙不惜杀死一头大象，为了得到一个熊胆不惜杀死一只黑熊，为了得到矿产不惜毁坏植被，为了得到能量不惜毁灭整个地球生态系统。

环境问题作为一个问题被尖锐地提出来，可以说是权衡的产物。最先由发达国家提出环境问题，并不是发达国家对工业化带来的问题进行反思，而依然是着眼于环境问题的经济后果。发展中国家经济落后，他们认为发达国家在地球这艘宇宙飞船上已经站稳了头等舱，享受着比世界人均水平高几十倍甚至几百倍的能源和物资，现在又要求我们发展中国家注意保护大家共同的环境，想阻止我们发展工业化，想让我们永远处在贫穷落后的境地。

迅速改善经济状况已成为发展中国家生死攸关的问题。这种希望不能被剥夺，谁也无权迫使他们放弃选择，放弃选择就意味着饥饿、贫穷和死亡。为什么发展中国家应该接受那些发达国家不愿意接受的东西呢？谁敢说发达国家已准备放弃工业和经济增长呢？谁会宣称发达国家为了保持生态平衡而准备在牺

任重道远的崭新外交领域

牲舒适的生活水准方面作出任何让步呢？只不过发达国家想生活得更舒适一些罢了，至少生活质量不能比现在下降。

发达国家必须深刻地认识到发展中国家在是否发展经济方面根本没有多少选择的余地。发展中国家依照一种更为理智的模式去发展，而非依据迄今为止迫使他们采取的那种方式发展经济。如果他们做不到这一点，那么贫穷、饥饿和疾病就将无时无刻地威胁着他们。

到了80年代末，发展中国家渴望发展，渴望摆脱贫困的劲头丝毫未减，现代化强大的示范作用依然存在。在一个继续走着工业化道路的世界上，一些发达国家追求高的环境质量，并将其国内环境恶果向穷国转移。以日本为例，今天它已成为世界头号资源消费国，它自己有着占国土面积66%的森林覆盖率，却每年从森林覆盖率只有13%的中国大量进口一次性筷子。北太平洋有超过一半的渔船是日本船，它们乱捕滥捞造成该区域渔业资源走向衰微。日本是世界上最大的象牙消费国，不知道有多少大象被日本人间接地杀死。许多怀有良好愿望的人们早就认识到需要发达国家和发展中国家协调一致，共同努力保护人类的生存环境。

鉴于发达国家与发展中国家之间在环境问题上立场的差异，一种新的将环境与发展相结合的思路在国际社会中开始流行。这就是今日人们逐渐熟知的可持续发展理论。它可以被认为是在发展这个第一级火箭上装上工业化第二级火箭，又考虑到环境因素之后，所装上的第三级火箭，它将使发展更合理更迅速。

以布伦特兰夫人为首的世界环境与发展委员会起草的《我们共同的未来》报告，成为1992年里约热内卢联合国环境与发展大会的基调报告。其中包括如下观点：

"人类需求和欲望的满足是发展的主要目标。发展中国家大多数人的基本需求——粮食、衣服、住房、就业没有得到满足。一个充满贫困和不平等的世界发生生态和其他的危机。可持续发展要求满足全体人民的基本需要和给全体人民机会以满足他们要求较好生活的愿望。"

"只有当各地的消费水平重视长期的可持续性，超过基本的最低限度的生活水平才能持续。然而，我们当中许多人的生活超过了世界平均的生态条件，如我们利用能源的方式。人们理解的需要是由社会和文化条件确定的。可持续发展要求促进这样的观念，即鼓励在生态可能的范围内的消费标准和所有的人合理的向往标准。"

"满足基本的需要部分地取决于实现全面的发展潜力。很明显，可持续发展要求在基本需要没有得到满足的地方实现经济增长。而在其他地方，假如增长的内容反映了可持续性的广泛原则以及不包含对他人的剥削，那么可持续发展就能与经济增长相一致。但是增长本身是不够的，高度的生产率和普遍贫困可以共存，而且会危害环境。因此，可持续发展要求：社会从两方面满足人民需要，一是提高生产潜力，二是确保每人都有平等的机会。""实际上，可持续发展是一种变化过程。在这个过程中，资源的开发、投资的方向、技术开发方向和机构的变化都是互相协调的，并增强目前和将来满足人类的需要和愿望的潜力。""全球可持续发展要求较富裕的人们能根据地球的生态条件决定自己的生活方式，例如，能源消费方式。人口进一步快速增长会加重资源的负担，延缓生活水平的提高。只有人口数量和增长率与不断变化的生态系统的生产潜力相协调，可持续发展才有可能实现。"

崭新的领域：充满活力的环境外交

1. 环境外交的涵义、作用及其原则

环境外交是外交活动的一个分支，它是指以主权国家为主体，通过正式代表国家的机构和人员的官方行为，应用访问、谈判、交涉、缔结条约、发出外交文件、参加或发起国际会议和国际组织等多种多样的外交方式，处理和调整环境领域国际关系所进行的对外活动。

环境外交是当前国际政治经济舞台上的一个崭新的领域。环境外交是国家实现其对外环境国际政策的和平方式，以谋求加强国际环境合作的途径，处理国家间产生的环境纠纷和冲突，制定有关环境问题的双边或多边公约，履行国际环境条约，扩大本国的国际影响和发展同各国的关系，其目标是实行和维护

国家的根本利益，维持全人类和子孙后代的整体利益。同时，也可以利用环境外交实现和服务于特定的政治目的和其他战略构想。

由于环境问题在一定意义上讲相对其他国际问题具有自身的中性和客观性，开展环境外交就成为保持双边或多边经常性对话的一个重要渠道。国际上常常通过环境外交上的不断接触，使政治上不对话的国家和地区增强了互相了解，从而改善了双边关系。例如美国就希望在双边关系紧张的时候，以环境问题作为保持联系的渠道和减少摩擦的润滑剂。又如，南北之间在债务危机、初级产品价格、发展资金等众多问题上多年对立，南北之间实质性的对话停滞。但全球生态环境的恶化却是南北都关心的问题，由环境问题而启动了停滞多年的南北对话。环境问题具有全球性的特点，某些环境问题如温室效应、臭氧层损耗、酸雨、水体污染等已成为影响人类生存质量的全球性问题，某些环境问题正在向全球性问题演化，而这些问题解决必须通过环境外交，这是解决全球性或区域性环境问题的必经之途。开展环境外交，还可以为发展中国家寻求国际援助提供更多的机会。现在全球性环境问题主要是少数发达国家造成的，但受害程度更严重的却是广大发展中国家。因此，解决全球性环境问题，发达国家必须对发展中国家在解决环境问题上提供必要的经济援助。开展环境外交的另一个重要作用是大大提高了广大发展中国家的环境意识，增强了参与国际环境活动和立法的积极性、主动性以及使命感。这与其在 70 年代前注意力主要集中在国际经济方面、40 年代前在许多国际重大问题上根本没有发言权的状况有了巨大的变化，而且也为国际环境法的基本原则的确立作出了重要的贡献。

迄今为止，国际社会已制定了一些国际环境条约，但指导和规范国际环境关系的最基本原则主要有以下几个原则：

（1）国家环境主权原则。

国家环境主权原则，是国家主权在国际环境关系中的体现。1972 年发表的《联合国人类环境宣言》第 21 项原则明确指出：各国享有按本国的环境政策开发自己的自然资源的主权，同时还有义务保障在它们管辖或控制下的活动，不致损害他国的环境或属于国家管辖范围以外的地区的环境。1972 年联合国大会通过的《各国经济权和义务宪章》第 2 条第一款规定："每个国家对其全部财富、自然资源和经济活动享有充分的永久主权,包括拥有权、使用权和处置权在内,并可自由行使此项主权。"1992 年的《里约环境与发展宣言》又重申了国家环境主权原则。根据该原则,各国拥有按照其本国的环境与发展政策开发本国自然资源的主权权利,并负有确保在其管辖范围内或在其控制下的活动不致损害其他国家或在各国管辖范围以外地区的环境的责任。

坚持和维护国家主权是解决全球性环境问题的基石,任何动摇和破坏这一基石的行为都是违反国际法的,都是不利于解决全球性环境问题和保护人类生存状态的。

（2）国际环境合作原则。

国际环境合作原则,是因为保护全球自然环境这一人类共同财产,是全人类的共同事业,只有通过建立在尊重国家环境主权和公平的原则基础上的国际合作,才能成功地保护全球自然环境。国际环境合作原则,体现在许多国际宣言及国际条约中。1972 年发表的《联合国人类环境宣言》明确指出:国家无论大小,在有关保护和改善环境的国际问题中,应该在平等的基础上本着合作精神加以解决。1992 年的《里约环境与发展宣言》原则 27 指出:"各国和人民应诚意地本着伙伴精神、合作实现本宣言所体现的各项原则,并促进持久发展方面国际法的进一步发展。"1993 年 12 月生效的《生物多样性公约》规定,必须促进国家间和非政府部门间的国际、区域和全球合作,促进技术和科学合作和转让,人员培训和专家交流,加强彼此间的信息交流等。单靠一个国家,无论这个国家经济和科技实力多么雄厚,都不可能真正解决全球性或地域性问题,而只有国家间的相互合作才能有效地保护和解决环境问题。这是环境问题本身具有的特殊性所决定的。

在国际环境关系中,坚持和发展国际环境合作原则有其十分重要的特殊的意义。

（3）可持续发展原则。

可持续发展原则,是一种全新的发展观,是一条重要的协调环境与经济发展关系的原则。1992 年《里约环境与发展宣言》明确指出:"为了实现可持续的发展,环境保护工作应是发展过程的一个整体组成部分,不能脱离这一进程

任重道远的崭新外交领域

第二章 环境外交

来考虑。"可持续发展的思想已为许多国家政府、国际组织、工业界、民间机构以及众多有识之士所认可与赞同，而且许多国家已制定了适合本国或本地区条件的 21 世纪可持续发展战略。简而言之，可持续发展原则就是主张把发展与生态环境视为一个紧密相连的有机整体，在保护生态环境的前提下寻求发展，在发展的基础上改善生态环境。

（4）公有资源共享原则。

公有资源共享原则，是指在任何国家管辖以外的自然资源的权利属于整个人类，任何国家和个人不能占为己有，不能提出领土、领海、领空等要求，各国均有权力参与管理和保护，均有权分享产生于这些自然资源的收益，各国有保护这些自然资源不被污染和滥用的义务。

目前公海、南极、外层空间及国际海底区域等公有资源，均有相关的国际公约加以规定。例如：1959 年的《南极条约》规定：南极地区应为全人类的利益服务，各国须冻结对南极的领土要求，并确保南极为和平目的而使用，防止对南极带来任何污染。

（5）国际环境损害责任原则。

国际环境损害责任原则，是指一个国家对环境污染或污染所造成的后果，其跨越本国管辖范围致使有关国家或非国家管辖区域造成的环境损害承担赔偿责任的原则。1992 年发表的《里约环境与发展宣言》明确规定了"各国应制定关于污染和其他环境损害的责任和赔偿受害者的国家法律。各国还应迅速并且更坚决地进行合作，进一步制定关于在其管辖或控制范围内的活动对在其管辖外的地区造成的环境损害的不利影响的责任和赔偿的国际法律。"

2．环境外交发展简述

环境问题成为国际外交活动中的一项重要议题，是从 20 世纪 60 年代开始的，后来逐步发展成为相对独立的"环境外交"。大体可以把环境外交产生和发展的历程划分为三个阶段：

第一阶段是从 20 世纪 60 年代至 70 年代初期，人们环境意识觉醒，"八大公害"等污染事件造成的危害触目惊心，西方发达国家为治理和改善受到严重污染的国内环境而相互开展科技合作，并通过外交途径解决一些越界的环境纠纷，协调环境保护行动。这一阶段环境外交初露端倪，但属局部性的。

第二阶段是从 1972 年在瑞典斯德哥尔摩举行的联合国人类环境会议到 80 年代中期。人类环境会议是这个阶段的标志，是环境外交的第一个里程碑。中国派团出席了本次会议。在国内外产生了重要影响。中国的环境外交始自此时。这一阶段涉及范围已由少数发达国家扩展至世界上大部分国家，特别是发展中国家开始在以环境为课题或与环境有关的国际外交事务中发挥重要作用。所处理的环境问题，除了发达国家仍未解决的"公害事件"等工业的环境污染问题外，还大量涉及酸雨、荒漠化、水土流失、森林减少和植被退化等区域性环境问题。由于参与主体多元化、利益多元化，所以这一阶段的环境外交比较明显地出现了合作与斗争相互交织的局面。

在这一阶段中取得了不少成就，也积累了许多宝贵的经验。为了鼓励公正地分配资源，防止污染的转移和国家间的合作，出台了一系列国际法实施方案。如果没有这些法规，各个国家就会随心所欲地、尽可能地输出污染物和更多地攫取人类公共资源。有鉴于此，各国要尽最大的能力通过合作和互利的方式来防止或解决环境争端。

第三阶段是从 80 年代中期至今，这一阶段围绕气候变化、臭氧层破坏、危险废物越境转移、生物多样性锐减等全球环境问题展开了非常频繁的外交活动，多项国际环境公约先后达成。其标志是 1992 年 6 月在巴西里约热内卢召开的联合国环境与发展大会，这是环境外交的第二个里程碑。100 多个国家的元首和政府首脑出席会议，确定了可持续发展战略，将环境外交推上一个新台阶。

环境外交发展的历程表明，环境外交是国际政治、经济、环境和外交等因素相互影响、相互作用而表现出的一种新的国际关系形式，其中起主要作用的是环境因素，即全球性、地区性和各国国内的环境问题已逐步上升为影响人类基本生存和长远发展的重大问题。不可避免地成为国家间交往和国际活动中必须面对和妥善处理的重要领域。

1996 年 4 月 9 日，美国前国务卿克里斯托弗在斯坦福大学发表题为《美国外交与 21 世纪全球环境挑战》的讲演，阐述了美国的环境外交政策。这标志着

任重道远的崭新外交领域

克林顿政府外交政策转变的新动向，即美国在全球的外交目标，不仅已经对苏联解体及东欧剧变前的冷战时代的单纯关注两大阵营之间的战略对抗、军事对峙的传统外交政策做出了重要的策略性调整，而且试图把环境问题纳入其长远的外交议事日程和作为其国际战略目标的组成部分，利用环境外交推动其全球战略性目标的实施。

克里斯托弗在讲演中认为环境在两方面对美国的国家利益具有深远的影响：一是环境的影响力超越国界和海洋，直接威胁到美国公民的健康、繁荣与工作；二是处理自然资源问题，对实现政治与经济的稳定和追求美国的全球战略性目标，关系往往极为重大。克林顿政府认为，美国能否发展自身的全球利益与如何利用地球自然资源密切相关，因此，他们把环境问题置于美国主要外交政策之中。

克里斯托弗的讲话，标志着发达国家和发展中国家在环境问题上的矛盾和斗争进入到一个更为严峻的历史阶段。环境外交的斗争有时是平静的，有时是激烈的，有时是曲折的，有时又是隐蔽的。但总的来讲，围绕环境与发展的斗争将会更加复杂，更加激烈。某些发达国家企图以环境问题为由干涉别国内政，侵犯别国的主权已见端倪。

世界各国高度关注环境问题，重视环境外交，其原因不仅在于环境问题继续恶化的状况引起了各国政府的广泛关注，迫切需要加强环境领域的国际合作，而且在于环境问题，特别是全球环境问题已严重影响人类生存繁衍，危及国家安全及主权完整，环境外交已被作为建立世界新秩序和构造未来国际格局的重要内容。

是非的分辨：解决环境问题的基本分歧

在联合国大会上，在众多国家参加的有关环发问题的多边会议上，各国都同意当今世界的环境恶化问题必须通过世界各国的共同合作来解决。但是，在究竟应当怎样合作这一问题上暴露出了深刻的矛盾。纵观环发大会及有关公约多年的谈判过程，可以看出许多矛盾是错综复杂的，表现的方式也是多种多样的。

从斯德哥尔摩到里约热内卢

具体有以下几个方面：

1. 全球环境恶化的主要责任由谁承担

分清全球环境恶化的责任，是更好、更公平地承担全球环境保护义务的前提和基础。对于全球环境恶化，发达国家与发展中国家负有共同但有区别的责任。发达国家是自然资源的主要消耗者，也是污染物的主要排放者。占世界人口 1/4 的发达国家消耗了世界资源的 3/4。发达国家的人均能源消费高出发展中国家 7～10 倍。它们不仅导致自然资源的挥霍和浪费，而且对环境也造成了严重污染。目前存在的许多环境问题，特别是温室效应、臭氧层损耗、海洋污染、资源破坏等，主要是由过去一两个世纪发达国家追求工业化和实行殖民主义政策造成的后果。直到今天，发达国家仍是世界资源的主要消耗者和污染物排放者，而且仍对发展中国家实行着不平等的经济贸易政策，限制和削弱了发展中国家保护环境的能力。发展中国家的环境问题根源于他们的贫困。有些国家使用了发达国家提供的过时、有害环境的技术来实现发展，因此加剧了环境的恶化，进而影响了发展进程。这不仅对发展中国家，而且对全世界都造成了不利影响。因此，发达国家应对全球环境改善承担主要责任，而发展中国家则是受害者。一些发达国家借口"地球只有一个"和"我们共同的未来"，强调世界各国对全球环境恶化负有共同责任。有的发达国家还指责发展中国家对森林乱砍滥伐，破坏了地球的生态平衡等。这些论点显然是违反历史和现实事实的，也是很不公平的。

真理愈辩愈明，经过这一系列辩论，在 1989 年 12 月所通过的关于在 1992 年 6 月召开联合国环境与发展大会的联大 44/228 号决议中，写下了两段重要的条文："严重关切全球环境不断恶化的主要原因是不可持续的生产和消费方式，特别是发达国家的这种生产和消费方式"；该决议还明确提出"注意到目前排放到环境中的污染物，包括有害废料，绝大部分源自发达国家，因此认为这些国家负有防治这种污染的主要责任。"

上述联大 44/228 号决议，是经协商一致通过的。但是到了 1990 年筹备《气候变化框架公约》的谈判会议时，有些发达国家又坚持要求写下各国"共同的

任重道远的崭新外交领域

责任"，而且坚持了一年以上而不肯放弃，甚至宣称：决议并无严格的法律约束力，而公约是具有法律约束力的国际法文书，因而不能同意公约"照搬决议的语言"。后来经过反复讨论，拖到1992年4月的"政府间谈判委员会"最后一次会议期间，才在《气候变化框架公约》正文的"原则"条款中确立了"共同但有区别的责任"的提法，并且联系到行动问题，达成了如下协议条款："各缔约方应当在公平的基础上，并根据它们共同但有区别的责任和各自的能力，为人类当代和后代的利益保护气候系统。因此，发达国家缔约方应当率先行动，对付气候变化及其不利影响。"

有的发展中国家代表指出，之所以必须明确发达国家应负的"有区别的责任"或"主要责任"，并非学究式的辩论，而是既尊重历史事实又同现实密切相关；发达国家只有尊重历史和现实，才会认识到在环发领域的国际合作中它们有义务向发展中国家提供资金及技术转让。"这不是发达国家的恩赐，而是偿还它们所欠下的环境债。同时也符合发达国家的长远利益。"这一观点得到了发达国家的一些非政府组织的赞同，并且于1991年刊登在它们的《生态》报上。

2. 维护国家主权，反对干涉内政

国家主权强调的是国家的独立存在，国际合作强调的是各主权国家的彼此协调，若没有主权存在，也就无所谓合作，因此主权是国际合作的前提和基础，且贯穿于国际合作的全过程中。国家无论大小、贫富、强弱，都有权平等参与环境领域的国际事务，对于本国范围内的环境问题拥有国内的最高处理权和国际上的自主独立性。一方面各国的环境政策，要求开发其自然资源，亦有义务确保此类活动不致损害他国和国际公有地区的环境。任何无视国家环境主权的观念和行为都将从根本上动摇国际环境合作的基础，构成国际环境合作的障碍。但是某些西方国家利用环境外交，以保护环境为借口，干涉他国内政。经济上发达国家凭借其资金和技术上的优势利用环境保护构筑新的贸易壁垒，以新的不公平、不合理、不平等取代旧的不公平、不合理、不平等。

广大发展中国家表示，为了在环发领域开展真诚的国际合作，应当建立新

的全球伙伴关系，这种"伙伴关系"必须建立在公平合理、尊重各国主权和互不干涉内政等原则的基础之上。广大发展中国家还强调，各国的政策和发展战略，属于主权和内政，不容任何外来干涉，更不容许任何"超国家机构"予以所谓监督和审查；针对《21世纪议程》草案中的一些不恰当提法，发展中国家代表们提出了数百处的修正，视上下文把"政府应当……"改为"政府可以考虑……"或"应当考虑……"，并且在相应的许多段落中加上了"根据各自的国情"这一重要主张，从而删去了草案中带有干涉内政倾向的若干提法，使草案比较恰当地反映了国际上迄今已有的共识。

3. 保护环境与经济社会发展的关系

在处理环境和发展问题上，有两种观点和做法是错误的：一是为了保护环境，维护生态平衡，主张实行经济停滞发展的方针，即所谓"零增长"。更甚一步，有的人主张回到大自然去，回到18世纪的农牧时代，认为唯有如此"才能拯救世界免遭灾难和毁灭"。二是发达国家所走过的工业化老路：先发展，后治理。只讲生产，不顾环境污染，以牺牲环境谋求经济发展。当污染形成公害，引起广大人民的强烈抗议，并制约经济发展时，被迫去治理，付出代价巨大，得不偿失。这两种主张，错误的根源有相似之处，即把经济发展和环境保护二者根本对立起来，重视了一方面，忽视了另一方面。

在环发大会的筹备过程中，一些发达国家的发言和提案，都表露出明显的"重环境、轻发展"的倾向。这对环发大会秘书处的工作极有影响，反映在为环发大会准备的国际合作框架文件《21世纪议程》的草案上，秘书处提交环发大会第三届筹委会会议的文件，涉及环境者比重大而且内容详尽，涉及发展者却内容欠缺，分量单薄，包括中国在内的广大发展中国家，在第三届筹委会会议上纷纷发言，指出环发大会准备的文件应当纠正这种"重环境、轻发展"的倾向，并且充分说明了环境保护与经济发展不可分割的道理。发展中国家认为，在环境与发展问题上，发展是首要任务，环境问题应同发展问题联系起来，因为贫困是造成发展中国家环境恶化和妨碍发展中国家保护和治理环境的主要原因。只有经济发展了，才能更好地保护环境。

发展，是人类文明前进的动力和基础，只有发展才能创造出包括舒适环境在内的物质文明和精神文明。为了保护环境不要发展、害怕发展、回到远古时代去，这是历史的倒退。人类早期那种居住条件恶劣，衣不遮体，食不果腹，疾病丛生，寿命短促的境况并不是人类所追求的生活目标。人类是在同自然环境作斗争中发展起来的，为的是创造一个更适合于生存和生活的环境，满足于不断丰富和提高的各种需要。为了实现美好理想，就要有行动，发展经济，因噎废食和止步不前是逆历史潮流的。

在所有环境问题中，"贫穷污染"是最为严重的问题。没有饭吃，缺衣少药，没有住房，还有什么比这更重大的环境问题吗？要改变贫穷，污染需要治本，大力发展经济，离开经济发展奢谈环境保护，犹如空中楼阁，环境保护也成了无源之水。

经济发展和环境保护是一对矛盾统一体，二者之间有矛盾，但又是可以统一的。经济发展虽带来了环境问题，却也增强了解决环境问题的能力，为保护环境提供了物质基础；环境问题的解决，可以为经济发展提供动力，创造出更加有利的条件。在发展的同时保护环境是可以做到的，一些国家在发展经济过程中改善环境的事实，雄辩地说明只要认真对待，采取适当的对策，二者的对立是可以消除的。经济发展在很大程度上受到环境资源条件的制约，环境保护得不好，就会使工农业生产的基础条件遭到破坏，限制经济的发展；环境保护搞好了，可以提高资源的再生能力和永续利用能力，促进经济持续稳定地发展。

为此，人们需要在环境与发展的问题上保持正确的立场，从各种理论中区分良莠，发现一条既符合地球本身条件，又满足人类发展的道路，处理好二者之间的关系是有着重大意义的。

第一，充分理解经济发展与环境保护是不可分割的一个有机整体，二者是相互联系，相互依赖的。

社会发展到今天，人们的生活目标早已摆脱了满足简单的物质消费和精神消费层次，增加了建设舒适、安全、清洁、优美的环境作为实现发展的重要目标，环境建设成为实现发展的一个重要内容。环境建设不仅可以为发展创造出许多直接或间接的经济效益，而且还能够为发展保驾护航，向发展提供适宜的环境和资源。时至今日，环境保护已成为衡量发展质量、发展水平的客观标准之一，现代经济的发展越来越依靠环境与资源的支撑，而随着人类科学技术的迅速发展和环境与资源的急剧衰竭，环境与资源为发展提供的支撑越来越有限，进而抑制了经济的发展。因此，可以认为，在经济越是调整发展的情况下，环境与资源的重要性越发明显，经济发展与环境保护的联系也就愈加紧密。

第二，在环境与发展的关系中，发展是居于主要地位的。

环境问题可以在发展中得到解决。发展是文明进步的基础，是人类共同的权利，无论是发达国家还是较为落后的发展中国家，都享有不容剥夺的、平等的发展权利，这是一个公平问题。尤其对发展中国家来说，发展更是重要。目前，发展中国家正经历着来自贫穷和生态恶化的双重压力，贫穷是生态恶化的根源，生态恶化更加剧了贫穷，这是恶性循环。贫穷和生态恶化像是一对难分难舍的双胞胎，把发展中国家拖入了一个欲诉无门的艰难境地。因此，对于发展中国家来说，发展问题是压倒一切的，处于第一位的。只有发展才能解决贫富悬殊、人口猛增，才能为解决环境问题提供必要的技术和资金，才能逐步实现现代化，最终摆脱掉贫穷、愚昧、落后和肮脏。发展不仅是一把解决贫穷的金钥匙，更是发展中国家摆脱环境危机等社会问题的必要手段，还是为保护世界环境做出贡献的先决条件和基本前提。

第三，传统发展模式的变革是实现环境与发展相统一的必要手段。

不适当的消费和生产模式，导致环境恶化、贫困加剧和各国发展失衡是地球所面临的最严重问题之一。若想达到适当的发展，需要大力提高劳动生产率，改变消费方式，最大限度地利用资源，最低限度地排出废弃物。这就对人们提出了要求：一方面，在生产过程中尽可能做到投入少，产出多；另一方面，在消费中尽可能多利用、少排放。因此，人类需要下决心同过去传统的发展模式诀别，转向可持续发展战略，纠正过去那种单纯依靠增强投入、加大消耗的错误做法。减轻发展对地球上有限资源的过度依赖，与地球的承载能力达到有机的协调。要改变传统的生产方式和消费方式首先必须下大力气发展科学技术。强调科学技术的进步，大量先进生产技术的研制、利用和普及，才能使单位生产量的能耗、物耗大幅度下降，才能不断地开拓新能源和新材料，提供各种新机会，也才能实现既减少投入，又增加产出的理想发展模式，进而减少对地球的强度依赖，减轻对环境的排污压力。为了充分解决环境与发展问题的矛盾，需要在以下六个方面实现转变：①人口方面的转变。要在全球人口再增长一倍之前使人口稳定下来。②技术上的转变。要使能源消耗多并易造成污染的生产技术过渡到有益环保的新一代技术上去。③经济上的转变。世界经济转变为依靠大自然的"收入"，而不是消耗大自然的"资本"。在过渡过程中，价格中包括生产、使用和处理等方面的全部环保费用。④社会的转变。社会要更加公平合理地分享环保好处和经济利益。必须大大增加外国政府和国际机构对发展中国家提供的开发援助，并大力提倡私人投资，同时改善资金运用的方式。⑤全民环境意识的提高。⑥体制职能的转变。要加强本国和国际环保组织机构的职能，使其在地球环保中发挥作用。联合国和其他国际组织必须有能力为新的国际协议作出广泛安排，使环境目标同贸易、债务、农业、外交政策以及开发援助等有机结合在一起。

为了达到环境与发展的统一，实现以上转变，必须对现在的国际体系进行改革。今天面临全球环境危机，需要能促进合作的体制，随着环境保护运动日益成熟高涨，成为全人类的共识，现在迫切需要的不是对抗而是精诚合作，不仅需要一个国家中的环保团体进行合作，而且更需要各国之间进行国际合作。对于各国政府来说，环境对人类的挑战要求创立一种共同负担国际责任的体制，各国的外交宗旨必须从处理冲突转变为同心协力。随着雅尔塔体制的分解和东西方冷战的结束，各国已开始了行动，并取得了一定的成效，新的体制一天天渐具雏形。因为世界各国已经意识到如果没有这一转变，未来的国际重大危机极有可能就是由于环境问题导致的。

4. 向发展中国家提供资金和技术问题

大部分发展中国家目前仍处于工业化进程的初级阶段，面临着摆脱贫穷、发展经济的艰巨任务。对于他们来说，从目前仍在沿用着的传统工业发展方式向现代工业发展过渡，最大的障碍是缺乏资金和技术，心有余而力不足。鉴于发达国家对环境恶化负有主要责任，并考虑到他们有较雄厚的资金和技术，他

从斯德哥尔摩到里约热内卢

们应率先采取行动保护全球环境，并帮助发展中国家解决其面临的问题。基于此，发展中国家提出，发达国家应该以优惠或非商业性条件向发展中国家转让环境无害技术，并要求发达国家减缓债务和提高发展中国家出口产品的价格。

由于这些要求，发展中国家和发达国家发生争执。发达国家承认发展中国家在对付环境恶化方面需要援助，援助的方式是提供无害的先进技术。但是，他们拒绝作出具体保证。尤其是美国认为，大多数无害环境的技术都为私营公司所拥有，因而政府不能将之赠送给他人，例如向农民供电的太阳能电池和烟囱清洁器等。印度和瑞典等几个国家提出解决问题的办法是建立一笔国际基金，资助发展中国家购买无害环境的技术，基金的来源是污染税和自愿募捐。但是发达国家一再推脱，推迟讨论这些问题的时间和地点。针对这种情况，发展中国家提出，在研究制定有关措施和行动时，应该考虑到各国不同的经济发展水平和能力，不能不顾历史和现实而用一个尺度来衡量。应妥善处理各环境领域中的问题，特别是资金、技术转让等问题。没有资金和技术转让的保障，国际合作只能是"海市蜃楼"。所以，发达国家应当从保护人类环境的共同利益出发，为全球环境与发展合作提供资金和技术。

联合国环发大会虽然为国际环境外交揭开了崭新的一页，但是在资金、技术等关键性问题方面进展甚微。

一是资金问题。发达国家没有兑现其向发展中国家援助金额占其国民生产总值 0.7%的承诺，反而大幅度减少了援助。1992—1995 年间发达国家的资金援助减少了 50 亿美元。发达国家官方发展援助金额占其国民生产总值的比例已降至 0.27%，达到历史最低点。

二是技术转让。发达国家以技术属于私人企业和存在知识产权问题为由，没有实现其以优惠的、减让性的条件向发展中国家转让环保技术的承诺。

三是在履约方面。除《保护臭氧层维也纳公约》和《蒙特利尔议定书》因发达国家履行其承诺肯出资金取得了较大的进展外，其他公约的履行情况进展缓慢。

四是环境与发展方面，由于发达国家不但没有兑现其承诺，反而大量从发展中国家廉价进口原材料，并且将一些污染严重的企业转移到发展中国家，从

任重道远的崭新外交领域

而使得发展中国家的环境日益恶化。

地球是宇宙中的一叶孤舟，她是目前为止我们所知道的唯一能维护生命进化的摇篮，她非常脆弱。地球以外没有人类可迁移的绿洲，我们也没有近邻可以呼救。为了人类的文明进步和子孙后代的幸福，所有的国家必须求同存异，同舟共济，采取协调一致的行动和密切的国际合作，十分谨慎地保护地球上的生态环境和气候条件。

环境外交成了人类未来的一个支撑点，一个有力的工具和手段。各国政府纷纷采取行动，协调环境行动的步骤，共同保护地球和人类的延续。

我国是一个发展中国家，同时又是一个环境大国。我国政府高度重视环境外交，江泽民主席出访日本、芬兰、肯尼亚、联合国环境规划署和出席亚太经济合作组织会议，都将环境保护合作作为重要议题。李鹏同志率中国代表团出席了里约热内卢环境与发展大会，表明了中国人民保护环境的坚定信念和中国政府对全球环境事务的责任感，加深了日益频繁的环境外交。第一，可以促进国际环境合作，解决国际环境问题，为全球环境保护作出贡献；第二，可以通过科技、金融、贸易交流，促进国内环境保护事业的发展；第三，可以维护我国和发展中国家的合法权益，促进我国环境与经济协调发展；第四，通过环境外交，促进经济合作，为国民经济持续、快速、健康发展服务。

我国的环境外交 20 多年来，取得了令世人瞩目的成就。这 20 多年环境外交的发展体现出几个很强的阶段性。对于中国环境外交发展过程与分期，依据角度不同可以有不同的划分方法。依据中国整个发展进程、国家内部重大政治历史事件和国外环境外交发展过程，可以将我国的环境外交发展过程大致分为以下三个阶段：中国环境外交开辟阶段（1972—1978 年）；中国环境外交的深入发展阶段（1979—1992 年）；中国环境外交的渐趋成熟阶段（1992 年至今）。在第四、第五和第六章将分别对这三个阶段进行详细的叙述、总结和分析。

从斯德哥尔摩到里约热内卢

第三章　环境保护

——国际组织和各国采取的行动

嘹亮的号角：联合国与环境保护

20 世纪 60 年代，国际形势错综复杂，风云激荡，在这乱云飞渡的年代，联合国的自身处境相当艰难。但是面对环境问题对人类造成的严重威胁，面对国际社会的强烈呼声，联合国在困难的形势下承担起历史赋予的使命，积极行动起来，加入到拯救地球的行列。

1968 年，第 23 届联合国大会专门讨论了人类环境问题，并作出了相应的决议，该决议规定：

（1）在联合国内提供一个详细讨论环境问题的场合，以引起国际社会和各国对日益严重的环境问题的关注。

（2）详细审查和审议环境问题，以辨明哪些问题需要在国际合作和协调的条件下才能获得解决。

此后联大 2849（26）号决议对联合国的作用和职责范围进一步作了明确规定：保护和采取环境行动的职责主要是由各国政府承担，联合国系统的作用和职权范围主要是针对那些"具有广泛国际意义的环境问题"。决议明确了联合国在环发领域应发挥的作用和功能。这次联合国大会根据瑞典的提议作出一项决议，决定于 1972 年 6 月在瑞典斯德哥尔摩召开一次联合国人类环境会议。1972 年 6 月 5 日至 16 日，人类环境会议如期召开，110 个国家的 1 200 余名代表出席，大会提出的一个响亮的口号是"共有一个地球"，成为与会代表的共识。会议通过了《人类环境宣言》、关于成立环境规划署的决议和一个行动方案。

此次会议的召开是世界环境保护史上的一座里程碑。从联合国角度而言，自联合国成立以来，联合国系统的一些组织机构如粮农组织、联合国教科文组织、世界卫生组织、世界气象组织等在各自的活动中曾涉及环境保护领域，但这些活动都是零星的、分散的，局限于本部门，影响不大。人类环境会议是历史上第一次全面讨论环境问题的会议，标志着联合国开始全面介入世界环境与发展事务。它既为国际合作开辟了一个崭新的领域，也反映了联合国适应形势发展，迎接全球挑战的能力。

1973 年 6 月 12 日至 22 日，第一届环境规划理事会在瑞士日内瓦召开。从1974 年起，每年在肯尼亚内罗毕召开一次环境规划理事会，到 1985 年改为每两年开一次理事会。

1977 年 8 月 29 日至 9 月 9 日，联合国在内罗毕召开了荒漠化会议，主要讨论荒漠化的成因和防治对策，有 93 个国家的代表出席了会议。会议通过了《向荒漠化战斗的全球规划》。此后还于 1978 年、1981 年、1984 年在中国举办了三期防治荒漠化训练班。联合国还确定每年 6 月 5 日为"世界环境日"。1992 年，联合国召开了环境与发展大会，1995 年，在丹麦召开了社会发展世界首脑会议等。

几十年来，联合国为环境保护开展了一系列活动，在环发领域真正、充分地发挥了自身的作用，取得了重要成果，其主要作用体现为以下几点：

1. 构造崭新的战略思想

在环发领域，一个带有战略性和根本性的问题是：如何认识环境与发展之间的关系。对这一问题的认识正确与否直接关系到人类的生存和发展。人类环境会议从发展的角度来认识环境问题并注意到环境与发展之间存在着内在关系。联合国在其环境行动中日益感到缺乏宏观战略性思想指导问题的严重性。

1980 年 3 月，联合国大会向全世界发出呼吁：必须研究自然的、社会的、生态的、经济的以及利用自然资源过程中的基本关系，以确保全球的可持续发展。这里首次提到了可持续发展。此后不久，针对人类面临的南北问题、裁军与发展、环境与发展问题三大挑战，联合国成立了分别由前联邦德国前总理勃兰特、瑞典前首相帕尔梅、挪威前首相布伦特兰夫人为首的三个高级专家委员会。这三个委员会分别发表了《共同的危机》、《共同的安全》和《我们共同的未来》三个著名的纲领性文件。这三个纲领性文件都不约而同地得出同样的结论，即"世界各国必须组织实施新的可持续发展战略"。并且一再强调，可持续发展不仅是 20 世纪，也是 21 世纪；不仅是发达国家，而且是发展中国家的共同发展战略，是整个人类求得生存与发展的唯一途径。其中 400 页的长篇报告《我们共同的未来》，以其对可持续发展理论的创造性贡献而成为联合国的重要文献。在 1992 年的联合国环境与发展大会上，可持续发展的战略思想作为一种新的观念和发展道路被人们广泛接受，成为人类的共识和世界各国制定发展政策的基础，大会通过的 5 个重要文件始终贯穿着可持续发展的思想。这充分表明，可持续发展的战略思想已成为当代环境与发展关系中的主流。在环发领域探索新的发展模式和发展道路的过程中，联合国走在了各国的前面，构造了崭新的战略思想。

2. 推进环发领域的国际合作

环境问题最突出的一个特点是，它是全人类共同面对的问题，因此在环发领域加强国际合作是解决环发问题的根本途径之一。几十年来联合国一直致力于促进环发领域全球合作，具体体现在以下几个方面：

（1）为国际合作创造必要的前提。

这里主要包括两个方面：①推动各国建立环境机构。人类环境会议后，各国纷纷建立环保机构，特别是联合国还直接帮助发展中国家建立环境机构。②加强环境监测评估和环境教育。1973 年 1 月，一个国际环境情报网"地球观察"与联合国环境规划署一起成立，地球观察方案的实施改变了此领域中各项标准的混乱状态，并逐步将各方力量集合为一个全球性系统——"全球环境信息查询系统"，为各国政府采取环境行动提供了重要的科学依据。加强环境教育是联合国有关机构的另一项基础工作，联合国环境规划署将预算的 1/5 用于教育。环境教育由两部分组成，一部分主要是对各国科技人员进行培训；另一部分是对公众的教育，包括出版各种有关环境的出版物。并于每年 6 月 5 日举行庆祝世界环境日的活动。为鼓励大众保护环境，环境署从 1987 年开始，设立全球 500 佳奖，表彰在保护和改善环境方面有突出成就的 500 个组织和个人，同时还设立了环境最高奖，即奖金为 20 万美元的笹川国际环境奖，同时联合国还积极推动世界各国加强环境教育。

（2）积极发起和主持有关环境问题的国际会议。

召开国际环境会议是国际环境合作的一种基本方式。国际会议大致可以分为两类：一是综合性的国际环境会议，主要是从宏观综合的角度来探讨解决环发问题的对策；二是专题性国际会议，即针对某一专门的环境问题寻求解决办法。联合国发起的国际环境会议有两个基本特点，一是会议次数频繁，二是规模大、级别高。其中 1992 年最有影响的一次国际环境会议——"联合国环境与发展大会"，盛况空前，成果丰硕，是人类社会发展处于特殊的历史时期，由联合国发起召开的一次具有特殊意义的"地球首脑会议"。环发大会是人类环发史上的一座丰碑，它使人们更深刻地认识到联合国在环发事务中的重要地位。世界环发事业离不开联合国协调与组织，联合国必须重视全球环发问题。

（3）促进国际环境立法。

联合国对国际环境法的主要贡献是：①使国际环境法日趋系统、有序，形成了综合性的总纲领、总原则；②联合国环境署成为负责审议和协调环境法发展的中心；③使国际环境法日益发展成为一个内容丰富、门类齐全的国际环境法体系。另外，联合国在致力于推动国际环境立法的同时，还积极帮助发展中国家建立环境法律框架，环境署专家组已向亚非拉几十个国家提供了环境立法方面的咨询和建议。

（4）加强经济援助的机制。

联合国在加强经济援助的机制方面做出了许多有益的努力和尝试。1991 年 11 月，由世界银行、联合国开发署和联合国环境署共同建立了一项"全球环境基金"，旨在帮助贫困国家支付用于解决全球环境问题的费用。

联合国的作用也体现在对具体的环境问题所做出的反应和采取的行动上，包括在保护臭氧层方面取得的明显进展；积极采取措施，防止气候变暖；加强对酸雨问题的防治；致力于水资源的保护；采取行动制止土地退化；积极促进森林资源的保护；为保护海洋作出的努力；加大保护生物多样性的力度；关注外层空间的环境保护；对有毒化学品加强管理，与危险废物的越境转移作斗争等。

联合国在国际环境与发展问题上发挥了巨大作用，但也面临着一些困难，制约着联合国作用的充分发挥，这些困难包括环境科学知识和手段的局限、联合国自身的局限性和南北双方在环发问题上的矛盾与斗争，环境问题的长期性和复杂性也使联合国发挥作用的难度越来越大。

虽然联合国面临着前所未有的挑战，但是只要联合国及其有关组织与成员国共同携手，克服困难，联合国在环发领域仍然大有可为。对联合国在环发领域中的作用，作出乐观的估计，主要有以下几个依据：

（1）20多年来联合国在环发领域的作用已得到世界各国的肯定。1992年，环发大会盛况空前即表现了国际社会对联合国工作的支持和肯定。各国的支持为联合国继续在环发领域发挥重要作用提供了最重要的基础。

（2）自人类环境会议以来的20多年中，人们的环境意识已大大提高，日益认识到环境问题的全球性质和对人类生存与发展的现实威胁，因而从80年代中期以来，各国政府尤其是南北双方表现出在全球范围内联合行动，共同消除环境威胁的愿望，从1985—1987年就关于减少消耗臭氧层物质的蒙特利尔议定书进行的成功谈判，到1990年对该议定书的修正，就是明显的例证。目前在处理环发问题上，各国政府共识多于分歧，合作多于对峙。这一良好的合作氛围为联合国发挥作用提供了宽广的天地。

（3）两极体制的终结，"冷战"的结束为联合国在环发领域发挥作用提供了一个前所未有的历史契机。在新的历史时期，联合国在环发领域发挥何种作用已成为联合国是否适应时代变化和发展的重要标志。

（4）经过20多年的艰苦努力和不断完善，联合国系统已经拥有协商解决全球性环境问题的组织机制和资金渠道。从联合国参与处理臭氧层损耗、气候变化等全球性环境问题中可以清楚地看到这一点。这就为联合国进一步发挥作用提供了有力的组织保证。

当今，联合国有两项紧迫的任务：①加强和完善地球监测和预测系统，准确地为全球、各地区和各国的环境水平、状态收集数据，评估环境状况及发展趋势；②将重点放在条约的实施和落实上，一个实际行动胜过一打纲领，拯救地球关键在于行动。具体而言就是要保护环发大会的势头，保证环发大会的后续行动，使环发大会通过的文件能得到有效、切实的实施。联合国要用自身强大的政治和道义影响力推动各国履行诺言，联合国系统的各机构也应加强协调，步调一致，努力推动和支持各国采取实际行动，贯彻环发大会的精神、纲领和公约。

必要的协调：联合国环境规划署在行动

在 1972 年 6 月 15 日召开的联合国人类环境会议第 17 次全体会议上，与会代表通过了一项关于组织和财政的决议，提出联合国应建立一个由管理理事会、环境秘书处、环境基金和环境协调委员会组成的联合国环境规划署。根据这一建议，1972 年 12 月 15 日，第 27 届联合国大会通过第 2997 号决议，决定设立环境署。1973 年 1 月，环境署正式成立。该署是联合国系统负责协调各国在环境领域活动的机构，也是最重要的国际环境组织和国际环境活动中心，它包括理事会、环境秘书处和环境基金。环境署总部 1973 年暂设在日内瓦，1974 年至今设在肯尼亚首都内罗毕。

联合国环境规划署理事会（简称理事会）是中枢部门，是实际的决策机制。它由 58 个理事国组成，主要职能是制定环境署的年度工作方案及其预算，理事会 1974—1984 年间是每年召开一次，1985 年后每两年召开一次；理事会会间召开特别会议；作为理事会会间附属机构之一的部长与官员高级别委员会，是 1997 年第十九届理事会决定成立的，由 36 个成员国组成，每年至少召开一次会议，主要审议全球环境议程中的重点问题并向环境署执行主任提供政策建议；理事会的另一会间附属机构是常驻代表委员会，由各国常驻环境署代表组成，每季度召开一次会议，主要审议环境方案和环境署改革等问题，我国目前在上述两个委员会中均当选为历届常任理事国，并被选为主席团副主席。中国参加过这些会议的代表团负责人有王越毅、曲格平、杨克明、李景昭、卫永清、薛谋洪、吴明廉、陈平初、宋健、解振华、宋瑞祥等。由环境署首席行政长官执行主任领导的秘书处，目前共有专职人员 370 余人，负责执行理事会的各项决议及环境署的日常运作。

环境署的规划项目优先领域包括：气候变化；灾害与冲突；生态系统管理；环境管理；危险废物和有毒物质；资源效率—可持续消费。开展这些规划项目以及保证环境署正常运转的资金来源，主要是各国政府自愿捐款的环境基金、联合国的经费预算、各项信托基金和"配套捐款"。

环境署成立 20 多年来，在国际环境保护领域作出了许多贡献，它的作用主要体现在以下几点：

1. 促进联合国系统环境行动的协调，推动可持续发展

在环发史上具有重要意义的联大 44/228 号决议称环境署为"处理环境问题的主要机构"。环境署为使联合国系统密切配合，将可持续发展的思想贯穿于各自的行动和计划之中，为全球环发事业作出了不懈努力。协调联合国系统的环境行动是环境署的一项重要工作。环境署主要通过两种途径进行协调。其一是环境署努力加强与联合国系统的其他组织、国际机构的合作。例如，在教育与培训方面同联合国教科文组织合作，在卫生和健康方面与世界卫生组织合作，在气候方面与世界气象组织合作。仅 1989 年，环境署与联合国的其他机构就进行了 63 个项目的合作；其二是编制联合国全系统中期环境方案。这是一个贯穿于联合国各行动委员会的六年行动计划，主要通过联合国高级协调管理委员会和由各机构负责环境问题的人员定期召开会议进行协调。第一个全系统中期规划于 1982 年获环境署理事会通过，时间从 1984 年到 1989 年。1988 年，环境署理事会又通过了第二个全系统中期计划，时间从 1990 年到 1995 年。相比之下，第二个全系统中期规划战略重点更为突出。该规划在介绍大气、气候、土地、森林、淡水、生物多样性、海洋、环境健康、能源、工业等方面存在的问题之后，分别列出了联合国针对上述问题采取的总战略和要达到的总目标，为联合国各机构的环境行动指明了方向，该规划最后还包括一个明确的监测和评

国际组织和各国采取的行动

第三章　环境保护

价程序。

2．加强国际合作，促进国际环境保护事业的发展

1980 年，联合国环境署召开了专家会议，通过了保护臭氧层的世界行动计划，重点集中于研究方面。为协调其他组织和联合国机构进行的一些特定项目，环境署建立了"臭氧层协调委员会"。1981 年，联合国环境署建立了技术与法律专家特别工作小组，开始制定保护臭氧层的全球公约。同年 10 月，环境署在蒙得维的亚召开了环境法会议，将臭氧层的保护列为"三大主题领域之一"。1982 年 5 月，为纪念联合国人类环境会议 10 周年，而通过的《内罗毕宣言》特别提到了"臭氧层的变化"。在环境署的推动下，1985 年 3 月 22 日，在维也纳召开了保护臭氧层全权代表大会，23 个国家和欧共体代表签署了《保护臭氧层维也纳公约》。该公约是联合国环境署首次制定的具有全球性的大气保护公约。这是一个框架式的原则性公约，主要规定了缔约国应当采取适当措施，使人类免受足以改变或可能改变臭氧层的人类活动所造成的或可能造成的不利影响。公约虽然没有对破坏臭氧层的物质采取任何控制措施，但是首次带有明显的预防性的特点，即在受到全球环境污染问题的影响之前，主动采取行动加以防止，因而具有重大意义。为落实《维也纳公约》的精神，1986 年，为制定一份控制氯氟烃的全球生产、排放和使用的议定书的谈判拉开了序幕。谈判中，多伦多集团、欧共体和苏联与日本三个会议集团出现众多分歧。为弥合会议各方的分歧，环境工作组做了大量工作，多次召集会议协调各方立场，并取得一定进展。1987 年 9 月 16 日，在环境署的努力推动和国际环境保护舆论的压力下，43 个国家环境部长和代表通过了《关于减少消耗臭氧层物质的蒙特利尔议定书》。然而协议签署不到 6 个月，科学家们的研究表明，臭氧层已经受到的破坏可能比 1987 年在蒙特利尔签署保护臭氧层协议时所估计的还严重 3 倍。科学家们紧急呼吁采取比议定书更严格的限期措施，以遏制臭氧层的急剧破坏。在这种形势下，1990 年 6 月，联合国环境署和英国共同召开了有 123 个国家代表出席的"拯救臭氧层伦敦会议"。会议通过了《关于减少消耗臭氧层物质的蒙特利尔议定书的修正案》，修正案规定：受控物质从原来的 2 类 8 种扩大到 5 类 20 种，除甲基

氯仿可延长至 2005 年外,发达国家应在 2000 年前完全停止消费上述受控物质;发达国家以公平和最优惠的条件向发展中国家提供因保护臭氧层而增加的费用。此项协议是环境外交上的一个重要成果,表明南北之间是能够开展合作的。同时该项协议还为在环境署主持下着手解决更复杂的全球性环境问题开创了一个有积极意义的先例。

3. 积极主持制定环保公约、协议

1989 年 5 月,第十五届联合国环境署理事会决定制定保护大气防止气候变化公约。1990 年 9 月,环境署和世界气象组织在日内瓦联合召开了为准备《联合国气候变化框架公约》谈判的政策代表特别工作组会议。为了加快谈判进程,同年 12 月,联大决定建立政府间谈判委员会,负责准备包含有适当承诺义务的《联合国气候变化框架公约》和可能达成的任何有关文件。该委员会由联大指导,由环境署和世界气象组织赞助,终于在 1992 年 5 月就公约内容达成协议。在环发大会上,《联合国气候变化框架公约》获得通过。在联合国大力推动下达成的《联合国气候变化框架公约》,为在全球范围内加强防止气候变化的国际合作奠定了良好的基础,受到国际社会的广泛赞扬。

20 世纪 70 年代以来通过的一些重要环境协定大都是在环境署的主持下制定的。其中最重要的 7 个环境协定是:《濒危野生动植物物种国际贸易公约》(1972)、《养护野生动物移栖物种公约》(1979)、《保护臭氧层维也纳公约》(1985)、《关于减少消耗臭氧层物质的蒙特利尔议定书的修正案》(1990)、《控制危险废物越境转移及其处置巴塞尔公约》(1989)、《生物多样性公约》(1992)、《联合国气候变化框架公约》(1992)。

4. 联合有关国际组织,共同解决全球环境问题

环境署同有关国际组织密切合作,共同采取行动,解决全球环境污染和生态破坏问题,其中比较有代表性的是在制止土地退化和促进森林资源的保护方面。1982 年环境署理事会在粮农组织与联合国教科文组织的帮助下制定了世界土壤政策,环境署还与国际土壤咨询与信息中心以及其他组织合作,

国际组织和各国采取的行动

第三章 环境保护

绘制了全球土壤退化地图，建立了世界数据库，使各地能够精确地确定沙漠面积。在森林资源保护方面，1985年，粮农组织、联合国开发署和世界资源研究所共同发起制定了《热带林业行动计划》，环境署也实行了多种保护计划和措施，在环境署的努力下，《国际热带木材协定》在日内瓦通过，1985年生效。

联合国环境署对于国际环境保护发挥了巨大作用，但正如联合国面临挑战一样，环境署为适应新形势，自身的改革也已迫在眉睫。在历经20多年历史变迁之后，环境署一方面积累了丰富的经验，同时内部管理也产生了诸多弊病。有鉴于此，环境署在第十八届理事会上就决定对其内部管理进行改革，改革的重要方面是精简机构，减少管理不善和浪费，提高工作效率及增强工作的有效性和透明度。但令人遗憾的是2年时间已经过去，未见明显效果。需要特别指出的是，第十九届理事会重新审议了环境署的理事结构，决定成立一个新的理事会会间附属机构——部长与官员高级别委员会，以对环境署工作加以政策上的指导。另一个重要问题是环境署在联合国系统整体改革中的地位。环发大会开始了全球环保工作的新纪元，同时也给环境署带来了挑战，挑战之一便是在联合国各机构和众多政府间机构多方位涉足环境活动的同时，如何更好地发挥其全球环境组织与协调机构的作用。

还有一个困难是资金匮乏影响职能的发挥。环境署面临着20多年来从未有过的财政危机，主要捐款大国削减海外官方援助比例。而且由于对环境署存在的管理弊端表示不满等诸多因素而大量减少捐款，环境署不得不缩小年度工作方案，减少经费预算。由于没有充分的资金作保障导致环境署未能在处理国际环境事务中发挥更有效的作用。

虽然环境署目前遇到了各种各样的困难，但是完全可以相信，环境署在世界各国人民和政府的关心和帮助下，在未来的国际环境事务中仍然能够发挥更加重要的作用。

从斯德哥尔摩到里约热内卢

杠杆的作用：全球环境基金和世界银行的作用

1. 全球环境基金

全球环境基金是为发展中国家提供赠款使其履行国际协议，补贴发展中国家为解决特定的全球环境问题而于 1991 年建立的一个资金机制。该基金由世界银行、联合国开发署和联合国环境署共同建立和管理。全球环境基金资助的四个优先领域是气候变化、生物多样性、国际水域和臭氧层消耗，与上述四个领域有关的土地退化，特别是荒漠化和森林破坏也在资助范围。如果有资格从世界银行借款或者是联合国开发计划署"国别资金指标性计划"的合格受援国，就有资格获得全球环境基金的资助。

建立全球环境基金加强了发达国家与发展中国家双方在环发领域的合作。由于历史和现实的原因，发展中国家生产力水平低，财力有限，这在很大程度上妨碍了他们解决环境问题和参与解决全球性环境问题的能力，也使发达国家与发展中国家在环发领域国际合作遇到严重阻碍。对此，《人类环境宣言》早就呼吁："应筹集资金来维护和改善环境，其中要照顾到发展中国家的情况和特殊性，照顾到他们由于发展计划中列入环境保护项目而需要的任何费用，以及应他们的请求而供给额外的国际技术和财政援助的需要"。但是 20 多年来，发达国家反应冷淡，响应寥寥。正是在这种困难局势下，建立了全球环境基金，旨在帮助贫困国家支付用于解决全球环境问题的费用。该基金 1991 年拨款用于支持一些发展中国家的大约 25 个项目。到 1993 年已拨款 7.5 亿美元用于各种环保项目，以后各年呈加速递增之势，全球环境基金为解决全球环境问题提供了一个有益的资金途径。

全球环境基金的主要管理机构是参加国大会、理事会和秘书处。参加国大会每 3 年举行一次，每一参加国可任命 1 名代表和若干名副代表，参加国大会将审议全球环境基金的一般性政策，根据理事会提交的报告审议并评估基金的业务。理事会 32 个成员中 16 位来自发展中国家，14 位来自发达国家，2 位来自中、东欧和前苏联国家。理事会在秘书处所在地每半年召开一次会议或根据需要随时召开，主要是审查基金的业务，监督和评估全球环境基金的政策、规划、业务战略和项目，批准并定期检查全球基金的业务战略、项目立项书、资助资格标准、项目周期程序，确保全球环境基金的资助活动符合有关公约的政策、规划重点和资格标准，任命全球环境基金的首席行政长官并监督秘书处的工作和向秘书处授予具体任务和职责。秘书处由基金的首席行政长官兼主席领导，由世界银行提供财政支持。首席行政长官由全球环境基金执行机构推荐，理事会任命，任期为 3 年。首席行政长官负责秘书处工作人员的组织、任命和免职，并就秘书处的行动绩效对理事会负责。秘书处行使以下主要职能：①执行参加国大会和理事会的决议；②协调规划活动的组织并监督其实施，通过制定项目周期计划，落实理事会批准的业务政策；③主持机构间小组会议以保证有效地执行理事会的决议；④与有关公约的秘书处协调。

全球环境基金的执行机构是联合国开发计划署、联合国环境规划署和世界银行。联合国开发计划署主要在建立和管理能力、建设规划和技术援助项目上开展工作，利用它在人力资源开发、加强机构能力、非政府参与方面的经济援助，帮助国家推动、设计和实施符合全球环境基金目标和国家可持续发展战略的活动。联合国环境规划署主要负责加速发展科学技术分析，推动全球环境基金资助活动中的环境管理，还负责建立和支持作为全球环境基金顾问机构的科学技术咨询小组。世界银行负责对投资项目的开发和管理，全球环境基金也由世界银行托管，世界银行负责信托基金的筹措和财务管理。

全球环境基金对世界环境保护的作用，从我国受资助情况就已得到明证。1991—1993 年是全球环境基金的试运行期，在此期间我国有 6 个项目获得基金的资助，总额达 5 508 万美元。1994—1997 年为基金正式运行第 1 期，我国已有 9 个项目获得批准，资助资金达 1.7 亿美元。这些项目的实施有益于我国可持续发展的法规建设能力加强、技术引进，也为改善全球环境起到积极作用。目前已完成全球环境基金第二次增资谈判。这次全球环境基金将增资到 27.5 亿美元，这将使全球环境基金能够继续其促进改善全球环境和可持续发展的努力。

但是，这预计的 27.5 亿美元中包括了基金正式运行阶段第 1 期所节余下来的 7.5 亿美元，实际新增资金只有 20 亿美元，增资额不大，与上一期基本持平。

并且，由于全球环境基金将可能成为生物多样性公约、气候变化框架公约和京都议定书、荒漠化公约和蒙特利尔控制消耗臭氧层物质议定书4个公约及议定书的资金机制，因此可以预见全球环境基金在下一个计划期内仍会有很大的资金缺口。

增资谈判进行顺利，但应清醒地看到现有的基金的资金规模与21世纪议程赋予它的使命，与全球环境问题的实际需求相差甚远。发达国家要承担起自己的责任。另外，支付速度缓慢的问题，主要是审批程度繁杂所造成，不能归咎于受援国家能力不适应，发达国家更不能以此为借口，不积极增资。

全球环境基金自成立以来，一直是作为生物多样性公约和联合国气候变化框架公约的临时资金机制。由于基金本身所存在的一些问题，如资金不足、申请审批程序繁杂等，上述两公约的缔约方大会在是否将基金作为他们永久性资金机制以资助实现这些公约的目标问题上始终争论不休。但随着形势的发展，尤其是基金自1994年改组以来，由于基金在管理、机构和业务方面的进一步改善。如为了更好地实现"基金作为一种催化剂以吸引更多的其他来源资金用于改善全球环境"的初衷，基金要求其实施机构将基金业务纳入各自的常规业务规划之中，以便在它们常规规划的框架内实现协助，实现全球环境目标。77国集团中发展中国家的立场开始调整，发达国家不支持为每个公约建立一个资金机制，基金成为这些公约的永久性资金机制的可能性日益增加，各方面都意识到很难有专门为这些公约设立的单独的资金机制，全球环境基金的作用会越来越显著。

2. 世界银行

在目前国际金融机构中，世界银行对各国环境保护提供财政资金支持比较突出。世界银行是1944年7月布雷顿森林会议后与国际货币基金组织同时产生的一个国际金融机构。它于1945年12月正式建立，1946年6月开始营业。世界银行总部设在华盛顿，并在纽约、日内瓦、巴黎、东京等地有办事处。世界银行与货币基金组织是紧密联合、互相配合的姐妹金融机构，每年这两个机构的理事会联合召开年会。世界银行这个名字通常合指国际开发协会和国际复兴

与开发银行，而世界银行集团还包括国际金融公司和多边投资担保机构。世界银行是按股份公司的原则建立起来的企业性金融机构，凡会员国均认购该行的股份。世界银行的组织机构与国际货币基金组织相似，其最高权力机构是董事会，由会员国各指派一名董事组成，任期 5 年，可以连任。董事会的主要职权是：批准接纳新会员国；增加或减少银行资本；停止会员国资格；决定银行净收入的分配以及其他重大问题。

世界银行负责处理日常业务的机构是执行董事会，执行董事会中 6 人由美、英、德、法、日本和中国 6 个国家各自指派，其余代表由会员国按地区分组推选。执行董事会选举 1 人为行长，行长即执行董事会主席，任期 5 年，并可连任。行长无投票权，在执行董事会表决中双方票数相等时，可以投决定性的一票。行长以下有副行长，辅佐行长工作。

各会员国股金的多少，是根据该国的经济实力，并参照该国在基金组织所交份额的大小而定。会员国的投票权，与基金组织一样，同认交股金成正比。由于美国一直是认交股金最多的国家，所以它的投票权最大。会员国从世界银行获得的贷款不根据其认交股金的多少确定。

世界银行的宗旨包括以下几点：①为用于生产目的的投资提供便利，以协助会员国的复兴开发，并鼓励不发达国家的生产与资源的开发；②通过保证或参与私人贷款或私人投资的方式，促进私人对外投资；③用鼓励国际投资以开发会员国生产资源的方法，促进国际贸易的长期平衡发展，维持国际收支的平衡；④与其他方面的国际贷款配合提供贷款保证。总之，世界银行的基本目的和机能是通过向会员国提供中长期资金，促进会员国的经济复兴与发展。

世界银行最主要的业务活动是向发展中国家提供贷款，除此之外，还有技术援助。

随着国际社会对环境问题的日益重视，环境与发展问题成为国际政治舞台上的一个新议题，世界银行也顺应时代潮流，从 1987 年开始逐步把环境问题纳入其正常工作的各个方面，将环境保护列为基本目标。1996 年出版了第 1 份世界银行与环境年度报告，并在世界银行总部设立了环境部门，在其他四处区域办事处分别设有环境组，成为解决世界环境问题的又一有力资金支持机构。世界银行从事环境事务方面的研究、提供贷款和技术援助等，世界银行还在银行贷款和经济援助方面加入了环境因素。巴西为修建一条横穿亚马孙热带雨林通向太平洋的公路曾向世界银行申请经济援助，世界银行认为亚马孙热带雨林对维护全球生态平衡关系重大，不能破坏，拒绝了巴西的请求。1993 年，世界银行共提供了 23 笔新贷款和信用贷款，共计 20 亿美元，以帮助发展中国家进行环境保护和改善。这一贷款数额是 5 年前的 30 倍。目前，许多发展中国家在世界银行的资助下采取措施，开展实施各国的环境计划。世界银行正参与越来越多的环境保护工作，已完成了有关亚洲、非洲撒哈拉地区和中、东欧国家的地区环境战略报告。世界银行在世界环境保护领域将会发挥越来越大的作用，介入程度日益加深，成为解决全球环境问题特别是帮助发展中国家解决环境问题和参与全球合作的一个有力的资金支持系统。

全球环境基金和世界银行虽然在设立的初衷上有所区别，管理机构、组织形式也有差异，但它们在保护环境、解决全球环境危机、帮助发展中国家解决环境保护中的资金困难、促进环境保护国际合作的目标是一致的。虽然资金申请程序和使用方法存在不同，但发挥的作用和取得的成效是明显的。它们在国际环境合作领域中的地位日益重要，成为解决全球环境问题的不可忽视的方面，对发展中国家的意义尤为重要，全球环境基金和世界银行不断顺应时代的发展，加强内部调整，努力合理运用资金，最大限度地帮助各国克服所遇到的环境问题。

重要的动向：美国的环境保护及环境外交动态

冷战结束后，美国作为世界上唯一的超级大国，在国际事务的各个领域有着举足轻重的地位。在国际环境领域，美国政府为解决全球环境问题做出的努力有限，如在消耗臭氧层物质的谈判和全球环境基金的建立等方面。因此，目前美国的参与和应负的责任与其在国际上的地位是不相称的。

近几年，美国对全球环境问题的政策和策略出现了一些新变化、新动向，这无疑会对世界环发领域产生重要的影响。

国际组织和各国采取的行动

第三章 环境保护

1996 年年底，美国国家研究理事会提交了一份题为"把科学技术与社会的环境目标相结合"的报告，提出研究与发展的持续努力将创造更多的生产和使用能源的机会，从而大大降低大气中的碳排放量和使自然资源得到更加有效的利用。此项报告源于一次评估和确定美国未来 25 年的科学和技术目标讨论会。1996 年 8 月，国家研究理事会召开第一次会议，专门讨论环境。环境研究委员会基于大会的建议，提出科技界应追求的六大目标和行动方案。鼓励决策者采纳，其具体内容包括：

1. 利用社会科学和风险评估来指导决策

以前，政府的规定并没有把大小环境问题明显区分开来。该委员会认为，国家现有的环境目标可以在更快和更加节省经费的情况下得到实现，办法是以鼓励性措施比如对排污收费和采用保证金归还制度来取代行政控制办法。行政控制方法包括如下内容：完全禁止某类产品的生产和使用，强制减少某类物质的排放和对安装某类仪器有严格的要求。采用鼓励措施每年可为国家节约 10 亿美元，并可以促进空气和水质量实现快速明显的改善。

2. 以更加全面、持续和协调的方式监测环境的变化

将来自不同地区和时间范围的数据汇总在一起是靠不住的，要想实现对新生环境问题的早期预警，非拥有可靠的数据不可。为此，委员会提出一系列建议，包括呼吁白宫科学和技术政策办公室评估和审查现有测量和监测系统的质量。

3. 减少化学品对环境的不良影响

虽然已经取得了很大进步，但在预测新的化学物质到底对环境产生什么样的影响方面还需要开展大量的工作。该委员会呼吁研究和开发更有效的测试方法评估、模拟和监测化学物质长期潜在的影响，特别是难降解的化合物。

4．放弃矿物燃料的使用

能源对发展作用重大，但也带来严重的环境问题，对矿物燃料的严重依赖是国家能源系统中导致环境破坏的最大问题。该委员会认为矿物燃料是许多环境问题的核心，诸如城市空气污染、酸雨、采矿导致的生态破坏和全球变暖。国家能源研究和发展长期战略的最重要内容是放弃使用矿物燃料。具体方法是通过加强可再生能源的开发、提高能效和安全使用核能。

从能源的类型来看，该委员会提出了下列方案：

（1）增加电能生产的同时对非矿物燃料源、负载管理和其能量保护方式进行研究。

（2）加强对可再生能源来源的研究。在这方面，光电源和生物能应为优先领域。工作重点应放在如何降低这些方法的成本，因为只有成本降低到具有竞争力，公众无须补贴，其广泛应用和推广才有可能。

（3）加强清洁煤技术的研究以提高煤效和减少污染排放。

（4）鉴于核裂变是美国发电的重要手段之一，而这种方法并不释放碳及其他污染源，核研究的重点应放在核废料的安全处理上。若这一问题不得到解决，美国大量采用核电装置是不可能的。

对于核聚变的研究，该委员会指出，虽然核聚变作为燃料的来源有着巨大的潜力，但是诸多的科学和技术问题仍使人感到困惑和胆怯。虽然核聚变较核裂变而言对环保更有益处，但是在未来 30 年中不太可能成为主要的能源来源。

5．采用环境工程设计从而减少自然资源的消耗

目前，减少工业污染的努力一般发生在产品制造之后，这种做法不仅效果不好，而且治理起来也较昂贵。该委员会指出：在产品和流程的设计之初即应把其对环境的影响考虑进去。例如，设计应包括产品的较易回收及回用。

6．进一步认识人口与消费之间的关系

今后 50 年，世界人口的增长将使人口与消费之间的矛盾日益尖锐，对人类的环境和经济生活将是巨大的灾难，该委员会呼吁决策者支持对人口增长与环境破坏关系的研究，把重点放在人类生物学、人类行为学、流行病学和生态学方面。

大力推行对农业实施污染补贴计划。从 90 年代起，美国政府开始了农业"绿色补贴"的试点方案。该方案带有一些强制性条件，要求受补贴的农民必须检查环保行为。由于"绿色补贴"使农民减少了杀虫剂对农作物和水资源造成的污染，因而有益于为子孙创造一个美好的明天。大力发展环保产业。1997 年，世界环保产业产值估计为 5 200 亿美元，美国占世界环保市场的出口份额较大。采取的措施包括制定环境法规，造成对环保产业市场的需要，加快环保技术发展，带动环保产业增长，给予财政支持，项目免税和直接的资金补贴，在开发与研究上给予政策支持，加速商业化政策，建立政府和工业界的合作伙伴关系等，推动环保产业的蓬勃发展。

美国在参与世界环发领域中所实施政策和立场遭到广泛批评，特别是在里约热内卢环发大会上，美国的表现让世界大失所望，国际社会对美国的僵硬和顽固态度深表不满。克林顿政府上台后，美国开始大幅度调整其环境外交政策。1993 年，美国政府签署《生物多样性公约》。1996 年提出要担当起保护地球环境的"领导责任"，之后又同意削减二氧化碳的排放。1998 年 11 月，又签署了减少二氧化碳排放的京都议定书；为加强协调，1993 年，增设了负责全球环境事务的助理国务卿。美国环境外交政策的这一系列变化，反映了美国外交政策的调整。这一方面是顺应潮流，更重大的是，美国政府为维护其国家利益，避免环境问题对美国的国内与国际利益构成威胁，认为有必要改变环境外交的政策；另一方面是经济利益的驱使，世界环保产业迅速发展，前景极为诱人，为在这一庞大市场中占有最大份额，其环境外交政策的调整就势在必然。

造成此种情况的出现，还有一个不可忽视的因素是在美国政府中，副总统戈尔或出于政治前途的长远打算或出于对人类生态问题的关心，或出于美

国国家利益，他对环保极为热心。戈尔自 1984 年进入美国参议院后，日益关注环境保护问题，逐步成为美国环境保护的政治代言人。1992 年，他出版了一本关于环保的著作《濒临失衡的地球》。在 1992 年的美国大选中，戈尔凭借其在环保界的声望，为克林顿赢得了环保主义者和环保团体的大力支持。戈尔不遗余力地推动美国环境外交无疑既有益于其国家利益也有益于自己的政治前途。

美国环境外交政策变化的体现是 1997 年 4 月 22 日"世界地球日"来临之际，美国国务院发布了一份特殊的外交报告，题为"环境外交与美国对外政策"，引起世人关注。该报告是美国历史上首次发布的关于环境外交的年度报告。美国国务院宣布，从 1997 年起，今后每年的地球日，都将发布美国环境外交报告，"以对全球的环保趋势、国际政策发展以及美国来年的工作重点作出评估"。该报告显示了美国环境外交的一些最新的动向特点。从全球和地区两个层次上对世界环境状况作了评估，认定最紧迫的全球性环境问题有五个：气候变化、有毒化学品及杀虫剂、生物多样性、滥伐森林和海洋退化。而在地区和双边环境问题上最重要的有：水资源、大气质量、能源以及城市和工业的增长，报告还对美国近年来环境外交的"实绩"作了总结。

综观全篇，该报告有以下几个值得注意的动向：

一是美国从反对削减温室气体的排放转向支持制定有约束力的排放指标，并力图将发展中国家纳入削减温室气体排放的国际机制。

美国是主要温室气体二氧化碳的全球第一排放大户，过去它总是以科学的不确定性和削减二氧化碳会造成巨大的经济损失为由，拒绝制定排放的限控指标。此份报告不仅表明了美国愿意采取限控措施的立场，同时暗示发展中国家，尤其是中国和印度也应步其后尘。这是我国应该认真对待和引起警惕的一个重要问题。报告声称"国务院已作了巨大的外交努力"，"以期在 1997 年 12 月于日本京都召开的《联合国气候变化框架公约》缔约方第三次会议上达成未来减排二氧化碳的协定。"

二是该报告虽然强调美国在环境外交领域主要是加强领导和与各国及地区的合作，但是并不排除采取制裁手段。

国际组织和各国采取的行动

第三章 环境保护

该报告将美国 1994 年以我国台湾从事犀牛和虎骨贸易为由对台湾进行制裁一事，作为美国重大环境外交行动加以渲染，其意图不言自明：一来显示美国保护全球环境的决策和旨意，二来警示他人要听美国的话，否则也会受此"礼遇"。

三是环境因素在美国外交中的地位将上升。

该报告表示，除了现行的环境政策外，国务院还将采取两种新的方法推进其环境外交：一是在一些关键的大使馆建立地球环境中心，针对区域性环境问题寻求跨国界的解决办法。目前已在哥斯达黎加、乌兹别克斯坦、埃塞俄比亚、尼泊尔、约旦和泰国设立地区环境中心，并预定以后再开设六个同类的中心。二是在双边关系中提升环境问题的地位。

此份报告的发布，显示环境外交已成为美国外交中的一项长期性、经常性的重要议题。美国副总统戈尔认为，该报告"记录了美国外交政策中的一个重要转折点"，"代表了一种新的观察世界的方法"。该报告揭示出：一是美国在其环境外交的策略上作了重要的调整；二在世界环发领域行使霸权主义。世界环境外交和国际合作中的斗争将日趋激烈。

可行的方略：日本的环境保护及环境外交举措

六七十年代发生的重大环境公害事件，将日本人民对环境问题的关注极大调动起来，在浩大的群众运动声势下，日本政府开始逐步加大环境保护的力度，并取得了显著成效。20 多年来，日本把世界环境问题作为参与国际活动的重要舞台，并利用先进的环保技术广泛开拓环保市场。日本是较早明确提出将环境外交纳入国家对外政策范畴的国家之一。1989 年，日本外务省发表"外交蓝皮书"，首次将"对环境等全球性问题的对策"与日本外交原有的三大课题"确保日本安全、为世界经济健康发展作出贡献和推进国际合作"并列。日本并进一步表示，"只有在地球环境问题上发挥主导作用，才是日本为国际社会作贡献的主要内容"。日本把世界环境问题作为其参与国际活动的重要舞台，认为应在这一领域中充分利用其先进的技术和几十年的经验，以增强其国际地位和讲话的分量，同时为其近年来一直停滞不前的环境保护产业开拓更广泛的国际市场。1992 年环境与发展大会期间，日本承诺 5 年内提供环境援助 9 000 亿～10 000亿日元（约 100 亿美元），大大超过了欧盟承诺的 40 亿美元和美国承诺的 10亿美元的环保援助，并承诺到 2000 年将本国二氧化碳的排放量控制在 1990 年的水平，日本一时声名鹊起，被誉为"环保超级大国"。日本在环境保护上取得的成就，主要归因于其制定了可持续发展战略。其主要内容有：

1. 政策制定和法规建设

"环发大会"的召开和《21 世纪议程》的发表，使日本有关部门和人士更有一种"紧迫感"和"使命感"，日本迅速采取了一系列的措施，其政府官员、企业家、学者已经是言必谈"可持续发展"，一些重要政治家如海部俊树、竹下登等成为环保的热心推动者。日本在长期酝酿的基础上，又借环发大会的东风，制定了有关可持续发展战略的纲领性文件和政策法规，目前已步入实施阶段。这些法规有：

（1）《21 世纪议程》行动计划。

日本《21 世纪议程》行动计划于 1993 年 12 月出台，整个计划分 4 大部分共 40 章，制定了今后较长时间内日本可持续发展战略的内容。这个计划的一个突出特点是，涉及国内的内容少而涉及国际的内容多，这从一个侧面反映出作为一个经济发达国家,其国内环境与发展之间的矛盾已得到了相当程度的缓和；而与其他发达国家以及发展中国家在这方面的协调却越来越重要。

（2）环境基本法。

环境基本法在日本的整个法规体系中占有重要的地位，是在宪法之下，与国家的施政方针、基本计划等直接相关的法律，到目前共有 12 个基本法。环境基本法公布于 1993 年 11 月，日本政府把环境基本法的制定作为履行联合国环发大会的一环，作为环发大会后新的国际国内形势下完善日本政策的需要，把环境基本法作为环发大会的一个重要成果。

（3）环境基本计划。

环境基本计划是以环境基本法为依据而制定的一项综合性的环境保护计

划，于 1994 年 12 月 16 日由日本内阁批准实行，该计划的特点是与环境基本法中有关的各项环境保护政策保持有机结合，从长期性、综合性着眼，强调社会各界公平地分担义务，调动社会团体、经营者和国民个人的积极性。

2．可持续发展战略中的对外合作

环发大会以后，日本各界更加强调人类共有一个地球，并从这一观点出发，进一步加强了其在可持续发展问题，特别是环境保护问题上的国际合作。主要的做法有以下几个方面：

（1）加大政府援助中环境保护方面的比例。

从 1992 年开始的 5 年间，将援助金额由原来的 9 000 亿日元增加到 1 万亿日元。

（2）推进地方政府间的国际合作。

将政府开发援助项目与地方政府间的国际合作项目捆在一起实施，充分调动地方参与国际合作的积极性，如我国的大连市与日本的北九州市的合作项目"大连环境示范区建设"，就是比较典型的合作。

（3）加入世界性地方政府间的环境保护联系渠道。

日本于 1990 年参加了"国际环境地方政府协会"，这个组织现在有来自 50 个国家的 794 个地方政府和 212 个团体参加，覆盖的人口近 1.8 亿。

3．积极参与环境领域的国际间协调，开展"共同实施活动"

环发大会以后，日本积极参与了几乎所有环境领域的国际间的协调工作，并对其所起的作用进行大量的宣传，如地球气温变暖问题、海洋污染问题、臭氧层破坏问题、有害废弃物越境问题、森林减少问题、生物多样性减少问题、荒漠化问题、酸雨问题等。

4．在国内实行了一系列环保措施

日本政府在参与国际环境事务同时，在国内实行了一系列环境保护措施，这些措施有以下几个方面：

（1）防止地球温室效应方面。

通过对解决地球温室效应几种对策如"物归原主"法、"嫁祸于海"法、"南极埋冰"法、"变废为宝"法的比较研究，认为积极开发和推广无烟能源技术是百年大计，这些技术的开发和合作不仅关系到解决 21 世纪新能源的问题，更主要的是为了彻底解决温室效应的问题。

日本政府高度重视无烟能源的开发和利用，不仅在国内建立了各种形式的原子能发电站，而且还设立了数百座利用风力、潮汐能、水力、温度差、地热、火山、太阳能等发电的实验性设施。在日本，建设风力发电站投资的 1/3 由政府承担，至于原子能的利用，目前还处于意见分歧阶段，但是如果安全性和管理技术能够得到保证，无疑是最有前途的。另外，太阳能的利用最为广泛和普遍，太阳能利用分为太阳光和太阳热两种方法，而且都适合个人利用，所以，日本政府对积极利用太阳能的团体和个人提供必要的经济和技术上的援助。另外，日本还大力推进物资流通系统的合理化，为的是减少货运汽车的利用次数，以期达到大幅度减少二氧化碳排放的目的。为此，日本正在大力发展电气铁路运输网和内河航运交通系统。在工业管理方面，日本还制定了整套有关合理利用和回收利用能源的法定标准，对企业进行管制。对符合标准的工厂企业，在贷款和税收方面给予优惠和方便。

（2）保护臭氧层。

日本在札幌、筑波、鹿儿岛等地建立了臭氧观测网点，其观测精度具有国际先进水平，受到很高的评价。通过长期大量的观测，确认了臭氧层明显递减的倾向，而且还发现了其减少的程度随着纬度的增加而显著的事实。日本还大力推进从废旧电冰箱中回收氯氟烃等的工作，力图制止它们排进大气中。在过去的数年里，各地纷纷响应，由市町村政府、消费者、电冰箱制造厂家和含氯氟烃分解处理企业等联手组成的自治体数逐年增加。至于处理方面，分解技术的开发、分解效率、分解后的物质对大气环境的影响等研究也在迅速地展开。

（3）防止酸雨。

《大气污染防治法》严格规定了大气中氧化氮的含量，氧化氮高出此值的区域都被指定为重点改善区域。所涉区域的地方政府要采取尽可能的改善措施，

在规定的时期内把区内大气酸性气体浓度降低到法定限度以下。那些已经符合标准的地区则要尽力维持现状，以防环境恶化。

降低酸性气体最有效的方法是在烟囱上设置对烟等气体进行过滤的装置，对酸性物质进行回收，日本的各企业和团体正积极地引进这些设备。1993年，全国共安装了956个排烟脱硝装置和2 173个排烟脱硫装置，平均每小时分别可以处理290.8万立方米和214万立方米的烟尘废气，效果非常显著。

日本环境厅在全国设置了大气测量和汽车废气测量的许多网点。环境厅通过对测量数据的分析来把握全日本的污染情况。

针对汽车废物排放，日本政府要求汽车制造厂家对新产品作改进，增设对废物进行过滤处理的装置。尤其是柴油机车的酸性废气排放率要在短期内降低到56%以下，另外，政府还带头在机关用车和公共汽车上积极推广使用无公害车和低公害车。

日本政府还在税收和贷款上大力支持建设汽油精炼厂。争取在短时期内，通过提炼把汽油中的硫黄成分降低到原有水平的10%以下。

（4）保护水环境，保护人体健康。

保护水环境不仅仅针对饮用水水源而言，还应该考虑到人们生活环境因素。因此，日本环境厅所颁布的水质环境标准分为"保护人体健康的标准"和"维护人们生活环境的标准"两大类，保护人体健康的标准是针对所有的公共水源而制定的，其主要目的是控制有害成分的含量而保障身体的健康。维护人们生活环境的标准则针对河川、湖泊、海域等制定的。它主要对其中的富营养成分、污染程度、恶臭等进行控制。

日本政府颁布的《水质污染防止法》，制定了一系列对水源特别是地下水污染的防治措施。对全国约600个行业的排放进行了管制。它制定了针对事业场所向公共水域排水的严格标准，排水管制中还对重金属、含氯有机物、农药等多数有害物质提出了排放标准，并规定了发生水质污染事故后，当事人所应采取的行动和应负的责任。《水质污染防止法》的实行不仅有效地促进了公共水质的改善，还促进了企业对水的再生利用，减少了废水的排放量，可谓一举两得。在加强对工业废水管制的同时，加强对生活废水的管制和处理，在日本第七个

从斯德哥尔摩到里约热内卢

五年计划（1995—2000 年）中，有关下水道的计划耗资总额为 16.5 万亿日元。计划重点放在起步晚和未着手的中小型市村町的下水道处理设施的建设上，并对大城市的下水道设备进行充实和强化，还明确了协助各地设立下水道净化处理槽的工作方针。

保护水环境的关键还在于提高国民意识和自觉性。1996 年《水质污染防止法》做了一部分修改，明确规定了国民对防止水质污染应尽的责任和义务。为此，各市村町纷纷响应，号召居民从回收废油和可能对水质造成污染的废物、减少合成洗涤剂的使用量等小事做起。

至于公海的污染，严格控制废船的非法遗弃、船只的漏油等其他因素。明确规定企业船只的漏油事故发生对肇事者的赔偿责任，促使他们加强对船只的检修以减少事故发生的程度和次数。海上保安厅还加强对海域的海运船只监视，并及时检举非法遗弃行为和漏油等事件。

另外，以运输省、海上保安厅、水产省为首的各机构积极采取各种各样的措施，以确保公共水域的水质，力求维护和恢复健全的水循环能力。

日本的环境保护在国民的普遍关注下，在政府的法制健全、措施完善的推动下取得了较明显的成绩。同时，日本政府积极参与国际环境保护事务，在明智的政治家促进下，开展了卓有成效的环境外交，为全球环境问题的解决发挥了一定的作用。

正确的方向：中国的环境保护及环境外交方向

中国的环境保护举措不仅对我国，而且对世界的环境保护均产生深远的影响。我国政府已采取了各种有效措施，加大环境保护力度，取得了喜人的成就，但是因为历史和经济发展的原因，仍有待于进一步完善和加强环境保护法制、措施的建设。

我国现在正处于迅速推进工业化和城市化的发展阶段，对自然资源的开发强度日趋加大，再加上粗放型经济增长方式，技术和管理水平相对较落后等因素，污染物排放量不断增加，相当多的地区环境污染和生态破坏的状况仍没有得到大的改善，有的甚至加剧。环境污染和生态破坏已经影响经济发展和改革开放，危及人民群众身体健康，有的地方甚至威胁社会安定。据世界银行估计，中国大气和水污染造成的损失价值约为 540 亿美元/年，约占 1995 年 GDP 的 8%，用人力资本价值估计，每年损失 240 亿美元，占 GDP 的 3.5%。

这种因为环境破坏而带来的损失的原因，主要包括长期沿袭粗放型经济增长方式，加剧了环境污染和生态破坏；结构性污染和产业布局、产业组织不合理问题突出，加大了环境保护的难度；历史欠账多，环境投入不足；有法不依、执法不严、违法不究现象严重；环境科技和产业落后等。

国务院批准的"九五"环境目标指明了环境保护的方向：到 2000 年，力争使环境污染和生态破坏的趋势得到基本控制，部分城市和地区的环境质量有所改善，到 2010 年，基本改变生态环境恶化的状况，城乡环境质量有比较明显的改善，建成一批经济快速发展、环境清洁优美、生态良性循环的城市和地区。具体要求是：到 2000 年，全国工业污染源排放污染物达到国家和地方规定的标准；各省、自治区、直辖市要使本辖区主要污染物排放总量控制在规定的指标内；直辖市、省会城市等重点城市的大气、水环境质量达到国家规定的标准；重点流域的水质有所改善。更宏伟的计划是到 2020 年，生态环境恶化的局面得到改善，城乡环境质量更加改善；到 2030 年，环境质量进入全面改善阶段，生态趋于良性循环，实现环境与经济协调发展；到 21 世纪中叶，实现城乡环境优美、生态良性循环，大部分地区做到山川秀美、江河清澈，环境质量与现代化水平相适应。

对于跨世纪的环境保护工作，我国制定了《总量控制计划》和《跨世纪绿色工程规划》两大举措，确定了"三河"、"三湖"、"两区"、"一市"（北京市）、"一海"（渤海）污染防治重点，建立了完善环境与发展综合决策、环保部门统一监管和有关部门分工负责、环保投入、公众参与四项制度，抓好法治、投入、科技、宣传四个重要环节，积极开展国际环境合作等重要工作。具体行动包括以下几点：

1. 实施可持续发展，从宏观经济发展的源头控制环境污染和生态破坏

我国政府明确提出实施可持续发展战略，在实际工作中要求必须把经济发展和人口、资源、环境统筹考虑，不仅要安排好当前的发展，还要为子孙后代着想，把经济发展建立在生态良性循环的基础上。

我国现阶段正处于社会主义初级阶段，对此必须有清醒的认识，采取正确措施，既要保护较快的经济增长速度，又要避免走发达国家"先污染后治理"的老路，必须从宏观经济发展的源头控制环境污染和生态破坏，降低环境保护成本。在具体工程中，有以下几个步骤：

（1）环境保护与经济发展综合决策。

建立和完善环境与发展综合决策制度，对重大经济和社会政策、区域和流域开发、城区建设和改造进行环境影响评估，确定有利于可持续发展的开发模式和政策措施。1997 年我国进行了一项举世瞩目治理淮河的环境工程，关停并转污染企业 5 700 多家，治理污染企业 2 600 多家，污染防治资金投入 44.85 亿元，取得了较佳的社会和经济效益，表明我国治理污染的决心，采取措施坚决果断。

（2）新建项目执行环境影响评价制度。

江苏省张家港市和广东省深圳市的实践证明，这是从源头控制环境污染和生态破坏的有效办法。

（3）淘汰落后生产工艺和设备。

1997 年，全国一举关闭了 6.5 万家严重污染环境的"十五小"企业。

（4）实行清洁生产。

清洁生产是企业从源头和生产全过程控制污染的好办法，它包括清洁的能源，清洁的生产过程和清洁的产品。目前，我国工艺、管理水平落后，因此通过加强管理对在生产过程中控制污染潜力很大。

（5）通过"绿色"消费引导"绿色"生产。

我国实行了环境标志产品认证制度，现在已有 55 家企业、22 个种类、219 种产品获得环境标志。要继续加大宣传力度，提高公民的环境意识，运用经济

国际组织和各国采取的行动

第三章 环境保护

杠杆，促进"绿色消费"。

2. 严格实施《污染物排放总量控制计划》和《跨世纪绿色工程规划》

《污染物总量控制计划》本着符合国情、区别不同地区情况和量力而行的原则，在"九五"期间先对那些环境危害大、经采取措施可以有效控制的重点污染物进行总量控制，避免环境污染和生态破坏的趋势加剧，一是切实控制新建项目污染物排放量，做到"增产不增污"和"增产减污"；二是加速治理现有污染源，坚决关闭一批超标排放污染物的企业，按计划分批实现工业污染源达标排放；三是结合产业、产品结构调整，推动企业实行清洁生产和 ISO 14000 工作。在企业转制中，强化企业环境保护的责任。

《跨世纪绿色工程规划》是实现"部分城市和地区环境质量有所改善"的一项重要举措，是在全国各地实施的重要工程，如辽宁的"五二四"工程，江苏的"五大工程三大战役"、浙江的"六个一工程"、甘肃兰州市的蓝天计划，重点是"三河"、"三湖"、"两区"、"一市"、"一海"污染防治。在"九五"期间和 21 世纪头 10 年分 3 期实施。第 1 期计划投资约 1 800 多亿元，迄今已有 700 多个绿色工程项目开工建设，落实资金 868.9 亿元，占总投资的 46%，这项规划的全面实施，标志着我国大规模治理流域和地区环境污染已经开始。

3. 坚持污染防治和生态保护并重，扎扎实实抓好重点工作

污染防治的重点是水污染和大气污染，水污染防治以"三河"（淮河流域、海河流域、辽河流域）、"三湖"（巢湖、太湖、滇池）、"一海"（渤海）为重点，大气污染以"两区"（酸雨和二氧化硫控制区）、"一市"（北京市）为重点，做好这些重点的环境保护工作。

城市环境保护积极围绕 2000 年"双达标"任务开展工作。通过新闻舆论公布大气环境质量是加强城市环境保护监督，促进城市环境保护工作的有效手段。目前，我国已有 35 座城市定期向社会发布空气质量周报，引起国内外广泛关注。

城市应继续搞好环境综合整治和定量考核工作，搞好城市环境噪声达标、"白色污染"和机动车排气污染防治工作。

以环境保护模范城市创建活动推动城市环境保护工作。在此项活动中，一方面是评出我国可持续发展的典型，向世界推出我们的明星；另一方面，也是通过创建活动，推动城市环保工作，并为城市树立学习榜样。这项活动在国内外反响很大，有利于改善城市投资环境，促进对外开放和引进外资。

生态环境保护的主要任务是：一是摸清全国生态环境破坏的底数，特别是对于那些因为自然或历史原因形成的生态环境脆弱区，要采取针对性的措施，遏制继续恶化的趋势；二是正确处理资源开发利用与生态保护的关系，对资源开发中人为因素造成的生态破坏，要加强监督管理，采取有效的法律、经济、技术和行政措施，防止出现新的破坏；三是抢救性地建设一批自然保护区，加强生物多样性保护，同时对有效保护生态环境和生物多样性的好典型，要认真总结经验，大力推广。

4. 加大环保投入，发展环保产业

国家和地方拿出一部分钱用于环境保护，不仅可以调动社会资金，加大环保投入，而且能促进经济增长。现在的主要任务是：①推广淮河流域成功的经济优惠政策；②在"两控区"内全面开征二氧化硫排污费；③加快排污收费制度改革，按照排污收费标准高于治理成本的原则，提高排污收费标准；开展总量收费试点，制定国家环境保护基金方案；④积极引进外资，"九五"期间环保利用外资规模 40 亿美元。

环保产业是产品生产、营销、技术开发、咨询服务、"三废"综合治理和工程承包等活动的总称，主要包括环境保护机构设备制造、自然保护开发经营、环境工程建设和环境保护服务等方面。据预测到 2000 年，全球环保产业贸易额将达 6 000 亿美元。但我国环保产业发展缓慢，产业规模小，结构不合理，环保产品系列化程度和技术水平不高，服务咨询业滞后，远远不能适应环保工作发展的需要，已成为环境保护工作的"瓶颈"。有专家测算，1993 年，中国环保市场需求占世界的 0.8%，2000 年，将达 1.4%～2.4%，这说明环保产业的需求量很大。发展环保产业，不仅能够为实现跨世纪环境保护目标提供物质支持手段，而且还可以为实现国民经济增长做贡献，现在的关键是制定有关经济政

策，尽快把环保产业这一新的经济增长点培育起来。

5．积极开展环境外交和国际环境合作

冷战结束以后，和平与发展成为世界的两大主题，国际形势总体缓和、局部动荡，经济因素在国际关系中的地位明显提高。在全球气候变暖，臭氧层破坏，生物多样性锐减和有毒化学品越境转移等全球环境问题日益突出的情况下，环境保护问题与外债、发展援助、军备控制、反毒品等问题一道，成为国际外交领域的热点。

目前，国际环境外交出现以下特点：一是在传统的南北关系中出现了多种利益集团；二是官方发展援助和技术转让等关键问题进展缓慢；三是全球环境问题法律化；四是发达国家把环保作为新的贸易壁垒；五是环境因素成为多边、双边援助、金融贷款的附加条件。中国政府十分重视环境外交和国际合作，在国际环境外交事务中发挥着越来越重要的作用。江泽民主席曾访问联合国环境规划署，江主席还在印尼苏比克向亚太经合组织成员宣布，设立在北京的一个环境保护中心向亚太经合组织成员开放。国家领导人在出访中，多次把环境保护合作作为重要议题。坚持多渠道引进环保资金，为环保事业服务。1992年，成立了中国环境与发展国际合作委员会，一批中外著名专家为我国的环境与发展提出了许多建设性意见。

我国认真履行签署的国际环境公约，愿为保护全球环境做出积极贡献，但不能承诺与我国发展水平不相适应的义务，坚决反对任何国家以保护环境为由干涉我国内政。同时，要密切关注国际环境外交的新动向，多做工作，争取主动，促进合作。实践已证明，做好国内的环境保护工作是对环境外交工作的最大支持。如1996年以来，关闭"十五小"的举措使我国在国际上赢得了很好的声誉，有力地支持了我国环境外交工作。

我国政府已把环境保护定为一项长期坚持的基本国策，"建设和保护良好的生态环境，是功在当代，惠及子孙的伟大事业"，中国政府20多年来采取了许多环境保护措施，取得了很大成效。世纪之交，又提出了新的目标和策略，为我国的环境保护指明了方向；同时，我国政府积极参与国际环境保护领域事务，

发挥着越来越显著的作用，成为一支举足轻重的力量。中国的环境保护行动，不仅有力地改善了我国的环境状况，而且对全球环境问题解决也做出了重要的贡献。

合作的典范：中国环境与发展国际合作委员会

中国环境与发展国际合作委员会是国务院批准成立的一个高层咨询机构，就如何协调环境与发展向中国政府提建议。中国环境与发展国际合作委员会是在世界人民普遍关心全球环境问题和中国进一步加快改革开放之时应运而生的。中国在实践可持续发展，建设和改善环境的过程中，需要借鉴国外的经验，吸收一切人类文明的优秀成果。我国古代哲学中有一句名言：三人行必有我师，十步之内必有芳草。因而在处理环发问题上中国需要多交朋友，以得良师益友。

建立中国环境与发展国际合作委员会的提议是于 1990 年 10 月在北京召开的中国经济与环境协调发展国际会议上由代表们提出的。国际上 44 名环境与发展领域的著名人士和中国 45 名部长、副部长及著名专家出席了会议。会议对中国环境与发展方面的重大问题进行了讨论，提出了一批具有建设性的建议，其中包括拟成立一个环境与发展国际咨询委员会。这个具有远见的建议，得到了中国政府和国际社会的积极支持和广泛响应。一批环境与发展领域中的著名专家和杰出人士表示参加这个委员会。1992 年 1 月，宋健同志、曲格平同志和顾明同志同加拿大马塞先生在北京召开了一次预备会，讨论并拟定了委员会的工作大纲草案、议事规则等事项的草案，为中国环境与发展国际合作委员会的成立做了基础性准备工作。

1992 年 4 月 21 日，中国环境与发展国际合作委员会召开成立大会。委员会主席由中国国务委员宋健担任，副主席为国家环境保护局局长曲格平、全国人大法律委员会副主任顾明和加拿大国际开发署署长马塞博士。委员会由 47 名中外委员组成。其中中方委员 25 名，多为政府有关部门的正副部长、国务院环境保护委员会的科学顾问、著名学者；外方委员 22 名，其中有英国皇家地理学会主席梯克尔先生、国际自然保护同盟总干事马丁·霍尔盖特博士、德国大

众汽车公司理事会总裁尚德佛特博士、英荷壳牌石油公司总裁詹尼斯先生、印尼人口与环境部长萨利姆、非洲科学院院长奥特海艾布博士等人。

国务院副总理吴学谦主持了开幕式并讲了话，会议选举了主席和副主席，通过了委员会工作大纲和议事规则，对中国环境保护带来的投资、中国环境损益的初步分析以及中国能源与环境协调发展的战略选择进行了讨论，在许多方面取得了一致意见。

会后，李鹏同志会见了外方委员，听取了委员会成立大会情况的汇报，并作了重要讲话，对委员会给予了高度评价，认为成立这样一个委员会，集思广益，提出建议，有助于中国决策的科学化和民主化，有助于促进中国经济与环境的协调发展。

中国环境与发展国际合作委员会第一阶段为 5 年（1992—1996 年）。由加拿大国际开发署提供大部分援助，英、荷、德、日、挪威等国也向委员会提供了数额不等的捐款。委员会下设工作组为 7 个，即能源战略和技术工作组；监测、信息收集工作组；科学研究、技术开发与培训组；资源核算与价格政策组；污染控制组；生物多样性组和环境与贸易组。

委员会自成立至 1996 年，先后在北京、杭州、上海等地举行了 5 次工作会议。各专家工作组提出了系列研究报告，对中国环境与发展重大问题进行了探讨，经过分析达成共识，为中国落实联合国环发大会精神和《21 世纪议程》，履行国际环境公约，实现可持续发展的优先领域和行动，提出许多富有针对性和建设性的建议。

在此引用宋健同志在中国环境与发展国际合作委员会第五次会议上的讲话来对第一阶段的工作成果做个总结：

四年多来，委员会做了大量工作，发扬了求实严谨的科学精神，圆满地完成了第一阶段关于中国环境与发展一般性政策讨论的任务。委员会全面、深入地研究了中国环境与发展领域的主要问题，向中国政府提出了切合实际的有益的政策建议。关于改善能源结构、提高能源利用效率、加强生物多样性保护、实现资源核算、采用经济手段保护环境、开展环境科学研究、加强环境监测、推行清洁生产、鼓励公众参与、加强环境法制建设等诸多方面的建议，得到了中国政府和经济、科技、环境界的高度重视。这些建议已经或正在由有关部门落实，推动了中国环境与发展领域决策科学化的进程。

第一，关于改善能源结构，提高能源效率。

——中国已与联合国环境署（UNEP）合作开展了"能源规划中统筹考虑环境因素的研究"，提出能源规划方案，为国家能源决策提供参考。

——1995 年修改后的《大气污染防治法》规定了推广型煤，煤炭洗选加工，降低煤的硫分和灰分，限制高硫分、高灰分煤炭的开展。鼓励企业采用清洁生产工艺，提出制定酸雨控制区和二氧化硫控制区的要求。

——制定了《新能源和可再生能源发展纲要》，规定了"九五"及 2010 年的发展目标、任务、对策与措施。

——把节约能源、资源综合利用和环境保护列为重点，安排了一批示范项目。

第二，关于生物多样性保护。

——发布了《中国自然保护区发展规划纲要》，规定到 2000 年将目前保护区面积占国土面积的 6.8% 提高到 10%。

——完成了"中国稀有濒危植物的调查研究"，建立了一批野生动物救护中心；为执行濒危野生动植物种国际贸易公约（CITES），加强了与周边国家的合作；近年来，与美国、俄罗斯、韩国、日本、印度、越南、泰国等国家的合作不断加强。

——在全国广泛、深入地开展生态示范区的建设工作；"九五"期间将进行中西部脆弱生态环境综合整治的研究；开展了湿地保护和防治荒漠化工作。

第三，关于污染控制与监测。

——成立了国家清洁生产中心，大力推进工业清洁生产示范项目。

——加强了流域环境管理和污染防治的力度。作为示范，制定了中国第一部流域水污染防治法规《淮河流域水污染防治总体规划》。这将对解决其他流域的污染问题起到推动作用。

——完善了环境监测网络建设。新组建了淮河流域、海河流域及太湖流域环境监测网络，为建立完整的环境质量数据库打下了基础。

第四，关于资源核算与价格政策。

参照世界银行技术援助项目"中国排污收费制度设计及其实施研究"，加快了排污收费制度改革的步伐，开始了环境税制，特别是有关自然生态、资源开发等方面的环境税收问题的立法研究。

第五，关于公众参与环境保护。

——国务院新闻办公室发布了《中国的环境保护》白皮书，向国内外全面介绍了中国保护环境现状、政策和今后的努力方向。

——举办了中国青年环境论坛首届学术年会发表了《中国青年绿色宣言》。

——举办了首届中国妇女与环境会议，表彰了环保战线上的有突出贡献的先进妇女并发表了《中国妇女宣言》。

——中国高等科技中心和中科院联合举办了"21世纪中国环境与发展"研讨会，呼唤科技界把环保排到重要地位。

——新闻媒体举办"中华环保世纪行"，揭露落后，表彰先进，对全民进行了环境宣传和教育。

第六，关于环境法制建设。

——全国人大常委会制定或修改了3部有关环境保护方面的法律，即《大气污染防治法》、《固体废物污染环境防治法》、《污染防治法》，正在制定或修订《海洋环境保护法》、《噪声污染防治法》、《放射性污染防治法》、《有毒化学品环境管理法》等法律。新制定或修改后的环保法律，更加明确了法律责任，加大了处罚力度，增强了可操作性。

——国务院制定了相应的行政法规，颁布了《自然保护区条例》、《淮河流域水污染防治暂行条例》，正在为《大气污染防治法》、《固体废物污染环境防治法》、《水污染防治法》等制定相应的实施细则。1996年国务院发布了《关于环境保护若干问题的决定》。

——全国人大常委会和国务院加大了执法力度，组织全国环保执法检查，查处了一批违反环保法律的案件，有力地制裁了违法行为。

第一届委员会向中国政府共提出了40多项建议，中国政府对委员会的建议给予了高度重视，适时将这些建议转有关部门研究参考和采纳，委员会的主要建议和成果在环境经济政策、能源战略与政策、污染控制和清洁生产、生物多样性保护、贸易与环境等领域均得到了较充分的体现或采纳，推动了中国环境保护事业的发展。

委员会于 1997 年进入第二阶段，该阶段工作重点是进一步考虑中国的基本国情，切实由原则性政策讨论向务实的政策示范和项目示范转变，使委员会的工作更加充满活力和富有成效。在委员会第五次会议后，总部秘书处在主席和副主席的领导下，根据委员会议事规划的要求和工作需要，在征求各方面意见的基础上，提出了部分委员和专家工作组的调查建议。

第一届委员会有 27 名外方委员，经过调整有 17 名外方委员继续留任委员会工作，新增补了 5 名委员。在调整中，充分考虑了不同国家、地区和不同专业的代表性，广泛听取各方面的意见，集中各方面的智慧，力求达到完善。

对专家工作组也进行了调整，撤销了原监测信息收集组和科学研究、技术开发与培训组，将资源核算与价格政策组更名为环境经济组，保留了污染控制组、能源战略与技术组、生物多样性组和环境与贸易组，成立了可持续农业、清洁生产工作组和环境与计划课题组。在调查中，对专家的条件坚持较高标准，许多成员是著名专家和学者，同时还吸收了部分青年专家和学者，使专家工作组既保持高层次，又增加活力。

从 1996 年起，委员会得到的财政支持从每年 200 万美元上升到 250 万美元。其中，加拿大仍然是主要的国外捐款者，大约每年 100 万美元，其次是欧盟 26 万美元，英国、挪威和德国约 20 万美元，荷兰和日本约 15 万美元。世界野生动物基金会、洛克菲勒基金会及其他机构也有一定捐款。中国政府也增加了资金投入。

中国环境与发展国际合作委员会从成立至今，始终得到中国政府的高度重视和大力支持，得到许多关注环发问题的国家、组织和个人的积极参与和支持。委员会在中国政府同国际社会各界之间起到了重要的桥梁和纽带作用，为中国这个最大的发展中国家寻求环境保护国际合作，解决环境与经济协调发展问题，谋求各种新的模式起到了咨询的作用。

中国环境与发展国际合作委员会，几年来在环发领域内向中国政府提供了

国际组织和各国采取的行动

很多建设性意见和建议，促进了中国与国际社会在重大环境问题上的沟通，帮助中国寻求一条使环境保护和社会经济协调发展的途径，发挥了重要作用。中国是一个典型的发展中国家，在这方面所取得的经验，可以为其他发展中国家提供借鉴。

中国环境与发展国际合作委员会本着对地球负责，对人类未来负责的态度，积极做好委员会的工作，推动中国环境与经济协调发展，为中国在建立社会主义市场经济进程中保护好生态环境，保护和改善全球环境做出了积极的贡献。

从斯德哥尔摩到里约热内卢

第四章　初登舞台

——中国环境外交的开辟阶段（1972—1978 年）

划时代的盛会：斯德哥尔摩大会的召开

20 世纪六七十年代之前，西方发达国家经历了工业革命带来的高度繁荣，经济发展处于上升阶段，整个社会呈现出歌舞升平。然而在这繁荣的背后，却潜伏着人类的危机与悲剧。以"八大公害事件"为导火线的一系列事件的发生，向世人敲响了警钟。人们开始认识到，人类的生存环境已受到了极大威胁。

——1930 年 12 月 1 日至 5 日，由于几种气体和粉尘对人体的综合作用，比利时马斯河谷工业区一周内死亡 60 人。

——1948 年 10 月 26 日至 30 日，美国宾夕法尼亚州多诺拉镇持续有雾，大气污染在近地层积累，二氧化硫及其他氧化物与大气中粉尘颗粒结合，致使 5 911 人发病，17 人死亡。

——20 世纪 40 年代，美国洛杉矶市有 250 多万辆汽车，每天消耗汽油约 1 600 万升，向大气排放大量碳氢化物、氮氧化物和一氧化碳。该市临海依山，处于 50 公里长的盆地中，一年内约有 300 天出现逆温层，5 月至 10 月份阳光强烈。汽车排出的大量废气在日光作用下，形成以臭氧为主的光化学烟雾。1995 年，洛杉矶严重的光化学烟雾事件中，近 500 人死亡。

——1952 年 12 月 5 日至 9 日，英国伦敦市被浓雾覆盖，温度逆增，逆温层在 40～150 米低空，致使燃煤产生的烟雾不断积聚，烟雾中心的二氧化硫及其他氧化物凝结成烟尘或形成酸雾，这就是世界著名的"伦敦烟雾事件"。在这次事件中，短短 5 天内就死亡 4 000 多人，其中 45 岁以上的人死亡最多，为平时的 3 倍。仅仅一周内，因支气管炎、冠心病、肺结核和心脏衰弱而死亡的人数就分别是事件前一周同类病症死亡人数的 9.3 倍、2.4 倍、5.5 倍和 2.8 倍。肺炎、肺癌、流感及其他呼吸道疾病患者死亡率均有成倍增加。

——1955 年以来，日本四日市出现了硫酸烟雾，这是由于石油炼制和工业燃油产生的废气、重金属微粒与二氧化硫结合而形成的。从 1961 年起，该市支气管病发病率显著提高。从 1964 年起开始有人因气喘病而死亡。1967 年，一些患者不堪忍受痛苦而自杀。1972 年全市经确认的哮喘病患者已达 817 人，死亡 10 人。

——1953—1956 年，日本熊本县水俣市，由于含甲基汞的工业废水的排入，使水俣湾等处的鱼中毒，人食毒鱼后便得了一种被称为水俣病的疾病。据 1972 年日本环境厅公布：水俣病病人 784 人，其中死亡 103 人。

——1935—1960 年，在日本富山县神通川流域，锌、铅冶炼工厂排放的含镉废水污染了神通川水体，两岸居民利用河水灌溉农田，使稻米含镉，居民食用含镉稻米和饮用含镉水后，全身疼痛，难以忍受，被称为痛痛病。截至 1990 年 12 月，正式认定痛痛病患者 129 人，其中死亡 117 人。

——1968 年 3 月，日本北九州市爱知县一带生产米糠油时使用的多氯联苯载体混入油中，居民食用后中毒，患病者 5 000 多人，其中 16 人死亡，实际受害者达 13 000 多人。

日益严重的环境污染及生态破坏给世界各国人民带来了巨大的痛苦，也唤醒了人们的环保意识，群众性的环境保护运动从此日渐高涨。日本、美国等发达国家在强大的舆论压力下，经过沉痛的反思，采取了一系列措施，开始了"先污染、后治理"的环境保护历程。

人类面临着这样一个选择：要么与环境友好相处，要么与环境共同消亡。人类必须对此作出回答。

为了人类的生存，就必须保护好环境，处理好二者的关系，这需要世界各国人民的共同努力。为了更好地加强国际合作，使各国在诸多环境保护问题上达成共识，召开一次全球性的环境会议已成为必要。召开环境会议的决定是在瑞典发出倡议之后于 1968 年由联合国大会做出的。1969 年联合国大会决定，这将不是一次专家交换论文的会议，而是集中讨论为改善环境所需要采取何种行动的一次会议。

为筹备这次会议，27 个国家组成了筹备委员会，并设立一个小型秘书处，由莫里斯·斯特朗先生领导，目的是从大量的关于环境问题的研究资料中筛选和提炼出一套行动建议。通过许多国家政府、政府间机构、私人团体和科学家的帮助，筹备委员会向会议提出了 100 多项建议。

1972 年 6 月 5 日至 16 日，联合国人类环境会议在风景如画、气候宜人的瑞典首都斯德哥尔摩举行，包括中国在内的 110 个国家的代表为了一个共同的目标来到了这里，希望为人类的将来提出有益的建议，绘制出一份国际行动蓝图来保护人和人的生境。

大会收到了 100 多项建议，分属六个主题范围，大会的工作主要是按这六个主题范围划分的。六个主题范围如下：

——为了环境质量对人类定居的规划与管理；

——自然资源管理的环境问题；

——有国际重要性的污染物的鉴定控制；

——环境领域的教育、宣传、社会和文化方面；

——发展与环境；

——行动建议所涉及的国际组织问题。

此外，还有一个对拟议中的行动计划的全面介绍。所有国家均可参加会议的三个主要委员会，它们是：第一委员会，研究关于人类定居与非经济方面的问题，菲律宾的海伦娜·班尼泰兹夫人任主席；第二委员会，研究关于自然资源与发展方面的问题，肯尼亚的奥戴罗·乔维任主席；第三委员会，研究关于污染物质及组织方面，巴西人卡洛斯·卡利罗·罗德里格斯任主席。

会议的主席是瑞典农业大臣因格蒙德·本特森，副主席 26 人，我国政府代表为副主席。

通过两个星期的紧张工作，本次人类环境会议产生了三个文件：一个行动计划的建议，内容是如何处理地球上的环境问题；一项关于成立包括环境基金在内的一个新的联合国机构的建议；一项人类环境宣言，阐明了与会各国认为在未来岁月中应指导他们的原则。

会议秘书长莫里斯·斯特朗在闭幕式上说："我们在人类未来的旅程中已经迈出了头几步。"他接着说："斯德哥尔摩会议的基本任务是作出能使国际社会按照地球上物质方面的互相依赖性共同采取行动的政治决定。这次会议选定了'只有一个地球'为主题，用以强调这样一个事实，即人类及其周围的一切生物与非生物，都是一个互相依赖的系统的组成部分。如果人类由于轻率地滥用而损害自己的周围环境，他将别无寄身之处"。会议通过的 106 项建议，形成了为各国政府和国际组织规定了任务和指导方针的《行动计划》。这些建议涉及广泛的范围，包括对其他生物的保护，对人为污染物的控制，对利用自然资源的管理，城市及其他人类定居点的改善，以及各国可以合作以拯救和改善共同遗产的办法。《行动计划》将这些建议归纳成互相连贯的整体，其中包括三部分：全球性的评估计划，即所谓"地球监测"，以鉴定有国际重要性的环境问题，并且对即将到来的危机提出警告；环境管理活动，将已获得的关于环境的知识加以运用，以保护需要的东西和预防损害性发展；辅助措施，如教育与培训，公众宣传以及组织与经费方面的安排。

大会提出的几个比较具体的建议包括：

——各国政府达成国际协议，停止商业捕鲸 10 年，并应准备公约以保护迁徙性动物和在公海中生活的动物。应发起一个全球性计划，通过保护种子库以保存世界物种资源。

——应设立包括至少 110 个大气监测站的世界监测网，以观察可能引起气候变化的因素。应尽量减少有毒物质如重金属（包括汞）及有机氯（如 DDT）的排放。

——通过建立特别基金以在国际上筹措更多的钱，可用于改进住房给水、运输和其他必要的服务事业。

——各国政府应同意不以关心环境为借口，在他们贸易政策中对某些国家有所歧视；当由于关心环境而导致贸易限制时，应安排对受害国家予以赔偿。

——应建立一种国际咨询服务，使一个国家的人或机关在希望得到关于环境的某种资料时，能与别处可以供应这种资料的人或机关取得联系。

为了保证在该次会议结束之后，环境方面的国际行动能够继续进行，会议向联合国大会建议建立一个新的联合国机构，包括：由 54 个国家组成的对环境计划进行管理的理事会；志愿捐款的环境基金，提供实施这些计划的经费；处理日常事务的小型秘书处，还负责协调联合国各机构在有关环境方面各种活动的程序。

为了"鼓舞和指导世界各国人民维护和改善人类环境"，这次会议通过了一项人类环境宣言，宣言主要内容有：

（1）人类既是他的环境的创造物，又是他的环境的塑造者，环境给予人以维持生存的东西并给他提供了在智力、道德、社会和精神等方面获得发展的机会。人类在地球上的漫长和曲折的进化过程中，已经达到这样一个阶段，即由于科学技术发展的迅速加快，人们获得了以无数方法和在空间的规模上改造其环境的能力。人类环境的两个方面，即天然和人为的两个方面，对于人类的幸福和享受基本人权，甚至生存权利本身，都是必不可少的。

（2）保护和改善人类环境是关系到全世界各国人民的幸福和经济发展的重要问题；也是全世界各国人民的迫切希望和各国政府的责任。

（3）人类总得不断地总结经验，有所发现，有所发明，有所创造，有所前进。在现代，人类改造其环境的能力，如果明智地加以使用的话，就可以给各国人民带来开发的利益和提高生活质量的机会。如果使用不当，或轻率地使用，这种能力就会给人类和人类环境造成无法估量的损害。在地球上许多地区，我们可以看到周围有越来越多的人为的损害的迹象：水、空气、土壤以及生物的被污染已达到危险的程度；生物界的生态平衡受到重大的不适当的扰乱；一些无法取代的资源受到破坏和陷入枯竭；在人为的环境，特别是人们的生活和工作环境里存在着有害于人类身体、精神和社会健康的严重缺陷。

（4）在发展中国家，环境问题大半是由于发展不足造成的。千百万人的生活仍然远远低于最低水平，他们无法取得充分的食物和衣服、住房和教育、保健和卫生设备。因此，发展中的国家必须致力于发展工作，牢记它们的优先任务，同时也不应忘记保护及改善环境的必要。在工业化国家里，环境问题一般

的是同工业化和技术发展有关。工业化国家应当努力缩小它们自己与发展中国家的差距。

（5）人口的自然增长继续不断地给保护环境带来一些问题，但是如果采取适当的政策和措施，这些问题是可以解决的。世间一切事物中，人是第一可宝贵的，人民推动着社会进步，创造着社会财富，发展着科学技术，并通过自己的辛勤劳动，不断地改造着人类环境。随着社会进步和生产、科学及技术的发展，人类改善环境能力也与日俱增。

（6）现在已达到历史上这样一个时刻：我们在决定世界各地行动的时候，必须更加审慎地考虑它们对环境产生的后果。由于无知或不关心，我们可能给我们的生活和幸福所依靠的地球环境造成巨大的无法挽回的损害。反之，有了比较充分的知识和采取比较明智的行动，我们就可能使我们自己和我们的后代在一个比较符合人类需要和希望的环境中过着较好的生活。改善环境的质量和创造美好生活的前景是广阔的。我们需要的是热烈而镇定的情绪，紧张而有秩序的工作。为了在自然界里取得自由，人类必须利用知识在同自然合作的情况下建设一个较好的环境。为这一代和将来的世世代代保护和改善人类环境，已经成为一个紧迫的目标，这个目标将同争取和平和全世界的经济与社会发展这两个既定的基本目标共同和协调地实现。

（7）为实现这一环境目的，将要求公民和团体以及企业和各级机关承担责任，大家平等地从事共同的努力。各界人士和许多领域中的组织，凭他们有价值的品质和全部行动，将确定未来的世界环境的格局。各地方政府和全国政府，将对在它们管辖范围内的大规模环境政策和行动，承担最大的责任。为筹措资金以支援发展中国家完成他们在这方面的责任，还需要进行国际合作。种类越来越多的环境问题，因为它们在范围上是地区性或全球性的，或者因为它们影响着共同国际领域，将要求国与国之间广泛合作和国际组织采取行动以谋求共同的利益。会议呼吁各国政府和人民为了全体人民和他们的子孙后代的利益而作出共同的努力。一开始就提出，人类有权得到高质量的环境并且有责任为后代保护和改善环境。

其他的原则还有：弥补由于发展不足而造成的环境缺陷的最好办法就是发

展；国家有权力开发自己的资源并有责任保证在进行开发时不损害其他国家的环境；各国应进行合作以发展关于对越境污染的受害者提供赔偿的国际法。

这个宣言是对维护与改善人类住处的原则的第一次国际政治的共同意见，它是在会议的闭幕会上用鼓掌的形式通过的。

为了帮助公众集中注意环境问题，与会代表一致同意将每年 6 月 5 日定为世界环境日。

各国政府和组织在为期一周的一般性辩论中发表了他们的意见，总共有141 人在会上发言。发展中国家的发言者强调了这样一个事实，即对世界上 2/3 的人口而言，环境是由贫穷、营养不良、文盲和苦难所支配着的，人类面临的迫切任务是解决这些眼前的问题。但许多发言者同时又表示，在国家发展战略中也应当列入对环境的发展，以免重犯发达国家的错误。

虽然联合国及其专门机构的所有会员国都被邀请与会，但苏联和多数其他东欧国家没有参加，其理由是因为某些非会员国，尤其是德意志民主共和国，未获准以同等地位参加会议。

斯德哥尔摩会议是全世界人民为了保护自身环境和为子孙利益着想而召开的一次全球协商会议，通过了环境宣言，协调各国行动，是第一次就某个问题达到空前一致的会议。统一了认识，分析了形势，确立了目标和行动方针，是世界环境保护行动的始点，成为国际环境合作的一座里程碑。

令人瞩目的成就：中国的环境外交成果

1972 年 6 月，在周恩来总理的具体指导下，中国派代表团参加了斯德哥尔摩联合国人类环境会议，这是中国外交工作在环境保护领域里的第一次出色亮相。

1971 年 12 月，联合国人类环境会议秘书长斯特朗在纽约会见了我国出席第 26 届联大代表团团长乔冠华同志，表示希望中国能参加斯德哥尔摩的环境会议。1972 年 2 月 14 日，联合国秘书长致函我国外交部长姬鹏飞同志，邀请中国代表参加人类环境会议。为了参加这次会议并取得成功，中国做了大量的外交准备工作，周恩来总理亲自组织了出席联合国人类环境会议的中国代表团，并审定了我国环境保护的方针，即"全面规划，合理布局，综合利用，化害为利，依靠群众，大家动手，保护环境，造福人民"的方针。分析了环境会议召开的背景和具体的方针与做法，就某些敏感问题确立了立场，规定了出席会议的主要工作内容：应采取积极的态度，鲜明的立场，面向世界人民，不仅面向亚非拉，也面向资本主义国家深受环境污染、自然破坏的危害和威胁的广大人民，支持他们保护环境、改善环境的正义斗争，阐明我们的观点、政策、体会，了解一些情况、经验、技术，争取通过会议进一步推动第三世界独立自主、发展经济、加强团结、反帝反霸的斗争。

1972 年 5 月 26 日，我代表团成员毕季龙、陈海峰等 9 人作为代表团先行人员离开北京赴斯德哥尔摩参加联合国人类环境会议预备会议。1972 年 5 月 30 日，我代表团 21 人在唐克团长、顾明副团长率领下离开北京前往斯德哥尔摩。

1972 年 6 月 1 日，毕季龙、陈海峰等先后与巴基斯坦、叙利亚、埃及、阿尔及利亚等国代表交谈，相机提出宣言（草案）是会议重要文件，我们发展中国家应充分重视，广泛协商，互相配合，争取会议能有一个好的，反映我们发展中国家愿望的宣言。经交谈后，埃及等国表示赞同我意见。下午，加拿大和瑞典代表主动和我代表团商谈宣言问题，强调宣言是发达国家和发展中国家各方妥协的产物，是一个巧妙平衡的"建筑"，只要动一块砖，整个建筑物就会塌下来。我国代表向他们表示宣言应充分协商讨论，他们也承认应使未参加筹备的国家有机会充分了解情况，并表示愿向中国代表团介绍宣言起草情况。

1972 年 6 月 2 日下午，我国代表团 21 人抵达斯德哥尔摩，唐克团长在机场答记者问时表示：我国代表团愿意同各国代表一道，为维护和改善人类环境而共同努力，争取会议取得积极成果，我们愿意学习世界各国，尤其是东道国瑞典在维护和改善人类环境方面的经验；转达中国人民对瑞典人民的友好问候。

6 月 3 日中午，唐克团长、顾明副团长拜见筹委会秘书长斯特朗。斯特朗赞扬我国在维护和改善环境方面的成绩，赞扬毛泽东主席是世界人民思想上的领导人。晚上我代表团与阿根廷代表团成员就宣言问题交换了意见。阿根廷主张对宣言应有机会广泛讨论，表示要与我国合作，争取对宣言进行讨论。

6月5日中午，我代表团同阿尔及利亚、叙利亚、巴基斯坦、阿根廷、委内瑞拉等五国代表团负责人共进午餐，就宣言及成立修改宣言工作组问题交换了意见，一致认为宣言草案必须修改。关于成立工作组的问题，他们表示支持，要分头按地区酝酿联合行动。下午三时，联合国人类环境会议，正式开幕，筹委会秘书长斯特朗报告了筹备工作，联合国秘书长瓦尔德海姆讲话。会议选举了大会和三个委员会的副主席，我国代表团出席了会议。

6月6日，瑞典代表团召开了关于宣言的非正式协商会。毕季龙代表重申了6日的发言立场。

在6月8日上、下午举行的第六、七次全体会议上，智利、叙利亚对中国与会表示欢迎，说中国会带来好的经验。亚洲国家代表团就我代表团关于宣言问题的紧急动议开会协商，同意该动议。下午，全体会议讨论了我国提出的紧急动议，一致通过了成立宣言工作组，所有与会国参加，从9日开始工作。讨论前，大会主席本特森约见毕季龙代表，就成立宣言工作机构问题交换意见。在讨论中毕季龙代表就中国的提案作了两次发言，阐明了中国的立场。中午，我代表团在参加会议主席为会议执行局成员举行的宴会上，就宣言草案问题与巴基斯坦、阿根廷、伊朗等代表团进行了交谈。

6月9日，宣言工作组开始工作，会议一开始即进入具体条文的讨论，有人主张就有分歧的条款分别组成小组研究协商。我国代表发言指出，这不符合大会关于成立工作组决议的精神，应首先听取各方对宣言草案的原则性意见，充分讨论，在此基础上再讨论具体条款。下午，会议进行一般性辩论发言，我国代表在会上发言提出了对宣言的10点原则意见，锡兰（现为斯里兰卡）大使、叙利亚大使、毛里塔尼亚代表等赞扬我国提出关于宣言的紧急动议，表示要争取在宣言中更多地反映发展中国家意见。

在6月10日第十、十一次全体会议上，我代表团作了发言，强烈谴责美国侵略印度支那，屠杀人民，毒化环境，并阐明我国对维护和改善人类环境问题的主张。下午，我代表团同南斯拉夫、埃及代表团就宣言问题交换了意见，并应邀同会议秘书长斯特朗进行了谈话。对于宣言问题，斯特朗提出三种可能：①尽量求得一致，不同观点暂置一旁；②现草案不加修改地通过，改称斯德哥尔摩宣言，各国意见作为附件，以后再研究讨论；③不通过任何宣言。斯特朗认为如果会议不通过任何宣言，只有让超级大国感到高兴。我代表团表示应充分讨论，争取有一个较好的宣言。

6月11日，中国代表团在使馆接见了瑞典—中国友协、挪威—中国友协、芬兰—中国友协、丹麦—中国友协的负责人和代表，双方进行了亲切友好的谈话并交流了环境保护方面的经验。晚上，约见了坦桑尼亚代表团团长，听取他对会议的看法。其表示宣言必须修改，应写入谴责侵略战争，特别是生化武器战争和发展民族经济的原则。

在6月12日的宣言工作组会议上，坦桑尼亚、埃及、阿尔及利亚、苏丹等13个非洲国家对宣言提出五点修正案，要求谴责种族主义、殖民主义、扩张主义和使用生物、化学武器。我国代表在会上发言批判宣言草案，并提出对宣言某些部分的具体修改意见。

针对会议上的某些威胁，非洲国家代表极为不满，而西方国家代表甚至拒绝与非洲国家代表团会晤协商，并扬言如非洲国家坚持其要求，使宣言不能达成协议，应由非洲国家承担责任。我国代表团坚决站在非洲国家和整个第三世界一边，指出西方国家的态度清楚地说明了谁在阻挠和破坏宣言，有的国家想把责任推到发展中国家身上，是办不到的。

我国代表针对宣言草案第21条引起激烈争论的情况，强调会议应按照求同存异、协商一致的原则，对于有分歧的东西不应写入宣言，表示对宣言第21条的新折中方案不能接受，如短时间内难以协商一致，可将该条留待以后解决。

6月16日，会议通过了宣言的前言部分，基本上接受了我国关于前言的主张。并在表决第21条前，重申我方立场，反对匆匆作出决定。在17日发表的会议新闻公报上，把原第21条单独提交27届联大进一步考虑，而没有正式列入宣言条款中。

我国第一次进入环境外交领域，就有了出色的表演，实现了搞出一个较好的宣言的方针。结交了朋友，宣传了主张，扩大了国际影响，显示了中国的地位和力量，表明了坚决站在第三世界一边的坚定立场，可以说是取得了巨大的外交成就。对于初涉国际环境舞台的中国环境外交来说，有了一个辉煌的序曲。

从斯德哥尔摩到里约热内卢

在会议期间，我国代表团进行了卓有成效的工作，注意工作方法，求同存异，结交朋友，在工作小组会议上和有关修改宣言的协商过程中，我们树旗帜，亮观点，正面提出了对宣言的 10 点原则意见，受到广大发展中国家的欢迎和支持，阐明了中国的坚定原则，反映了发展中国家的利益。对宣言草案中的不当之处，提出了具体的书面修正案，旗帜鲜明，坚持原则，并与广大发展中国家团结一致，共同斗争，终于使会议对宣言草案作了重大的修改。

《人类环境宣言》融入并接受了毛泽东同志关于"在生产斗争和科学实验范围内，人总是不断发展的，永远不会停止在一个水平上。因此，人类总得不断地总结经验，有所发现，有所发明，有所创造，有所前进。停止的论点，悲观的论点，无所作为和骄傲自满的论点，都是错误的"著名论断的精神，成为指导人类环境保护事业不断发展的思想武器；接受了我国关于在世间一切事物中，人是第一可宝贵的，充分肯定了人民群众在创造历史、改善环境方面起决定性作用的观点，关于强调发展中国家应当主要通过发展经济去改善环境的观点，关于保护发展中国家利益的观点，关于支持各国人民反对公害斗争等观点；有的条文全文接受了我国所提修正案中的条款。同时，我们也吸收和接受了发展中国家关于谴责种族隔离、种族歧视、殖民主义的要求，关于保持和稳定发展中国家初级商品和原料的合理出口价格的要求，关于向发展中国家提供改善环境的财政和技术援助等要求，丰富了我国环境外交的内容。

通过这次会议，我们向全世界公开宣布了中国对环境问题和环境保护的基本立场、观点、原则、方针和主张，显示了中国在国际环境保护中的地位、作用、力量和影响。同时以世界环境危机和危害为镜子，看到了中国存在的环境问题，推动了中国环境保护事业的发展。外交与环境保护有机地得到结合，中国从一开始就登上了国际环境外交的舞台，打开了通向世界的道路，成绩是相当明显的。中国环境外交也正是始于人类环境会议之时，逐步走向成熟和深入，可以说是中国环境外交开始的里程碑，是一个重大突破。

中国环境外交的开辟阶段

合情合理的主张：对于大会讨论一些议题的表述与主张

在大会的发言中，我国代表团认为现在人类环境的某些地区和某些方面遭到污染和破坏，主要是超级大国对外推行帝国主义的战争政策、侵略政策和掠夺政策造成的。

对于环境问题和人口问题，认为当前某些地区的公害之所以日益严重，成为突出的问题，主要是由于资本主义发展到帝国主义阶段，特别是由于超级大国疯狂推行掠夺政策、侵略政策和战争政策造成的。国际环境问题中的矛盾包括以下几点：

（1）发达国家与发展中国家之间的矛盾，前者强调环境保护的要求，后者反对过分要求环境保护以致有损其国家主权，妨碍其经济发展，反对发达国家变相转嫁环境保护的费用。

（2）几个大的发达国家，因为其污染邻国和海洋造成国际污染，同受害国家之间的矛盾。

（3）美苏两霸的核试验及其核武装活动，对其他国家造成放射性污染和威胁。

（4）美、英、日、联邦德国、苏联等国内的环境污染问题很严重，人民日益不满，矛盾也很突出。

对于人口增长和环境保护的关系，认为随着社会进步和生产、科学技术的发展，人类改善环境的能力日益增强，因此，人类环境的改善是有无限广阔的前景的。对人口增长与环境保护关系的任何悲观论调，都是缺乏有力依据的。人口的自然增长，当然会对环境保护提出新的问题。但只要政府真正关心人民利益，通过发展民族经济，采取对城乡人口的分布实行合理规划，适当控制城市人口，加强城市环境的维护改善，宣传、提倡计划生育等正确的方针和政策，完全可以解决这些问题。

对于会议的背景和实质，认为环境问题是当前国际政治斗争的一个侧面。它主要反映两个方面的斗争：

一个是美国等几个主要帝国主义国家的广大人民同本国垄断资本集团的斗

争。这些国家的垄断资本集团，为了追逐高额利润，盲目发展工业，生产处于无政府状态，不顾人民死活，任意排放有害物质，污染和毒化环境，造成严重公害，激起了广大人民的强烈不满和抗议。广大人民反对公害的斗争不断兴起。垄断资本集团为了掩盖国内的阶级矛盾，打起"保护环境"的旗子，大肆宣扬"只有一个地球"、"保护环境、人人有份"，"要同大自然讲和"，并鼓吹搞什么"绿色革命"，妄图把人民反对垄断资本集团的反公害斗争，偷梁换柱，变成人和自然的斗争。

　　另一个是超级大国及几个主要帝国主义国家同发展中国家之间的控制与反控制的斗争。超级大国及其他帝国主义国家，对外推行掠夺政策、侵略政策和战争政策，掠夺、侵略、控制发展中国家，污染和破坏别国环境。它们大造舆论，说什么发展工业必然造成环境污染，现在环境已经严重污染，面临资源耗竭、生态毁灭的危险；它们还企图通过制订环境污染的国际标准和建立国际监督，来限制发展中国家的工农业发展和商品出口。实际上是以保护人类环境为借口，阻止发展中国家发展自己的经济，损害发展中国家的权益。广大发展中国家强烈反对超级大国及其他帝国主义国家的这种反动政策和经济剥削。它们强烈要求维护和巩固国家独立，发展民族经济；它们主张通过发展经济来解决环境问题，主张各国的环境政策不能有损于发展中国家现在和将来的利益。

　　在此次会议上的发言中多次谴责美国对越南的入侵。"第二次世界大战以来，美帝国主义妄图称霸世界，到处进行侵略和干涉，特别是残酷镇压亚、非、拉地区人民争取和维护民族独立的斗争。大家都知道，美帝国主义在侵略越南、柬埔寨和老挝的战争中，不顾全世界人民包括美国人民的反对，不仅对整个越南一再加强海空袭击，而且丧心病狂，在越南南方、老挝，最近更在越南北方不断使用化学毒剂和毒瓦斯。美国这种野蛮暴行，杀害了大量无辜的老人、妇女、儿童的生命，造成了人类环境前所未有的严重破坏。无数房屋化为废墟，大片肥沃土地弹坑累累，河流水源被毒化。森林和农作物被毁坏，有些生物面临灭绝的危险。美帝国主义的这种骇人听闻的暴行，不能不引起全世界人民和一切从事保护人类环境的人们的极大愤慨"。"最近美国政府又不顾国内外舆论的反对和谴责，悍然对越南进行新的军事冒险，在越南民主共和国各港口布雷，

并出动大规模的海空力量，对越南北方进行狂轰滥炸，袭击农村、城市、工厂、桥梁和交通线。特别是在目前雨季已经开始的时候，竟然轰炸江河堤坝，企图人为造成洪水灾害。这是对越南人民的挑衅，也是对世界人民的挑衅。"

"中华人民共和国代表团认为，我们的会议，对于这种残暴的行为不能熟视无睹。我们应当强烈谴责美国的狂轰滥炸和使用化学武器，屠杀人民，草菅人命，毁灭生物，毒化环境。美国政府必须立即停止对越南的侵略和干涉，无条件地全部撤回美国侵略军和仆从军，停止推行战争越南化计划，停止屠杀越南人民和破坏越南人民的生活环境，停止支持阮文绍傀儡政权。"

"我们要严正指出，充当美帝核基地的日本和追随超级大国、充当美帝侵越战争帮凶的新西兰，他们的代表团，在这次会议上根本不反对超级大国大量生产、大量储存核武器对人类安全和人类环境的严重威胁，根本不反对超级大国的侵略战争，却别有用心地借口防止核污染，竟把矛头指向中国，混淆视听，为超级大国打掩护。对于他们的这种用心和企图，一切爱好和平和主持正义的国家和人民，是能看清楚的。"

"我们再次重申：中国政府和中国人民，坚持谴责帝国主义的掠夺政策、侵略政策和战争政策对人类的环境严重破坏。坚决谴责美帝国主义侵略越南和印度支那，使用化学武器，杀害印度支那人民，破坏人类环境。"

"令人遗憾的是，现在有人无视超级大国大量制造、大量储存核武器，威胁广大中小国家，无视美国政府正在越南、老挝、柬埔寨进行屠杀人民、毒化环境的野蛮战争，却装出貌似公正的伪善样子，不加区分地反对一切核试验。对此，我们中国代表团是不能接受的。"

"超级大国为了争夺世界霸权，疯狂进行扩军备战，干涉别国主权，控制别国经济，在海外到处设立军事基地。携带核弹的飞机，在别国领空耀武扬威；载有核导弹的潜艇，在别国领海横冲直撞。""他们每年不惜花费巨额经费，搞军务竞赛，而不愿拿出起码的资金，维护和改善本国的环境，赔偿受他们污染和损害的主权国家的损失。帝国主义、新老殖民主义及其垄断集团的这些罪行，激起了世界各国人民日益强烈的不满和反抗。"

在参会国问题上，"我们认为有必要严正指出，南朝鲜和南越傀儡集团的代表，根本不能代表朝鲜和越南人民，只有朝鲜人民民主主义共和国政府才能代表朝鲜人民，只有越南民主共和国和越南南方共和临时革命政府才能代表越南人民。南朝鲜和南越傀儡集团的代表出席会议，是完全非法的。"因而在他们的代表发言时，我国代表团以退场方式进行抵制。1972 年 6 月 1 日，亚洲国家集团开会酝酿会议执行局和各委员会的组成及亚洲国家任职人选，因为南越和南朝鲜代表参加，我方未出席；6 月 9 日，举行第八、九次全体会议时，南朝鲜代表发言时，我国代表团退场。

在《宣言》问题上，在发言中讲"中华人民共和国代表团对于《人类环境宣言》中一些重大问题的原则立场是一贯的、鲜明的。现在这个《宣言》中，还有不少观点，是我们所不能同意的。如《宣言》没有明确指出，环境污染的主要社会根源，是帝国主义、新老殖民主义，特别是超级大国推行的掠夺政策、侵略政策和战争政策。《宣言》没有谴责帝国主义的侵略战争和他们屠杀无辜人民，破坏人类环境的罪行。特别是在核武器问题上，中国代表团重申中国政府的一贯主张，提出全面禁止和销毁核武器，从根本上消除核威胁、核污染。这是符合世界人民利益的，但由于超级大国及其极少数追随者的极力反对和阻挠，没有被写入《宣言》。而现在的《宣言》中所写的观点，是我们中国代表团所不能同意的。"

中国环境代表团在人类环境会议间，就一些问题向世界各国阐述了中国的立场和主张，为人类环境会议的顺利进行和《人类环境宣言》的通过做出了积极的推动和有益的引导，可以说，它为中国环境外交打开了发展之门。

义不容辞的责任：在联合国环境规划署理事会

斯德哥尔摩会议之后，我国开始参加世界范围的环境保护活动。1973 年，联合国环境规划署成立，我国当选为理事国，此后派代表团出席了历届理事会会议。1976 年，我国在内罗毕联合国环境规划署设立了常驻联合国环境规划署代表处，曲格平同志任第一任常驻代表，加强了同环境署的联系，从此我国同环境署开展了一系列合作活动。在环境外交第一阶段中，参加第一、四届环境

署理事会具有代表意义，环境外交思想体现得较为突出，成为这时期环境外交的亮点。

联合国环境署第一届理事会于 1973 年 6 月 12 日至 22 日在瑞士的日内瓦举行。此次会议的主要议题为制定环境理事会的一些基本规章，如议事规则、环境基金总则，并决定 1973—1974 年环境行动计划及第二届理事会日期、议程等。经过讨论协商，除议事规则留待第二届环境署理事会讨论通过外，对大多数议题作出了决议。

我国政府代表在会上发言，继续阐述了保护环境的重要性，针对议题协商讨论的必要性以及工作原则，"保护和改善人类环境，是关系到世界各国人民生活和经济发展的一个重要问题"，"现在我们在这里聚会，讨论制定理事会的一些基本规章，拟定保护和改善人类环境行动计划，开展国际合作，进行有关的科学技术交流，有关资料的提供，我们认为是有益的。在这方面，环境署理事会有很多工作要做。""当然，所有这些工作，都应该根据需要和可能，区别轻重缓急，通过平等协商，逐步前进，不能脱离实际，不能主观强求，有的可以根据需要从双边或区域着手，不一定立即全面展开。"

同时，也针对国际行动阐明了中国的立场，"保护和改善环境的国际行动是一个复杂的问题。我们的工作既要积极，也要慎重。必须尊重各国主权，不能强加于人，不能越俎代庖，不能侵犯任何一国主权，干涉任何一国内政，损害任何一国利益。"

在发言中，还对发展中国家与发达国家所面临的环境问题进行了区别分析，指出重点，找出正确解决之途。"由于各国自然条件、经济发展水平、社会制度以及在国际政治经济关系中各自的处境不同，各国面临的环境问题是不一样的。在有些工业发达的国家，由于排放大量有害物质，严重污染本国甚至邻国的环境，使广大人民的生命财产受到威胁和损害。这些国家的政策应该采取切实有效的治理措施，防止污染进一步扩大和恶化。发展中国家面临的环境问题，主要是发展不足所造成的。""因此，我们在讨论和制定环境行动计划的时候，应该是帮助和促进发展中国家发展民族经济的努力，而不能对发展中国家的经济发展采取消极的、限制的方针和措施。"

在这次会议上，中国代表团本着谦虚谨慎的精神，坚定支持第三世界。环境行动计划优先次序问题和项目内容是本次会议集中争论的一个问题，其实质上是发展中国家的要求和发达国家的要求何者放在优先地位的问题。秘书处原来所提方案基本上反映了发达国家的要求，把大气、海洋的污染和全球监测问题放在优先地位。发展中国家则认为当前迫切需要解决的仍然是饮水、居住、卫生等问题，即发展问题。另一个焦点是使用环境基金的实权，也就是环境基金的财权应更多集中于理事会，还是更多掌握在执行主任手里。在这两个问题上，争论相当激烈，直到会议最后一天才达成协议。行动计划的内容，优先次序以及分配的金额，基本上是 77 国集团的方案和发达国家协商后的产物。基金财权问题争论很大，最后达成协议。对执行主任的权力给予了限制，所有计划、办法、协定都要由理事会审批，再授权执行主任执行。

在这次会议上，发展中国家团结协商，注意策略，积极活动，利用多数优势，加强了同发达国家谈判协商的地位。发展中国家在这次会议中主要通过 77 国集团的方式起了重要的作用。

我国代表团坚决支持第三世界的正确建议，对于他们的一些盲动，做了积极的工作，力争使双方协商解决，使我国处于较为主动的地位。在行动计划优先次序问题上，77 国集团一度由于西方国家坚持不让步，曾表现急躁，准备到会上摊牌，以多数强行表决。经我国代表团建议应以协商为主，坚持原则，耐心谈判，在 77 国集团方案的基础上达成了协议。他们在协商过程中多次向我们介绍情况，事后对我国的支持和建议一再表示感谢。对于第三世界国家存在分歧的问题，如基金的财权问题，一度争论较大，我国代表团采取慎重和不介入的方针。

我国代表团在会议当中，认真进行调查研究，然后再作决策，使环境外交处于主动。如在基金财权问题上，最初从不同的代表团了解到的情况都有一定的片面性，通过较广泛接触，并在会议中注意观察，反复进行了分析研究以后，才基本上弄清情况，决策有了充实依据。再如关于全球监测，通过多方接触，进一步了解其内容和办法，对于考虑对策，十分有利。

我国代表团在会议期间正式通知秘书处，我国于 1973 年认捐环境基金人民币 20 万元，其中半数为可兑换货币。对于此举，不少发展中国家以及斯特朗和秘书处官员均表示欢迎和重视，秘书处负责基金的官员表示将与我国进一步商谈关于人民币部分如何使用的问题。这充分体现了我国政府对于保护环境的真诚和决心。

在会议中，我国代表团充分利用环境外交，维护了祖国的尊严，主权的独立，国家的统一。如议事规则草案的第 67、68 条规定联合国各专门机构任何成员均可参加环境理事会及其所属机构的讨论，有明显漏洞，可能被人利用为制造"两个中国"的借口，我国代表团在会前向执行主任斯特朗提出这个问题，表明了中国的立场。斯特朗先生当场表示没有考虑到这个问题，对我们的立场表示理解，竭力设法解决，次日大会召开时由主席宣读声明，有关中国的代表权应遵守联大 2758 号决议，会议无异议通过。

会议期间斯特朗先生重申希望我国能派人参加环境署秘书处工作，并表示可以根据我方提供人员的条件，尽可能作出安排。一些发展中国家和友好人士也劝我们派人参加，既可以掌握情况，又可施加影响，并指出派人宜早，晚了不易有适当位置。我国代表团对此深表感谢，愿意认真考虑。

1976 年 3 月 30 日至 4 月 14 日，在肯尼亚内罗毕，联合国环境规划署第四届理事会召开，我国代表团参加了会议。这次会议是环境规划署理事会每年一次的例会，会上除通过年度工作计划预算和讨论一些业务性问题外，重点讨论了环境和发展的关系。我国代表团在会议一般性辩论和专题讨论中阐明对世界环境的基本观点，并适当驳斥在环境问题上的谬论。自 1972 年斯德哥尔摩人类环境会议以来，我国一再强调和阐明关于环境方案活动和国际合作必须严格尊重各国主权的观点；关于独立自主、自力更生，加快发展民族经济，同时保护和改善环境的观点；关于第三世界国家发展民族经济，应以农业为基础的观点；关于发展和环境互相制约、互相促进的辩证统一的观点；关于资源综合利用，变废为宝，化害为利的观点等，已为越来越多的国家所接受，我国的环境外交取得了一定的成效。

环境外交的另一个重大突破是我国决定向联合国环境署派出常驻代表。中国环境外交有了在国际环境机构的一个窗口，加强了同环境署的联系，为中国环境外交进一步拓展起到了很大促进作用。

环境规划署成立后，我国一直当选为理事国，在各届会议上阐明的对环境问题的立场、观点以及对发展中国家合理要求和正义主张的支持，产生了一定积极的影响。通过参加几届理事会和各类专业座谈会，我国了解了世界环境的状况，并学习到了一些有用的知识和措施，对我国环境保护的加强和改善有一定的借鉴作用。

发展中国家对我国关于环境规划的政策和措施比较重视，理事会领导人特别是斯特朗先生多次表示希望与我国开展和加强经验交流与技术合作，并要求我国作为理事国派出常驻代表，加强联系和合作，证明我国的环境外交成为世界环境外交中比较重要的一环，我国的地位有很大提高。而且，我国同时考虑到如能适当加强与该机构的联系，将有利于进一步弄清情况，开展工作，扩大影响，也更便于搜集各国关于环境方面的科技情况资料，基于以上种种原因，我国政府向环境署派驻了代表。

中国的环境外交在两次理事会上均有不同程度的收获，并逐步丰富了内容、策略、方法。以理事会会议为讲坛，宣传了我国关于环境保护的方针、政策、立场，使全世界了解中国，同时也加强对世界的了解，吸收先进知识、经验、措施，促进国内的环境保护事业的发展。但同时由于对世界环境问题认识欠缺深度，对环境署这个机构了解不够，在一定程度上限制了我国更加积极地开展活动，使本应发挥更大作用的中国环境外交在某些方面的影响和成效未能实现，这是我们应该吸取的经验教训。

泱泱大国的亮相：中国环境外交的特点、成绩与问题

把1972年参加斯德哥尔摩人类环境会议作为中国环境外交的起始点，是仅仅基于从中华人民共和国成立到参加此次会议之前，我国没有进行重大的环境外交活动而言。因此这并不能绝对说在斯德哥尔摩人类环境会议之前我国没有进行任何环境外交活动。事实上，我国在开展动植物进出口检疫、保护野生动物，反对核武器污染和侵略战争的污染、保护海洋渔业资源、接待有关外国环

境记者等方面开展过一些零散、小型的外事活动。党和国家领导人对环境保护十分关注。在1970—1972年，随着全球环境危机的出现和世界环境保护运动的风起云涌，周恩来总理等党和国家领导人多次接见外国环境方面的记者、民间组织和官员，向国外阐明我国环境保护的方针和主张，批评西方国家在环境保护方面的弊病，支持西方国家兴起的环境保护的社会群众运动。但是从总体上看，此时期我国不发达的环境保护并没有被提到国家的外交议事日程。

1972年，中国派代表团出席了在瑞典召开的联合国人类环境会议，这次会议对我国环境保护事业起了极大的促进作用，它使我们更进一步地认识到我国与世界上许多国家一样存在着严重的环境问题。基于这种认识，我国于1973年8月召开了全国第一次环境保护会议，此后相继建立了环境保护规划管理机构、监测机构和科研机构。1972年，我国开始参加国际"人与生物圈计划"，1978年9月，成立了中华人民共和国人与生物圈计划国家委员会，负责与联合国教科文组织进行人与生物圈计划方面的合作。

从总体上看，此时期中国环境外交初登政治舞台，取得了辉煌的成就，但不足之处也很明显，总括起来讲，中国环境外交在第一个阶段的工作特点、成就与问题归结如下：

（1）中国环境外交工作具有宣传性。

这个时期中国环境外交最大的特点和主要任务是向国外宣传我国关于环境保护的方针、原则、政策和优越性，促进国际社会对中国环境保护工作和社会主义制度的了解与赞同，介绍和传播中国特色的环境保护方式和经验。

在人类环境会议和第一至第四届环境规划署理事会上，多次阐述中国环境保护的有关立场和主张，在维护和改善人类环境问题上，我国政府的主张可以归纳为：支持发展中国家独立自主地发展民族经济，按照各国自身的需要开发各国的自然资源，逐步提高人民的福利。各国有权根据自己的条件确定本国的环境标准和环境政策，任何国家不得借口保护环境，损害发展中国家的利益。国际上任何有关改善人类环境的政策和措施，都应该尊重各国的主张和经济利益，符合发展中国家的当前和长远利益。坚决反对帝国主义的掠夺政策、侵略政策和战争政策。坚决反对超级大国以改善人类环境为名，进行控制和掠夺。

对于那些侵犯别国主权，破坏别国资源，污染和毒化别国环境的肇事国，受害国家有权制裁并要求他们赔偿损失。对于那些向公海倾泻有害物质、污染海水、破坏海洋资源、威胁航行和沿海国家安全的行为，应当采取有力措施加以制止。

同时向世界介绍了中国环境保护的经验和社会主义制度的优越性，并把成功的环境保护经验贡献出来。我国政府按照 32 字方针，有计划地进行预防和消除工业废气、废液、废渣污染环境的工作，开展群众性的爱国卫生运动和植树造林、绿化祖国的活动，加强土壤改造，防止水土流失，积极搞好老城市的改造，有计划地进行新工矿区的建设等，来维护和改善人居环境。"事实证明，只有人民当了国家的主人，只要政府真正是为人民服务的，只要政府是关心人民利益的，发展工业就会造福于人民，工业发展中带来的问题，是可以解决的。"

在第四届环境署理事会上，针对世界荒漠化问题，介绍了我国固沙造林、改造沙漠的经验，对世界环境保护有很大的启发作用。

因而可以说此阶段中国环境外交是阐明立场，提出政策、方针，向世界介绍中国的阶段。

（2）中国环境外交具有明显的试验特性。

通过参加人类环境会议和环境署理事会的几届会议，试探各国的反应，探索中国进入国际领域的方法和途径，锻炼培养环境外交工作人员，积累环境外交经验，也就是说通过外交活动，使环境保护和外交有机结合起来，使中国环境外交始具雏形。

通过在人类环境会议期间同许多国家政府和代表团的接触，了解他们的立场、观点，逐渐深入研究分析，并把我国的观点与之相互交流，既结交了朋友，又能找到利益的共同点。中国环境外交始入国际环保领域。

人类环境会议和各届理事会是专业性较强的会议，为我国培养了一大批环境外交人才，并通过历次会议的磨炼，为中国环境外交积累了宝贵的经验。

（3）中国环境外交具有突破性。

一是参加人类环境会议，从一开始就进入国际环境保护合作领域，中国的作用得到了明显体现，成为具有举足轻重作用的一员，实现了中国环境外交从无到有的突破；二是实现了向国际组织派遣常驻代表的突破，既可以开展工作，

中国环境外交的开辟阶段

第四章 初登舞台

收集信息，又可以加强同国际机构合作，走出了国门。中国从环境外交领域开始，逐步融入世界，实现了中国环境保护的转折，也使得外交领域中出现了一个新门类：环境外交。

（4）中国环境外交立场的坚定性与策略的灵活性。

中国环境外交在此阶段确立了坚决站在发展中国家的立场上，求同存异，共同协商，坚定支持发展中国家的正义主张，成为发展中国家完全可以信赖的朋友。特别是在第一届环境署理事会上，支持 77 国集团方案，同西方国家作斗争，最终取得了满意的成果。

原则问题丝毫不让步，团结发展中国家，代表他们的利益，同发达国家的错误进行斗争，旗帜鲜明地维护我国主权。在具体工作中，本着耐心和协商的态度，求大同存小异，以协商和谈判为主要手段，以求达到目标。既坚定又灵活，有理有利有节；同发展中国家团结一致，加强相互交流和磋商，统一立场。为中国环境外交的进一步发展提供和积累了一些行之有效的工作策略和方法。

（5）中国环境外交促进了国内环境保护事业的发展。

通过一系列环境外交活动，开阔了视野，了解到世界环境保护的发展和技术现状。首先使我们摆脱了盲目乐观，认识到在我国也存在环境污染，这是一个思想观念上的重大转变。如果没有这一转变，根本谈不上保护环境和环境外交。同时，为我国更好地保护环境做好工作，提供了技术支持。中国环境外交对我国环境保护最大的促进作用体现在全国第一次环境保护会议，党和国家领导人对会议高度重视，通过了中国环境保护的"32 字方针"，成为指导我国环境保护工作的重要指南；环境保护机构、监测机构也逐步建立起来，为做好环境保护工作打下了基础。中国环境外交初登国际舞台，就取得了很大的成就，这主要得益于党和国家所制定的正确路线、方针和政策，指导了代表团的工作，一步一步地走向胜利。

这一时期中国环境外交也有不足之处。例如对于某些环境业务问题缺乏完整的认识，对环境保护国际合作的重要性重视不够，特别是对于国际环境机构的功能缺乏深刻的认识。总之这一阶段的环境外交毕竟填补了历史的空白，为中国提供了一个融入世界的窗口。中国环境外交的起步虽然艰难，但中国环境外交初登国际环境外交舞台就发挥了令人瞩目的作用，成为国际环境保护领域中的一支重要力量，为中国环境外交的发展奠定了组织基础和积累了有益的经验，为中国环境保护事业的起步发挥了重要的推动作用。

中国环境外交的开辟阶段

第四章 初登舞台

第五章　渐入佳境

——中国环境外交的深入发展阶段（1979－1992 年）

渐入佳境："人与生物圈委员会"成立后环境外交的发展

1978 年，我国成立了人与生物圈国家委员会后，环境外交获得了较为迅速的发展，这一方面是由于前一阶段经验积累和认识提高的结果，另一方面也是国内形势发展使然。十一届三中全会以来，我国重新确立了"解放思想，实事求是"的指导思想，环境保护受到了高度重视，我国宪法对此加以明确规定，并且颁布了《环境保护法（试行）》，这就为中国环境外交的进一步开创和发展提供了坚实的基础和动力。

1980 年 4 月，我国出席联合国环境署第八届理事会，5 月，我国派团赴美国商谈两国的环保科技合作议定书的附件，并签订了议定书的 3 个附件。6 月，我国派代表出席了在日内瓦召开的国际自然和自然资源保护同盟第七届理事会。

1981 年 4 月，我国参加了联合国环境规划署组织的"全球监测系统"和"有毒化学品登记中心"，并参加了联合国环境署第九届理事会，讨论了合作的援助项目问题；8 月，再赴斯德哥尔摩参加资源、环境、人口和发展相互关系讨论会，就 80 年代发展战略和政策等问题表明了立场和观点。

1981 年 4 月，我国代表赴美国参加世界环境论坛，并与美国政府就中美环保科技合作议定书附件 1 和附件 3 的合作进程交换了意见。10 月，出席国际自然与自然资源保护同盟第十五届大会。

1982 年 6 月，我国代表参加了纪念斯德哥尔摩会议 10 周年特别会议，1982 年、1983 年、1984 年、1985 年，中国政府代表出席了环境署第十、十一、十二、十三届理事会。

在此期间，双边环境外交也取得了突破性进展，我国与美国、日本、法国、英国、丹麦、西德等国进行了多次双边环保交流活动，并签订了一批国际环境保护条约和双边协定。

1981—1985 年的 5 年间，我国派出许多环境方面的政府代表团、专家和学者出国访问。考察、参加国际会议和训练班等共 63 次，230 余人次；接待外国团体、专家来华进行学术交流数百次，1 000 余人次。在国际环境保护团体中，我国有多人担任职务，如李超伯出任国际自然与自然资源保护同盟理事。

另外，中国环境科学学会在民间交往和非政府组织间的交往中也发挥了极重要的作用。1981—1985 年间共接待来自 20 多个国家的学者 380 多人，组织国内 1 000 多名科技工作者与来华访问团体、个人进行学术交流，并派出 23 人参加国际会议和访问考察，大大增加了中国同许多国家和地区间的相互了解。

到 1985 年，中国环境外交已迈开了发展的步伐，取得了显著的成绩。这一阶段代表性的事件是参加"有毒化学品登记中心"和"国际自然和自然资源保护同盟"。

世界上每年产生的危险工业废物高达几亿吨，它们绝大多数是在很少注意或很少知道它们对人体健康与环境影响的情况下被丢弃的。它们可进入水体，经食物链进入人体，危害非常大。

虽然人类对化学品茫然无知的时代已经结束，但一方面由于生产的种类与数量在不断增加，因此使这方面的资料难以收集。另一方面有些特殊化学品的资料通常缺乏法律效力，或过于冗长，或简单得难以适用，所以人类对化学品的了解还远远不够，这就妨碍了对化学品的使用和处置。

为了评价与控制化学品的危害，需要有一个科学合法的资源管理机构，"有毒化学品登记中心"便应运而生。

1972 年的斯德哥尔摩人类环境会议上，与会者曾建议建立危害环境的化学品数据登记中心。1974 年，联合国环境署理事会决定建立化学品登记中心及其信息交换网。1975 年，环境署召开了两次政府级专家会议，环境署理事会同意该中心的四项主要任务是：①整理出用户所需要的化学品的有关资料；②明确有关资料的空缺并鼓励研究填补这些空缺；③辨明在使用化学品过程中的潜在危害，并告诉人们去了解这些危害；④汇集国家、地区及全球范围现有的控制与管理危险化学品的资料。这些规定对于更好地控制化学品造成的危害，保护地球上所有居民的身体健康有极大意义，此方面的国际合作是造福世界各国的。1976 年，在日内瓦成立了登记中心总部，其主要任务有：①收集、储存与传播各种化学品的数据；②建立全球情报交换网。除中心本身以外的参与者称为网络伙伴，该网络成员有国家的通讯员、国家与国际研究所、工业界。

"有毒化学品登记中心"是联合国环境规划署全球性环境评价方案的组成部门，主要任务是对有毒的化学品予以鉴定和评价，提供有毒化学品在生产、使用、运输、贮存和排放中可能发生危险的资源。这个组织是一个技术情报性质的机构。参加登记中心对我国环境保护是非常有利的，所提供的技术资料，都是某些化学品的实验鉴定报告，是一般性质的公开资料，没有保密的问题。1979 年 4 月，我国决定正式参加该机构，并且为了推动我国有毒化学品的登记、鉴定工作的开展，与"国际有毒化学品登记中心"加强联系，在卫生部增设了一个研究室，展开工作。

国际自然及自然资源保护同盟成立于 1948 年，总部设在瑞士，至 1979 年已发展到拥有 100 多个会员国。"同盟"的宗旨是通过会员国的努力，利用各种渠道，促使各国规范管理世界上可更新的生物资源，保护自然环境和生物种群，造福地球上的居民及子孙后代。该机构受联合国环境署委托，制定了"有灭绝危险的野生动植物国际贸易公约"、"保护迁徙动物公约"等保护自然及自然资源的法律，"同盟"成为一个国际公认的有权威的半政府性的民间组织，在世界上有很大影响力。"同盟"每三年召开一次会议，会员国每年交纳会费由几百到数万瑞士法郎不等。

早在 1974 年 4 月召开的联合国环境规划署第二届理事会上，"同盟"的负责人就邀请我国参加该组织。可由于当时台湾是该组织会员，我国政府要求首先开除其成员资格再考虑加入问题。1974 年 6 月，在把台湾驱除出"同盟"后，"同盟"秘书长布道斯基和副秘书长尼库尔斯访问了我国政府驻日内瓦的代表处，介绍"同盟"的工作情况，并再次邀请我国参加。此后，英国自然保护理事会海华德、世界野生动物基金会阿慧诺曼等人也先后多次邀请我国尽早加入"同盟"。针对这种情况，我国政府进行了认真研究。但由于某些因素的影响，此项工作被搁置起来。1978 年后"同盟"秘书长门罗又以口头和书信方式，数次要求我国早日成为"同盟"的会员。1979 年 7 月，澳大利亚以政府的名义来信邀请我国参加"有灭绝危险的野生动植物国际贸易公约"，成为成员国。

　　1979 年 4 月，我国派观察员出席了"公约"（简称）成员国第二次会议，加深了对"同盟"和"公约"的进一步了解。经过多次研究协商，认为"同盟"和"公约"与我国保护、管理大自然、野生动植物资源和自然保护区等项工作的方针、政策是一致的。我国在参与此国际合作方面，与许多国家相差很大。为了更好地及时地学习国际先进经验，促进国内自然及自然资源、特别是野生动植物的保护工作，参加"同盟"和"公约"已势在必行，而且很有益处。同时，由于"同盟"等各国际机构的负责人多次邀请，并满足了我国的条件，如果仍然不加理睬，会造成工作上的被动局面，因而我国决定加入"同盟"。

　　鉴于此，我国政府决定以中国环境科学学会的名义加入"同盟"。参加"同盟"和"公约"，除提供公共的情报资料和交纳少量的捐款、会费外，在政治、外贸、环境保护、旅游和科技、文化交流等方面都对我国有利。1980 年 6 月，李超伯同志以中国环境科学学会理事长的身份担任"同盟"理事会中国的理事，经理事会讨论后一致通过，6 月 27 日，李超伯同志正式参加了第七届理事会会议，加入了该组织。

　　在此阶段中，我国政府参与了一次世界范围内的行动，即 1980 年 5 月 5 日在北京与世界主要国家同时发表了"自然资源保护大纲"，这个大纲由各国政府、非官方机构以及来自 100 个国家的 700 多位著名科学家经过 3 年深入细致的努力方告完成。"大纲"在五大洲 30 多个国家同时发表，影响非常大。

　　中国环境外交在第一阶段的基础上，逐渐加入世界范围内环境问题的国际合作，做了许多有意义的事情。

中国环境外交的深入发展阶段

第五章　渐入佳境

艰难的成果：《蒙特利尔议定书》的艰难谈判

进入 19 世纪 80 年代，保护臭氧层成为国际环境保护的热点问题。从 1982 年 1 月至 1985 年 3 月，为起草和制订保护臭氧层公约，各国进行了七个回合的谈判。1985 年 3 月，在维也纳召开的保护臭氧层全权代表会上，22 个国家和欧洲经济共同体签署了《保护臭氧层维也纳公约》，我国派观察员参加了这次会议，但当时没有在公约上签字。此《公约》的签订，使保护臭氧层方面的环境外交进入到一个新的发展阶段，为以后方案的具体实施打下了基础。

随着形势的发展，保护臭氧层的任务日益紧迫，世界各国在国内环保呼声的压力下和国际环境外交活动的努力下，来自 43 个国家的环境部长和代表在 1987 年 9 月 14 日至 16 日的加拿大蒙特利尔举行的国际会议上，匆忙通过了《关于消耗臭氧层物质的蒙特利尔议定书》。由于该议定书中存在着许多严重的问题，遭到了许多国家特别是发展中国家的批评。缔约情况不理想，对其进行修改成为必然。鉴于议定书中存在的一些严重缺陷，我国和多数发展中国家明确表示，如果不对议定书进行修改就不可能加入该议定书，由此引发了一场修改议定书的外交斗争，中国在其中发挥了重要作用。

1989 年 3 月 5 日至 7 日，联合国环境署和英国政府共同召开了有 123 个国家代表出席的"拯救臭氧层伦敦会议"，评价蒙特利尔议定书，会上各国代表对保护臭氧层的具体措施进行了激烈的争论。我国代表团在会上详细阐明了我国对全球环境问题的原则立场，对维也纳公约和蒙特利尔议定书的宗旨和原则予以肯定，表示支持；同时指出议定书没有充分体现"多排放、多削减"的公平原则，抓住"为发展中国家提供财政资源和技术，以使它们有效地参加保护臭氧层的国际努力"这一关键所在，联合印度等发展中国家首先提出了建立保护臭氧层国际基金的建议，得到了发展中国家的一致拥护，引起了国际社会的普遍重视。会议决定在第一次蒙特利尔议定书缔约国会议的基础上进一步研究设立基金的问题。1989 年 4 月 26 日至 28 日，在芬兰首都赫尔辛基举行了关于保护臭氧层维也纳公约的会议，我国政府派代表出席，并以观察员身份参加了关于蒙特利尔议定书缔约国第一次会议。我国代表在发言中，详尽有力地阐述了建立国际基金的理由，指出要有效停止发展中国家生产、消费氯氟烃类物质必须依靠国际基金的建立，而且从经济上要确保发展中国家取得适宜的替代产品和替代技术。对我国代表团的意见，美、日等工业发达国家表示反对，认为对发展中国家进行援助应利用现有财政机制和市场机制，而以"77 国集团"为代表的发展中国家则表示完全支持我方意见。针对这种情况，中国代表团做了大量外交工作，终于使缔约国作出了建立国际基金的决定。1989 年 7 月 10 日，国务院环境保护委员会副主任、国家环境保护局局长曲格平应联合国环境署执行主任托尔巴博士的邀请出席了联合国环境署在日内瓦举办的保护臭氧层环境部长会议。经过多方努力、协商，议定书的伦敦修正案于 1990 年 6 月生效，我国政府于 1991 年 6 月 19 日宣布加入经过修正的蒙特利尔议定书。

从《保护臭氧层维也纳公约》到《关于消耗臭氧层物质的蒙特利尔议定书》，最后到《关于消耗臭氧层物质的蒙特利尔议定书的修正案》，体现了保护臭氧层环境外交的三个阶段，中国在保护臭氧层方面进行了大量外交活动，特别是在第三阶段取得了举世瞩目的成效，中国今后将继续在这个领域进行坚持不懈的外交努力，为我国争取资金支持和技术援助创造条件。

对保护臭氧层国际环境外交谈判中遇到的问题予以简要归纳，包括：公约、议定书是否明确分清了破坏臭氧层的责任；是否设立、如何设立保护臭氧层的财政机制；如何集资保护臭氧层；如何促进保护臭氧层科学技术的广泛交流，如何保证向发展中国家转让保护臭氧层的技术；如何保证所有国家特别是发展中国家在保护臭氧层的国际合作中拥有平等的地位等。上述问题大部分经过了艰苦的外交谈判才达成协议，针对设立保护臭氧基金和无害技术转让的问题，中国进行了卓有成效的环境外交活动。

设立保护臭氧层基金是开展保护臭氧层国际活动、达成切实可行的议定书之关键所在。在 1989 年 5 月第一次议定书缔约国会议中，中国代表团通过不懈的努力，促使会议做出了建立国际基金的正确决定。但围绕着基金机制和集资方式问题，爆发了激烈的争论。集资方式大体有五种，缔约国围绕这些方案进行了谈判。

1：由发达国家出资

中国和印度坚持这种集资方式，因为发达国家是臭氧层的主要破坏者，理应做出补偿；发达国家对此方式坚决反对。一些发展中国家也对这种建议的可行性持怀疑态度，保持观望。

2．自愿捐款

发达国家力主此方式，普遍赞成此种主张；发展中国家担心如果不明确缔约国特别是负主要责任的缔约国出资的义务，基金有可能形同虚设，因此明确表示反对。

3．双边援助

发达国家对此也表示赞同，但发展中国家认为这并不是全球共同保护臭氧层的可靠方式，双边援助很大程度上取决于两国关系的好坏，中国对这种方式持不赞成态度。

4．按人均国民生产总值比例或联合国交纳会费的比例集资

发达国家以保护臭氧层是全人类的共同责任、每一个国家都有捐款的义务为理由，赞同这种方式；但对于发展中国家来说难以接受。因为这种平均摊派方式既没有反映破坏臭氧层的责任问题，同时对发展中国家的财政困难也缺乏必要考虑。

5．"污染者付款"或"使用者付费原则"

当时氯氟烃类物质每年总消费量为120万吨，按1千克交费1美元计算，可收费12亿美元，此数目完全可能建立国际基金。对此方式美国等一些发达国家表示赞同，各国代表也普遍支持。但是中国代表团提出异议，认为该原则没有对发达国家与发展中国家作出区分，是平均摊派的翻版。按此原则计算，就连贫穷的中国每年也要交44万美元。基于此，中国代表团提出了"超标付费"

的反建议，即按蒙特利尔议定书的规定，人均消费量超过 0.3 千克（以 1986 年世界人均消费量为基准）的才付费。这一建议立即得到了广大发展中国家的支持。经过反复谈判，发达国家终于接受了发展中国家所提的原则：基金应由发达国家出资构成；基金必须由联合国环境署或缔约国会议下设的基金管委会管理。正当进行深入讨论之际，美国政府竟宣布将不为建立基金出资，这一立场遭到所有缔约国的强烈抨击，一些发达国家对美国的不合作态度表示难以理解，并主动表示要开展外交活动，促使美国政府转变态度。在 1990 年 6 月于伦敦召开的缔约国第二次会议上，英国首相撒切尔夫人致词说："唯有所有国家，包括第三世界的国家，都成为《议定书》的签字国，它的控制措施才可以取得成功。但那些尚处于工业发展初期阶段的国家害怕它们的经济成长受到不利的影响，这是可以理解的。工业化国家应义不容辞，在替代技术和提供额外费用方面帮助它们。英国支持拟议的三年期初步行动方案，准备至少捐款 900 万美元，如果其他主要消费国参加议定书的话，还可能增加至 1 500 万美元。"会上，联合国环境署执行主任托尔巴博士称赞这位曾被某些人认为"毫不重视环境保护的首相"，在大力倡导保护臭氧层和处理其他环境问题上处处表现了大政治家的风度，并当场把一个"全球 500 佳"奖赠送给她，借以表示承认她把环境保护提升到国际议程顶点的功绩。在国际舆论的推动下，美国政府不得不转变态度。经过不断的协商，各国终于就建立财政机制达成一致意见，发展中国家与发达国家均在其中享有均等的代表权，发展中国家的要求得到了全部实现。保护臭氧层财政机制的确立，是世界各国在环境外交领域就解决全球性环境问题取得共识，成功合作的典范，是中国环境外交发展过程中的一个重要事件，这必将有利于各国更积极有效地参与解决人类共同关心的环境问题。

关于臭氧层无害技术的转让这一突出问题，中国环境代表团经过努力，对解决此问题作出了重要贡献。发达国家由于历史发展原因已经掌握了保护臭氧层的技术，并且拥有雄厚的资金，发展中国家却苦于技术和资金的限制，在一定的时期内尚难发明并改用适合的替代物质。由于缺乏替代技术，发展中国家执行议定书中规定的控制措施难上加难。为了克服这一困难，中国与其他一些发展中国家在修订议定书的过程中，提出了发达国家向发展中国家转让技术的

中国环境外交的深入发展阶段

建议，主张发达国家向发展中国家转让技术必须是"优惠的和非商业性的"。对我国和其他发展中国家的提案，以美国为代表的一些发达国家表示强烈反对，他们认为：人类社会还没有发展到世上一切事物都是"人类继承的财产"的阶段，商品交换原则仍是当前社会的主导原则和整个社会发展与进步的原动力；有关保护臭氧层和替代物的技术都在私人公司手里掌握着，私人公司的主要经营目的是为了赢利；美国政府无法非法剥夺私人公司的财产再把它无偿送给发展中国家；发达国家之所以能够研究出替代物质的一个根本原因就是发挥了市场机制的作用，私人公司发现研制替代物质在不久的将来有利可图，才花费大量的人力、物力进行科研，否则就不会有人去做这种研究；另外，知识也是一种财产，如果要得到它，就必须付出代价，这是天经地义的事。针对这些观点，中国和其他发展中国家在修正议定书的工作组会议上指出：保护臭氧层是全人类的共同责任，这一点具有充分的法理根据，并且国际社会已对此达成共识；关键在于各国是否具有保护臭氧层的良好愿望和是否从善意真情出发，如果缺乏诚意，谈判的基础也就失去了，以"优惠的和非商业性的"条件转让技术并不是说发展中国家分文不出，而是为了防止一些私人企业和个别国家利用保护臭氧层的机会，任意提高价格，牟取暴利，大发环境之财，如果发生这种情况，显然对保护臭氧层的国际活动不利；因此，发展中国家希望发达国家以公正的、平等的和可以接受的价格尽快地向发展中国家转让最新的技术。由于中国和其他发展中国家提出的建议合情合理，措词恳切，有理有据，经过几次会议的艰苦谈判，发展中国家与发达国家终于在伦敦举行的第二次缔约国会议就技术转让问题达成了协议。协议明确规定：发达国家应在公平和最优惠的条件下确保向发展中国家迅速转让替代品和有关技术；同时，发展中国家增进执行控制措施的能力又将依赖于财政合作和技术转让的有效实行。经过修正的议定书就技术转让问题所达成的协议，不但为全球共同面临的臭氧层破坏找到了出路，也为进一步开展全球环境合作提供了先例。

在保护臭氧层的国际合作中，中国环境外交从原则问题深入到实施的细节和技术问题，摆脱了空乏的原则说道，具体问题具体分析，提出解决办法，共同协商，以求达成一致。中国环境外交本着实事求是的态度，既有历史的分析，又照顾和考虑到现实条件，并与发展中国家一起为维护自身的合理、合法权益同发达国家作斗争。斗争策略在实践中得到了检验并逐渐充实，有理有据有节，求同存异，相互协商，平等对话，尊重历史，着眼未来。保护臭氧层的国际合作虽然取得了阶段性成果，但随着形势的发展，会不断出现需要解决的新问题，中国环境外交任重道远。

未雨而绸缪：44/228 号决议

从联合国人类环境会议至 80 年代末期，世界环境保护浪潮逐渐高涨，各国采取了各种各样的行动，治理污染保护环境，加强国际合作。但许多年过去了，地球环境不是改善了，而是日益恶化，这与人们的行动应带来的结果背道而驰。这是为什么呢？世界各国政府和人民都在思考这个矛盾的问题。越来越多的国家从发展的实践中发现，环境恶化有其深刻的经济根源和历史根源，必须把发展和环境结合起来，不能孤立地"为环保而谈环保"。于是，关于环境和发展的争论日益热烈。一段时期后，世界各国逐渐达成共识，环境保护与经济发展是不可分割的。这种认识在 1988 年第 43 届联合国大会辩论过程中已经有所反映，并形成了第 196 号决议。1989 年的第 44 届联大期间，广大发展中国家经过进一步讨论和磋商，强调环境保护和经济发展两者要相互统一，并且据此提出了关于在 1992 年 6 月召开联合国环境与发展大会的联大"决议草案"。此后经过多次南北对话，于 1989 年 12 月 22 日"协商一致"通过了 44/228 号决议。这个重要的决议对环境与发展的关系，对环发大会应审议的一系列问题和大会的任务，对建立大会筹备委员会以及筹委会的任务等，都作了明确的规定。44/228 号决议是筹备和召开 1992 年环发大会的政治依据和法律依据，同时也反映了人们对环境问题的认识又有了质的飞跃。

决议包括了许多重要的观点，通过回顾以前几个决议和报告，"深入关切环境状况继续恶化，全球生命维持系统严重退化。而目前趋势如任其继续下去则可能破坏全球生态平衡、危害地球维持生命的物质，导致生态灾难，因此认识到采取果断、紧急的全球行动对保护地球的生态极端重要"；全球环境恶化"主要原因是无法长久维持的生产和消费方式形态，特别是工业国家的生产和消费模式"，"强调贫穷与环境退化息息相关，因此必须将发展中国家的环境保护视为发展进程的一个组成部分，而不能将二者孤立审议"；同时"认识到国际一级采取的保护环境的措施必须充分考虑到当前全球生产和消费模式的不合理现象"；也"意识到科学和技术在环境保护方面的重要作用，特别是必须使发展中国家通过旨在促进全球环境保护工作的国际合作，成功取得对环境无害的技术、工艺、设备及有关的研究和专门知识，包括利用新颖和有效的方法手段在内。"

基于以上共识，各国决定于1992年6月在巴西召开为期两周的联合国环境与发展会议，由尽可能高级别的官员参加，同时对大会应审议的问题和大会的任务作出如下规定：

——确认该会议应在加强各国和国际努力以促进国家的持久的无害环境的发展的前提下，拟订各种战略和措施，终止和扭转环境恶化的影响；

——确认保护和改善环境是影响到世界各国人民的福利和经济发展的重大问题；

——进一步确认发展中国家的经济增长对解决环境退化问题是非常重要的；

——确认有助于所有国家实现持久经济增长和发展的相互支持的国际经济气候对保护和妥善管理环境的重要性；

——确认各国根据国内法律和可适用的国际法对于在其管辖和控制范围内的活动通过越界干涉而对环境和自然资源造成损害负有责任；

——重申各国根据《联合国宪章》和国际法的各项可适用原则享有按照其环境政策开发本国资源的主权和权利，并重申他们有责任确保其管辖或控制范围内的活动不会对在其国家管辖范围以外的其他国家或地区的环境造成损害，而且各国必须根据其能力和具体责任在保护全球和区域环境方面发挥应有的作用；

——重申对发展中国家和面临严重偿债问题的其他国家必须有效地紧急予以处理，使这些国家根据其能力和责任，对保护和改善环境的全球努力作出充分的贡献。决议中对发展方面的环境问题讨论时所规定的目标，涵盖面非常广，包含许多重要的有突破意义的观点；

——研究国家和国际行动的战略，以便各国政府就处理重大环境问题的确切活动达成具体的协议和承诺，以便恢复全球生态平衡，防止环境进一步恶化，必须考虑到目前环境的污染包括有毒和危险的废料绝大部分来自发达国家，因此应确认那些国家负有防治这种污染的主要责任；

——研究环境退化和国际经济环境之间的关系，以便确保在有关的国际论坛上，在不提出新形式的条件限制下，对环境和发展问题采取比较综合全面的解决办法；

——查明如何根据发展中国家的发展目标，优先事项和规划向其提供新的额外财政资源，用于无害环境的发展方案和项目，并考虑如何有效地监测向发展中国家提供这类新的额外财政资源的情况，使国际社会能够根据准确可靠的数据适当采取下一步行动；

——进行审查以便采取有效的方式，让发展中国家成功地取得无害环境的技术，或将这种技术转让给发展中国家，包括以减让性和优惠条件进行这种转让，支持所有国家努力创造和发展他们本国在科学研究和发展领域的技术能力，以及取得有关资料。在这方面，探讨保证发展中国家取得无害环境的技术的概念与专利的关系，以期制定有效地满足发展中国家在这个领域的需要的办法；

——促进人力资源的开发，尤其是发展中国家的人力资源的开发，以保护和改善环境；

——促进环境教育，特别是青年一代的教育，并采取其他措施以增进对环境的价值的认识；

——计算圆满实施会议的各项决定和建议所需的资金数额并列明额外经费的可能来源，包括新的来源。

在决议的最后一部分，规定成立一个联合国环境与发展会议筹备委员会，允许联合国所有会员国或各专门成员加入，规定召开筹委会组织会议和事务会议的时间和地点。决定筹备委员会应完成下列任务：

——按照本决议的各项规定草拟会议的临时议程；

——通过促使各国协调一致地进行筹备和布置工作的指导方针；

中国环境外交的深入发展阶段

第五章　渐入佳境

——为会议编制决定草案并提交会议以供审议和通过。

决议将题为"联合国环境与发展会议"的项目列入大会第 45 届和第 46 届会议的临时议程。

联大 44/228 号决议是对于前一段时期国际上各种关于环境和发展问题争论的归纳和总结，充分吸收了各种提法的合理内容，做好了各项组织准备，为环发大会的顺利召开并取得圆满成功提供了保证。联大 44/228 号决议的另一重大意义在于它以联合国大会正式决议的方式，为环境和发展领域的国际合作，为环发大会的实施筹备工作，规定了若干指导原则和基本主张。此后世界各国纷纷开始行动，为环发大会的召开做了充分准备。为使得会议取得积极成果，并维护发展中国家的权益，中国开展了卓有成效的环境外交活动。"77 国集团＋中国"根据筹备会议的进程，陆续提出了一些立场声明和案文，为南北对话的谈判和进展及最终达成共识，作出了积极贡献。中国作为发展中国家的一员，坚定地站在发展中国家立场上，同时又注意协调，使发展中国家的立场逐渐趋于一致，为了共同利益与发达国家进行外交斡旋，为世界环境保护事业做出贡献。

一致的行动：发展中国家的协调

44 届联大通过了关于召开联合国环境与发展大会的决议后，发达国家和发展中国家分别召开了会议，商讨对策，并就某些问题达成一致，以期能够形成一股力量，使大会通过对己有利的决议。发展中国家在 1992 年环发大会召开前主要举行了三次会议：1990 年 4 月 23 日至 25 日在印度首都新德里举行的发展中国家全球环境问题会议、1990 年 10 月 15 日至 16 日在泰国曼谷召开的亚洲及太平洋环境和发展部长级会议和 1991 年 6 月 18 日至 19 日在北京召开的发展中国家环境与发展部长级会议。中国政府积极参加了这些会议，提出了许多有益的提案。经过努力，中国渐渐地在国际环境合作领域占据了比较突出的地位，成为一支举足轻重的力量。

在新德里举行的发展中国家全球环境问题会议上，我国代表在大会上发言并强调指出：必须纠正国际保护环境活动中忽视发展中国家特殊困难和需要的倾向；解决发展中国家贫困、人口增长和环境恶化的恶性循环要靠经济的持续发展；环境大会既应促进国际环境合作，也应促进国际发展合作；会议应根据以上原则制订出文件，推动建立环境基金和技术转让。

我国代表还就《蒙特利尔议定书》、气候变暖、生物多样性和有害物质的越境转移发言，阐明我国的立场：应对《议定书》作出反应发展中国家需要的修改，使发展中国家有条件接受《议定书》，不必匆忙制定气候公约，支持《巴塞尔公约》，为此我国代表团积极推动会议就上述问题达成一致意见，得到东道主印度和各国与会代表的好评。

我国代表团的成员在会下与各国代表进行了广泛的接触，交换意见，着重说明我国推动发展中国家加强协调的主张；并就在我国举行发展中国家环境会议探寻了各国意见。在此前提之下，我国代表在会上宣布在我国召开会议的意向，得到了许多代表的响应。在印度的建议下，写入了主席的总结报告。阿根廷、古巴、塞内加尔、韩国均以不同方式表示了支持。一些国家希望我国在 1990 年 8 月内罗毕会议前确定会议举行时间和邀请范围，并在会议期间通知有关国家。巴西代表提议在环境大会筹委会范围内研究加强发展中国家协调的步骤并成立类似"24 国集团"的磋商机制。经我国代表要求，删去了将磋商限制在 24 国范围的提法。

从这次会议来看，发展中国家已经较普遍地认识到环境问题是 90 年代国际论坛上的重要议题，主张加强协调以便趋利避害，为己所用。中国、印度、巴西等"环境大国"在一些问题上有广泛的共同利益和较大的影响，其举措受到各方重视。中国环境外交在团结第三世界，推动国际合作上将发挥越来越大的作用，任务虽然艰苦，但空间广阔。中国环境外交通过努力，逐步使发展中国家的立场走向一致。

在亚太地区环境与发展大会上，中国代表团团长宋健发言指出：区域和全球环境变化的影响，损失最大的还是大多数发展中国家。扭转环境退化符合发展中国家人民的根本利益，各国应根据自己的实际情况，制定适合国情的可持续发展的方略，为环境无害的可持续发展做出贡献；发达国家应该对解决亚太

地区的环境与发展问题承担主要的责任和义务，要建立国际经济关系的新秩序，只有当国际经济的各部分在公平原则的基础上协调发展时，国际社会面临的共同的环境与发展问题才能得到有效的解决；科学技术是现代文明的支柱和社会经济发展的动力，也是保护环境、合理开发利用资源的根本保证。

我国代表阐明了中国政府努力坚持社会、经济和生态环境保护协调发展的方针。牺牲环境和浪费资源不可能实现经济的可持续稳定发展，并呼吁进行广泛的合作与协商，通过对话共同为保护人类环境、为区域的发展和人类共同的未来而努力奋斗。据此，中国代表推动会议通过了《关于亚洲及太平洋无害环境发展的部长宣言》，使我国的作用得到充分体现，影响日益增大。

在此次会议通过的宣言中，有许多重要的观点被发展中国家普遍接受，成为合作的基石，它们是：

——确认全球环境恶化的主要原因是生产和消费格局不合理，特别是在工业化国家，他们应当承担控制、减少和消除环境破坏的主要责任；

——确认发展中国家有其具体问题和利益，在任何全球环境保护努力中均应予以特别注意；

——强调应改善目前的国际经济形势，以消除对发展中国家，尤其是本地区最不发达国家的无害环境发展的障碍；

——重申各国有权按照各自的社会、经济和环境政策开发本国的资源，保证在本国管辖范围内或控制下的活动不会破坏其他国家或本国管辖范围以外的地区的环境；

——确认为实现这一目标，科学和技术在经济发展、环境保护、健康保障和人口规划方面的重要作用，特别是有关科学技术的推广和更广泛利用。尤其是在发展中国家的农村地区更是如此；

——请亚太经合组织社会秘书处在"联合国环境与发展大会"第二次筹委会之前召开成员国和准成员国代表会议，以便对我们的决定采取后续行动。尤其是审议无害环境的可持续发展区域战略和为联合国环境与发展会议准备作出区域贡献；

在此次会议上，发展中国家对于环境问题在国际政治中的重要性的认识有

从斯德哥尔摩到里约热内卢

了进一步提高，对协调立场的必要性有了比较明确的认识。中国为会议的召开和宣言的顺利通过做了大量工作，并为在北京召开发展中国家环境与发展部长级会议作了准备。

发展中国家应该互相协调立场，用一个声音来说话，这一点在北京召开的发展中国家环境与发展部长级会议上得到了确认。这是中国环境外交取得的一个重要成就，是中国环境外交发展的第二个里程碑。

1991年6月18日至19日，来自41个发展中国家的部长以及16个国际组织的特邀代表和9个发达国家的观察员，聚会北京。会议深入讨论了国际社会在确立环境保护与经济发展合作准则方面所面临的挑战，特别是对发展中国家的影响。我国政府为本次会议的召开做了大量细致、艰苦的准备工作，由科委、外交部牵头，计委、环保局、气象局主办，成立了以李绪鄂为主任的组委会，委员来自各个方面：财政、公安、民航总局、海关总署和北京市人民政府等。为保证大会的顺利进行，成立了以邓楠为秘书长的大会秘书处，为大会提供周到的服务。党和国家领导人对此次大会也非常重视，在大会第一天，国务院总理李鹏出席会议并发表讲话，对全球环境和发展问题、我国政府的原则立场进行了阐述：环境问题成为一个重要的课题，已经在国际讲坛上占据了突出的地位，成为全球性的问题；全球环境和发展问题，是世界各国共同关心的焦点，在解决全球环境与发展问题上，广大发展中国家可以互相借鉴，加强合作，为谋求全人类协调一致的行动，发挥重要的影响和积极的作用；要解决这个问题，只有改变不合理的经济秩序，消除贫困促进发展，加强国际合作。在发言中，李鹏总理详细阐述了发展经济和保护环境这一建立国际新秩序重要组成部分的内容，有6个方面。李鹏总理在发言中表达了中国愿为国际环境保护做贡献的真诚愿望，表示将与世界各国和地区开展广泛的合作和交流，在保护全球环境事业中，不遗余力地做出应有的贡献。

在这次规模空前的盛会上，我国同广大发展中国家进行了卓有成效的协商，加深了了解并广泛而深入的进行磋商，共谋对策，达成了广泛的一致，使北京会议成为发展中国家为筹备1992年在巴西举行的联合国环境与发展大会作出贡献最大的团结的大会。中国的参与已经成为国际环境外交领域中的重要组成

中国环境外交的深入发展阶段

部分，中国作为发展中国家的坚定的朋友，为维护发展中国家和本国利益而进行不懈的斗争，使发展中国家的提案、建议成为环发大会的主导。中国环境外交地位得到空前提高，为环发大会关于资金援助和技术转让的协议内容定下了主基调，为大会的圆满成功提供了保证。北京会议通过了富有成果的《北京宣言》，广大发展中国家就许多问题表达了共同的认识和立场：全球环境的迅速恶化，主要是由于难以持久的发展模式和生产方式造成的；应该充分考虑发展中国家的特殊情况和需要；保护环境是人类的共同利益；应从历史的、积累的和现实的角度确定温室气体排放的责任；解决的办法应以公平的原则为基础；造成污染多的发达国家应多做贡献；发达国家必须立即采取行动，确定目标，以稳定和减少排放；对生物多样性锐减深表关注；保护森林问题要达成全球协商一致的建议；国际社会的广泛参与是保护全球环境取得成功的关键；应专门建立"绿色基金"；进一步加强发展中国家之间的协商。

这次发展中国家环境与发展部长级会议，在如何协调环境与发展的关系，怎样促进有效国际合作，如何发挥发展中国家的作用，怎样实现向发展中国家的资金援助和技术转让等问题上取得了很大的进展。各国在友好气氛下进行了谈判协商。会议还研究了如何解决发展中国家面临的紧迫的生态环境恶化问题，回顾和讨论了国际上已经签署的国际法律文书的实施和执行情况，尤其是对正在酝酿和谈判中的《气候变化框架公约》、《生物多样性公约》以及森林问题等确定了立场。会议期间，全体代表抱着对全球环境与发展问题的高度责任感，以团结合作的精神进行了热烈的讨论和紧张的磋商，取得了基本一致的认识。

作为大会重要成果的《北京宣言》，是发展中国家代表充分协商和讨论形成的文件，凝聚着全体发展中国家人民的智慧和创造力，反映了与会发展中国家对全球环境与发展问题的理解和关注。这是发展中国家为环发大会所作的重要贡献，是富于开创性和建设性的工作，也是发展中国家在以后处理全球环发国际行动中的一份具有重要意义的历史文献，这次会议的成果对解决全球环境问题，实现可持续发展的目标，必将产生不可估量的巨大推动作用。

从新德里会议到北京会议，发展中国家最终完全走到了一起，达到了空前的团结。中国环境外交也一步步在走向丰富、完善和成熟。特别是北京会议为

从斯德哥尔摩到里约热内卢

中国环境外交的充分施展提供了舞台，对中国环境外交进行了一次全方位的考核，中国环境外交队伍交出了一份出色的答卷。

正义的力量：全球气候变化所争论的焦点

针对全球气候变化这一国际环境问题，前联合国环境署执行主任托尔巴指出：气候变化的警钟已向我们每个人敲响，时不待人。联合国环境署把"气候变化——需要全球合作"作为 1991 年 6 月 5 日世界环境日的主题，反映了这一问题的重要性，国际上有些领导人更是声称全球变暖对于人类来说"将是一场仅次于核战争的灾难"，如马尔代夫等太平洋岛国的政府首脑担心海平面上升将淹没整个国家，正在急切地寻求避难之计。这一切问题均可能导致国家间尖锐的政治、经济冲突。

当今国际社会中围绕着全球气候变化开展的外交活动，是最引人注目也是历史上最富有特色的外交活动，所有国家对全球气候变化之热心、活动之频繁、争论之激烈是其他许多外交活动所不能相比的。

我国对气候变化十分关心。古来即有"杞人忧天"和"沧海桑田"之说，现今这已成为中国人民忧患意识的重要组成部分，也是抓好中国环境外交工作的一股强大动力。随着全球气候变化外交活动的逐步升温，中国环境外交逐步地进入该领域，并发挥了许多关键作用。

1989 年 5 月，第十五届联合国环境规划署理事会通过了"在近期内制订保护大气防止气候变化公约"的 15/36 号决议，此公约被普遍认为是对国际社会影响最大、涉及面极为广泛、争论将最激烈的公约。为了参加全球气候变化公约的谈判，我国国家气象局召开了由气象、环保和海洋方面专家参加的座谈会，讨论应付全球气候变暖问题的对策。同年 5 月 8 日至 12 日，世界气象组织在北京举行了第五次应用物理和人工影响天气科学会议。同年 7 月 30 日至 8 月 1 日，我国外交部派人参加了加拿大高级研究所国际协会、社会科学国际委员会、联合国教科文组织、联合国大学等共同召开的属于"全球气候变化对人类影响范围"规划之内的"发展中国家能源政策"研讨会，为正在进行的气候变化公约谈判的准备工作服务。1989 年 11 月 3 日，中国政府派代表团出席了由联合国环境规划署、世界气象组织同荷兰政府在荷兰的诺德克联合召开的"大气污染和气候变化"环境部长会议，这次会议提出要通过协商，争取在 1991 年或 1992 年签订一项关于防止大气污染和气候变化的公约。1990 年 3 月，在加拿大温哥华召开"全球 90 年环境大会"，4 月 23 日至 25 日，在印度新德里召开的发展中国家全球环境问题会议，均研究讨论了全球气候变暖问题。同年 8 月 1 日至 3 日第二届联合国环境署特别理事会通过了 13 项提案，其中包括决定召开第二次世界气候会议和通过气候变化框架公约（草案），国家环境保护局局长曲格平代表中国政府出席了会议。1990 年 11 月，在日内瓦召开了第二次世界气候大会，会议分两个阶段进行：第一阶段是专家会议，中国的专家小组由全国人大常委、气象专家叶笃正率领；专家会议之后召开了为期两天的部长级会议，有 5 个国家元首出席了会议，中国代表团团长是国务委员宋健。会议通过的"部长宣言"认为：人为活动是造成全球气候变暖的观点存在着很大的科学上的不确定性，但是排放温室气体主要是工业发达国家，他们对此负有特殊的责任；西方国家必须加强同发展中国家的合作，向发展中国家提供充分的、额外的资金，按公平的和最优惠的条件转让环保技术；发展中国家也应积极采取措施，降低温室气体排放量。

1991 年 3 月，政府间气候变化委员会第五次会议在日内瓦召开，中国派代表团参加了这次会议并在会上阐明了中国的立场，1991 年 5 月在内罗毕召开的第十六届联合国环境规划署理事会，6 月在北京召开的"发展中国家环境与发展部长级会议"，7 月，在日本东京召开的亚太地区环境大会，都讨论了全球气候变化问题，中国环境代表团在上述会议上均进行了卓有成效的环境外交活动。在此后相继召开的各种有关会议上，大都围绕着制定全球气候变化框架公约这一主题进行协商和讨论，目标是在 1992 年 6 月巴西环发大会上达成一致。全球气候变化外交谈判中涉及问题广，争论的问题较多，中国政府始终站在发展中国家立场上，维护国家利益，提出正确建议，驳斥某些发达国家的错误主张。1991 年 7 月，《中华人民共和国环境与发展报告》认为，全球变暖的原因迄今在科学上虽然存在着一定的不确定性，但是人类活动排放的大量二氧化碳、甲烷等温室气体所造成的温室效应，以及森林大面积消失和植被遭破坏，已造成全球变暖的重要因素之一，这是世界上绝大多数科学家的共识。

1. 关于限制温室气体排放的利益得失的争论

美国反对签署一份对有关温室气体确定减排目标和日期的条约，不少发展中国家强烈主张气候变化框架公约不应对发展中国家的温室气体排放制定限制目标，因为这种限制关系到各国能源结构和利用方式的调整。有的国家建议，削减温室气体的目标必须参考自20世纪初至今的人均排放量来加以制定。我国代表认为：发展中国家的经济发展水平人均消耗能源量同发达国家相比较有明显的差距，国际社会为保护全球气候而酝酿实行的削减二氧化碳排放限制，要以保证发展中国家适度经济发展和合理的人均能源消耗为前提，任何有关公约的限制性条款都不能损害发展中国家的经济发展；我国随着经济的发展和能源需求量的增长，二氧化碳排放量不可避免地还要增加；但为了保护全球气候，我们要在发展经济的同时，通过提高能源利用效率、节约能源、调整能源结构、开发替代能源等措施，尽量减少二氧化碳的排放量；但对削减二氧化碳的指标，我们不作出任何具体承诺，主张对公约的限制性条款不宜过早地匆忙作出决定。

2. 关于全球气候变化责任问题的争论

美国世界资源研究所发表的《1990年至1991年世界资源报告》认为，发达国家占温室气体排放量的54.5%，发展中国家占45.5%，巴西、中国和印度的排放量分别居世界第三、四、五位。印度的科学与环境中心撰文予以反驳，提出其报告中要求发展中国家对全球变暖负责的观点是完全错误的，文中指出，中国的年净排放量仅为200万吨，只占0.57%，印度的年净排放量为70万吨，仅占0.13%，而美国的年净排放量却占世界总净排放量的27.4%，西欧占11.89%。美国称巴西年净排放量为10.17亿吨，是世界第三大污染国，由此引起巴西科技部长"愤怒的书面抗议"，该部长指出，从1978—1988年10年间，巴西森林平均年砍伐量折成温室气体仅为1.97亿吨。中国代表认为，少数工业发达国家排放的温室气体占世界排放总量一半以上，它们的人均排放量为发展

中国环境外交的深入发展阶段

中国家的 20 倍，中国的人均排放量仅居世界第 100 位；因此，无论从历史还是从现实情况看，工业发达国家是大气中积累的温室气体的主要释放源，他们对气候变化应负主要责任，在保护全球行动中应承担主要的和更多的义务，应该率先在国内采取行动限制和减少温室气体的排放。

3. 关于保护全球气候的资金来源和技术转让的争论

西欧、加拿大等国家主张对排放二氧化碳征税或收费，用作保护气候的资金。一些发展中国家也支持这种主张，这种办法的弊端在于不加区别地适用于发达国家和发展中国家，甚至中国这一发展中的产煤大国也要投入一笔资金。有的国家代表提出将修正后的《关于消耗臭氧层物质的蒙特利尔议定书》规定的资金来源方式，作为气候公约的资金来源方式；美国则多次声明不能以蒙特利尔议定书作为先例。发展中国家代表提出，将排污者付费原则改为超标者付费原则，首先确定人均年排放量或使用量为若干，凡超此标准者则付费或纳税；这样既可以保证气候公约基金的资金来源，也能使中国、印度等人口基数大、人均年排放量少的发展中国家不缴或少缴排污费。但也有人认为，这无异于允许在人口众多，但工业水平偏低的国家提高二氧化碳的排放量。我国政府代表认为，应该建立一个单独的资金机制，向保护全球气候和适应这种变化造成额外负担的发展中国家提供新的、额外的、充足的援助资金，并建立技术转让机制，以非商业性的、最优惠的条件向发展中国家转让技术。

总之，全球气候变化外交谈判已拉开序幕，中国环境外交将面临一个新的挑战领域。中国在处理好发展中国家与发达国家的矛盾、维护发展中国家的权利和利益、确定框架公约的基本原则和制度上发挥了关键作用；在限制或削减温室气体排放、建立基金机制，进行技术转让、实行科学技术交流与合作等问题上，提出了有益的建议；进行多边或双边谈判协商，为确立比较有利于发展中国家的决议作出了贡献。

在制定有关国际环境法的外交谈判日渐增多的同时，为解决由此引起的国家争端的外交活动也将逐渐增加，中国环境外交在此领域内任重而道远。

政策的调整：改革开放与中国的环境外交

1989 年之后，中国和整个世界的政治经济形势均发生了巨大变化，特别是 44/228 号决议的通过，推动了中国环境外交的发展。中国改革开放 10 多年来积累的宝贵的物质和精神财富，更使中国环境外交的发展充满了活力。在内外两方面有利因素的作用下，中国环境外交逐步走向实质性腾飞阶段。

到 80 年代末和 90 年代初，我国的改革开放政策已推行了 10 多年，对外开放呈现出一种向全球开放的整体开放之势。从地区来看，按开放程度不同可分为以下五个层次：第一个层次主要指的是深圳、珠海、汕头、厦门 4 个经济特区，海南省按照计划也属于这个层次；第二个层次主要指除去 4 个经济特区、海南省经济技术开发区之外的沿海 19 个城市的其他区域；第三个层次主要指 5 个沿海开放地区，即珠江三角洲、闽南夏漳泉三角洲地区、长江三角洲、胶东半岛和辽东半岛；第四个层次指边境城市和地区，这些城市和地区地理位置较优越，边贸比较发达；第五个层次指内地实行对外开放、吸引外商投资办厂的城市和地区。这五个层次形成了我国从沿海到周边再到内地的对外开放网络。从开放的对象看，既有发达国家也有发展中国家，既有南方国家也有北方国家，既有东方国家也有西方国家。从开放的领域来看，除了经济贸易领域以外，还包括文化、教育、体育、科技、卫生、军事等各个方面。综合来看，中国的对外开放是多层次、多渠道的全方位整体对外开放，它使我国大踏步登上了世界舞台，迅速扩大了对外经济技术合作和其他方面的交流。中国对外开放政策的实施，为中国带来了日新月异的变化。

中国的对外开放政策，促使中国的政治经济政策进行了调整和改革，而与此联系紧密的中国外交政策和外交活动也相应进行调整，中国环境外交活动也随之迅速"升温"。改革开放对中国环境外交发展的影响主要体现在以下几点：

1. 我国实行改革开放 10 多年来所取得的成就为中国环境外交发展提供了茁壮成长并不断壮大的沃土，使中国环境外交充满了活力

中国环境外交活动逐步完善和积极开展是在改革开放的大气候下进行的。改革开放使中国人民看到了全球危机、全球秩序和全球未来，把中国的环境保护带入了世界"环保市场"。改革开放所带来的新信息和新思维对于我国外交观念的更新和中国环境外交形成自己的特点有极大的推动作用，有利于促进中国环境外交的科学化和公开化。

改革开放也使中国环境外交领域不断延伸扩大，使中国环境外交形成"全方位"的特色，使中国环境外交拥有了更为广泛的活动舞台。可以说，没有改革开放，中国环境外交就不会有深入发展和实质性的飞跃。

2. 改革开放增强了我国的综合国力，促进了我国环境保护的发展，同时也增强了中国环境外交的能力

改革开放进行了 10 多年，中国的国民生产总值翻一番，综合国力显著提高，人民生活水平明显改善。在工业方面，中国已经形成了独立的门类比较齐全的工业体系，煤炭和水泥等一些重要的工业产品产量也跃居世界前列。在农业方面，中国取得了世人瞩目的成就，依靠仅占全球 7% 的土地基本上解决了占世界 22% 人口的吃穿问题，食物、棉花、肉类的产量均居世界首位。中国的教育、科学、文化、卫生、体育事业比改革开放前均得到了很大提高。10 年的改革，同样促进中国环境保护工作的全面进展。中国国民生产总值平均每年增长9.6%，而环境质量并没有同速恶化。广大农民的生活能源状况有了改善，减轻了对植被的过分依赖和破坏。改革开放促进了全国各级环保机构的健全和环保队伍的壮大，到 1990 年地方环保系统人员已达 65 561 人。改革开放也为环保提供了更多的资金支持，1980 年全国用于防治污染的直接投资不足 20 亿元人民币，仅占国民收入的 0.2%，到 1989 年，该项投资上升到 72.3 亿元，占国民收入的 0.7% 左右，几乎翻了两番。综合国力和环保力量的加强为中国环境外交奠定了坚实的基础，使我国有能力逐步而全面地进入环境外交领域。

3. 中国环境外交对于改革开放的继续发展有一定影响和促进作用

中国环境外交的发展，扩大了我国与外国的联系、交流和合作，加深了我国同其他国家的相互了解，这本身就是对外开放的一个方面。在环境外交活动中，可以发现国际社会对我国的需求，发现其他国家在环境保护及与之相关的其他方面的先进科学技术、产品和管理方法，发现自身的缺陷、不足和问题，从而更好地进行我国的政治经济体制改革特别是环境保护方面的改革。一系列实践结果表明，通过环境外交可以获取环境情报信息，引进先进的环保科学技术和管理方法，使我国在建立健全环境管理制度、改革环境和资源利用制度、实行环境法治、转变城市政府职能方面均得到不同程度的提高。

中国环境外交与中国改革开放相互影响、相互作用，两者相辅相成，使中国环境外交随着改革开放的不断深入而不断发展。

1989年之后中国环境外交活动次数之多，规模之大，级别之高，影响之广是前所未有的。例如，1989年讨论氯氟烃的国际会议有9次，中国出席的部长级会议就有4次。从1989年至1990年10月的一年多时间里，我国参加各种国际重要会议30多次，派出团组约200个，接待各国来宾近100批。在此期间，国务院总理李鹏和其他国家领导人多次出席在北京召开的国际性环境会议；国务院环境保护委员会主任宋健、国家环境保护局局长曲格平等领导多次率团出国参加国际环境保护会议。中国成为保护臭氧层、防止全球气候变化、保护生物多样性、控制危险废物越境转移、准备联合国环境与发展大会等国际环境外交舞台的积极参与者和主角。

为了适应中国环境外交工作迅速发展的需要，外交部投入环境外交的时间和人力日益增多，国家环保局也调整和加强了其外事机构，并拟筹建国际合作司。1990年7月5日，国务院环境保护委员会第十八次会议讨论研究了我国对解决全球环境问题的原则立场；同年10月26日，该委员会发出通知，印发了《我国关于全球环境问题的原则立场》。此文件是指导我国环境外交工作的一个重要历史文件，深刻阐明了全球环境问题的背景、我国对解决全球环境问题的基本原则及我国对几个全球性重要环境问题的基本原则和立场，统一了各地方、各部门在环境外交活动中的口径，对我国环境外交的发展具有重大的指导意义。同年 12 月 5 日，国务院颁布了《关于进一步加强环境保护工作的决定》就"积极参与解决全球环境问题的国际合作"作了原则规定，要求"外交部和国家环保局应会同有关部门做好环境保护重要国际活动的国内外协调工作"。1991 年 2 月 5 日至 7 日，国家环保局在北京召开了第一次外事工作会议，来自国家环保局机关各司、14 个直属单位和 11 个省市环保局的领导和外事干部参加了会议，解振华同志在会上发表了重要讲话，回顾了国家环保局开展外事工作和环境外交历程。总结了取得的成绩，交流了外事工作经验，并就存在的问题和今后的工作研究交换了意见，这次会议对推动中国环境外交工作的持续发展具有重要作用。

1991 年 8 月 12 日至 24 日，由外交部发起在北京召开了"发展中国家与国际环境法研讨会"，来自 18 个发展中国家、发达国家和一些国际组织的代表参加了会议。这次会议表明了环境外交与国际环境法已受到中国政府和中国法学界的高度重视。

经过这短短三年的自练内功，中国环境外交发展迅速，工作机构和规章制度不断完善，外交技巧日臻成熟，并形成了一整套自成体系的外交方针政策，取得了丰硕的成果。

鲜明的特色：中国环境外交的特点、成绩与问题

中国环境外交经过第一阶段的发展后，在此阶段中显示出了复杂而有规律的特征。换言之，有中国特色的中国环境外交逐步形成。复杂是指此阶段中国环境外交所涉及和深入的领域较多，进入了复杂的国际环境业务谈判，双边和多边外交颇具规模和起色；有规律是指中国环境外交通过不断摸索，积累经验，完成了体系组合，制定了一系列的方针、政策，精练了立场、原则。本阶段的环境外交特点可以归结如下：

1. 外交与环境部门相互配合，相得益彰，环境外交人才迅速成长

1988 年，国家环保局成为直属国务院的环境保护主管部门时，国内的环境保护工作已取得相当的进展，一支训练有素的环境外交工作人员队伍逐渐形成，初步掌握了环境外交领域的特点和规律，形成了较完整的环境外交方针政策，积极参加许多重要的、国际性的或区域性的环境外交活动，与我国"环境大国"相适应的中国环境外交在世界舞台上作用更加明显，角色更为重要。外交部门和环境部门共同负责环境外交活动，它们各自设立主管环境外交的工作机构，相互配合协调，促进了环境外交活动的繁荣。

环境外交的概念明确阐明，环境外交已从环境外事工作和经济外交工作中脱颖而出成为一门专业性较强的工作，一批环境外交专门人才正在迅速成长，有关环境外交的研究工作也悄然兴起。

2. 环境保护领域的国际合作有了比较深入的发展，进入到密切交流和合作阶段

1980 年 2 月，中美两国签署了《中美环境保护科技合作议定书》。在此议定书下的一些合作项目取得了重要成果，例如由国家环保局组织协调，中国医学科学院卫生研究所与美国环保局健康影响研究所合作进行的肺癌病因研究的成果在美国获得科学奖，论文发表在权威性刊物《科学》杂志上；由中国科学院大气物理研究所与美国环保局合作进行的使用示踪物检测污染物扩散的研究成果，为京津唐地区国土规划和北京市卫星城建设等提供了科学依据。一些地区环保部门同国外也开展了合作研究，例如新疆环保所同原西德开展了玛纳斯河流域干旱地区生态学的研究，天津市环保所同瑞典斯德哥尔摩环境研究所开展了于桥水库富营养化及治理的研究，也取得可喜的成果。我国与联合国环境署合作，在中国举办了两期沙漠控制培训班，来自亚非拉受沙漠化影响的国家的代表 60 余人参加了培训。我国还派出了治沙专家赴坦桑尼亚、埃塞俄比亚等国，帮助这些国家进行沙漠化的治理。我国还同环境署联合举办了沼气培训班，病虫害生物防治会议，非木材制浆和造纸环境影响专家工作会议等。我国加入

中国环境外交的深入发展阶段

第五章　渐入佳境

了一些国际环境保护组织和机构，如参加"有毒化学品登记中心"和"国际自然资源保护同盟"，积极参与了有关国际活动，做出了中国应有的贡献。

3. 积极参与国际环境外交活动

此阶段世界环境保护进入了一个新阶段，即全球采取行动来保护人类赖以生存的环境的阶段。围绕着气候变暖、臭氧层破坏、有害废物越境转移、保护生物多样性等全球环境问题，国际上开展了大量的活动，召开了许多会议，中国积极参与，参加了多次会议，阐明我国立场，为环境保护的国际合作尽了自己的最大努力。

我国就某些争论不休的问题，特别是针对发达国家的谬论和发展中国家的某些不全面的认识，积极进行外交活动，以求与发展中国家达成共识，力争通过有利于发展中国家的公约和建议。中国环境外交在国际环保领域的角色愈来愈重要，策略也越来越丰富和实用。

此阶段中国确立了方针和工作方法，指导中国环境外交工作，特别是在1989年后国际形势不利于我国的情况下，中国环境外交对突破西方的制裁发挥了积极独特的作用，并进而推动了中国改革开放的深入，促进了我国环境保护工作的进一步深入。中国环境外交和改革开放相互影响、相互作用得到了有力证明。

4. 环境外交推动了我国环境管理科研工作

我国同日本、西德、法国、泰国、瑞典、丹麦等许多国家建立了联系和开展了合作，作为改革开放产物的中国环境外交为我国环境保护工作发展起到了桥梁作用。我国的研究机构，包括环保系统、中科院和各部委所属研究机构，同上述国家许多研究机构和大学建立了合作关系，开始了合作研究。我国派出了许多专业考察团组，就水污染控制、大气污染控制、有害有毒废物控制、酸雨研究、环保设备和仪器、环境规划、环境立法等各个方面，对一些发达国家进行了调查和研究，了解了环境管理和环境科技等各个方面的最新信息和动向，为我国环境保护提供了借鉴。

此阶段中国的环境外交规模日益增大，次数日益增多，效果日益显著。由我国倡议在北京召开的"发展中国家环境与发展部长级会议"取得了世人瞩目的成就，为联合国环境与发展大会的召开作出了重要贡献。通过此次会议，全面检验了中国环境外交能力与活力，此次会议的成功举办标志着中国环境外交在国际论坛上已具备了独特的地位，有效的协调和组织能力，是迈向实质性突破的一个有力信号。

当然，现阶段中国环境外交也有着一些问题和不足，主要是理论研究层次不够，缺乏有力的技术支持，环境外交人才严重缺乏，有些领域所取得的成果同中国的"环境大国"地位仍有差距。同时，中国各部门亟须加强信息沟通，统一口径和立场，一致对外。当前国际环境问题日益突出，会议频繁，论坛重叠，矛盾交错，影响深远，是一个涉及政治、经济、科学、外交等多方面的综合性问题。我国由不同单位参加不同的环境会议，各单位参加的深度各异的现象较普遍，因而对此通盘加以考虑，协调各部门的意见，形成统一立场，一致对外已迫在眉睫。

此阶段中国环境外交得到了系统化的开创和进一步的发展，取得了显著的成就，提高了中国的国际地位，促进了国内环境保护事业的发展，在国际环境保护中成为一支有重要作用和影响的力量。在许多问题上，我国代表坚持原则立场，力争通过协商谈判达成一致，维护发展中国家的权益，同发展中国家共同努力为全球环境保护做贡献。中国环境外交在为联合国环境与发展大会作准备的过程中，积极参加发展中国家就环境问题举行的国际会议，阐明立场，力求通过协商达成共识，为环发大会的召开做出了突出的贡献。

中国环境外交的深入发展阶段

第五章　渐入佳境

第六章　中流砥柱

——中国环境外交的渐趋成熟阶段（1992年至今）

环发大会：发达国家的主张与中国的作用

1992年是国际环境保护成就辉煌的一年，它将永远载入人类环境保护的史册。在这一年里，人类可以问心无愧地说：我们直接行动了，是全世界范围的统一行动。在这内容丰富的一年中，最大的闪光点是在巴西召开的联合国环境与发展大会。

6月的巴西已是冬季，但是里约热内卢依山傍海，地理位置独特，所以丝毫没有冬的萧瑟，白天气温仍可达30℃以上。蓝天、海浪、白沙滩，映衬着一幢幢高层建筑物，构成了这座旅游城的特有风貌。而此时，热情的巴西政府和人民又给它披上了节日的盛装。环发大会的会旗、会徽悬挂在总统大道、白浪大道、佛朗明哥大道，欢迎环发大会召开的巨幅标语醒目地悬挂在市区内高大建筑物上，盛会的气氛被渲染得淋漓尽致。

178个联合国成员国派出了高级政府代表团参加了这次以"人类环境与发展"为主题的大会。102位国家元首或政府首脑，包括我国的李鹏总理，参加了大会的"高峰会议"。众多国家元首或首脑齐聚一堂，就同一主题发表见解，实属空前。巴西的一家报纸，对这次盛会作了一个确切的概括：不同肤色同处一个地球，多种语言喊出一个声音。除各国政府代表团的500余名政府官员以外，以联合国秘书长加利为首的联合国系统机构各部门的负责人以及数以百计的各种"非政府组织"的负责人，也参加了环发大会。

我国政府代表团对大会给予了肯定的评价。在 6 月 14 日环发大会的闭幕式上，中国代表团宋健团长在发言中说：作为建立"新的全球伙伴关系"的开端，里约大会是一个良好的开端。我们深知，我们面前的道路还很遥远，我们的任务还很艰巨。但是，中国有一句谚语："千里之行，始于足下"。我们已经一起开始了这一千里、万里之行；不仅仅是 170 多个国家在一起，而且是政府和人民在一起开始了这一新的长征。只要我们保持里约环发大会所产生的势头，并作出更大的努力，我们一定能取得成功。

本次环发大会分三个阶段进行，即：①6 月 1 日至 2 日为"高级官员会议"；②6 月 3 日至 11 日为"部长级会议"；③6 月 12 日及 13 日为"首脑级会议"，14 日为闭幕式。

在环境与发展问题上，南北双方虽存在着共同的利益，但却有很大区别。美、日、欧也各有打算。在大会期间，在资金、技术转让和机构三个关键问题上，谈判异常艰苦。发达国家虽作出一定承诺，但写在文字上的东西要付诸行动，却存在着各种各样的困难和阻力。南北双方所争论的问题，主要有三个：

1. 关于资金问题

发展中国家要求发达国家提供为保护环境所需的"新的、额外的资金"，并且最迟于 20 世纪末达到联合国确立的官方发展援助占国民生产总值的 0.7%的目标，要求各方平等参与"全球环境基金"的管理。发达国家虽承认需要有"新的、额外的资金"，但对提供资金态度不一。美国仍拒绝接受 0.7%的指标，不同意增加发展援助；英、加、日等国原则上接受此指标，但不同意规定实现的期限，英、加还表示难以大幅度增拨资金。筹资的不足将影响《21 世纪议程》规定的各领域合作的开展。

2. 关于技术转让问题

发展中国家要求以"优惠的、非商业性的"条件转让技术，发达国家以保护知识产权为由拒绝接受。经过反复磋商，发达国家虽原则同意"优惠条件"，但技术转让和保护知识产权的矛盾并未解决，尤其是掌握在西方私营企业手里

的技术，转让时还可能遇到各种障碍。

3. 关于机构设置问题

在今后建立什么样的政府间机构，该机构具有什么样的职能，由什么机制来管理国际环保资金等问题上，南北双方都有着重大分歧。

针对以上三方面的具体问题，最终取得了一致，保证了大会获得圆满成功。在解决这些问题时，中国代表发挥了重要作用，促进和推动有利于发展中国家的协议得到通过，积极同发展中国家协调立场，为问题的解决做了大量的外交工作。仅举关于资金问题的文件谈判为例，介绍大会的紧张程度和中国代表的作用。

经过筹委会的辛勤工作，环发大会秘书处 1992 年 3 月提交给第四届筹委会会议审议的《21 世纪议程》，即全球可持续发展的国际合作的框架文件，长达600 多页，分 40 章，包括 110 多个"项目方案领域"（每个"领域"可包含若干"项目"）。南北双方在某些方面谈判进展缓慢，特别是对"资金与资金机制"一章的谈判，在本次筹委会会议上被作为"悬案"而列入"方括号"的多达 150余处，留待 6 月环发大会继续谈判"资金与资金机制"一章时一揽子解决。广大发展中国家的代表强调，《21 世纪议程》不管写得多么动听，如果资金问题得不到落实，仍将是一纸空文。因而资金问题成为环发大会悬而未决的一个关键问题。

为使这个悬而未决的关键问题得到解决，各国代表不顾劳累，于 6 月 1 日参加了环发大会筹备会主席、新加坡籍资深大使许通美先生所召开的"非正式会议"。拥有 128 个发展中国家成员国的"77 国集团"的主席、北欧集团代表、中国代表、欧共体代表等相继作了发言，一致同意抓紧起草《21 世纪议程》的"资金与资金机制"一章条款，并根据本章所达成的协议，一揽子解决 150 多处关于资金问题的"方括号"。接着成立了各国代表均可自由参加的"资金与资金机制"问题的协调组，为各国所瞩目，每次开会均有 170 多个国家的代表参加，发言热烈，而且还增加安排了夜会，但南北双方的分歧依然相当突出。这样，在部长们聚会主会场，进行部长级会议的同时，协调组的会议也在紧张地进行着，协调组主席所提出的非正式文件，很快就引起了一系列评论和书面修改意见。广大发展中国家代表还抓紧时间专门开了"内部协调会议"，进一步分析了"非正式文件"：在基本上予以赞许的同时，根据联大44/228号决议的主要内容，拟出了"77国集团加中国"的《立场声明》，阐述了"资金"一章应当明确包含的一些基本点，由南北双方各出7名代表举行"大使级小磋商会"，负责谈判关于"资金"一章的起草，限期于6月11日以前完成起草任务。

参加此"小磋商会"的发展中国家代表为"77国集团"的六位大使加中国的一位代表，发达国家的大使级代表为欧共体三名，北欧集团一名，美国一名，日本一名，加澳新集团一名。6月9日开会大半天，6月10日又继续开会，均以英语作为工作语言，逐段起草案文，同时交给秘书处人员打印出来再议。会议持续17个小时，没有时间吃午饭和晚饭，于6月11日晨3点45分才就"资金与资金机制"一章的全部草案达成"初步协议稿"，但仍剩有三个问题未能解决。首脑们已陆续到达，而12日就要开首脑会议了，但关键的资金问题，还剩下三个问题和150多个"方括号"悬而不决，形势显得比较紧张。

后又经6月13日午后开始的长达10小时的"小磋商会"和"个别磋商"，才解决了三个争议问题的文字表述：发达国家官方发展援助的期限，世界银行贷款的有关项目增资，"不得引入任何新形式的附加条件"。直到6月13日22时许，"小磋商会"才同意关于一揽子解决150余个"方括号"的长达21页的"主席案文"。紧接着6月13日晚22时30分至23时，召开了部长级的临时会议，经个别国家作了"保留发言"后，会议同意上述"小磋商会"协议的案文及"主席案文"，并决定推荐给6月14日的大会闭幕式予以通过。这时，距环发大会的闭幕式仅有几个小时，经大会主席说明，这些"最后协议"的章节和段落，作为"修订"或"增订文件"，在6月14日上午闭幕式上一致通过。

中国代表在环发大会具体问题的紧张协调中，同发展中国家立场一致，进行了卓有成效的外交活动，使"77国集团加中国"的方案获得通过。而且在大会的部长级会议和首脑会议上均作了发言，阐明了我国对国际环境合作的方针、立场，在加深与发展中国家的团结和协调立场上，发挥了独特的作用。

在高级官员会议上，我国政府积极参与磋商。在部长会议期间，国务委员宋健发言阐述了建立"新的全球伙伴关系"的五点基本原则，受到了欢迎和好评。宋健同志还会晤了许多国家的代表团团长，做了大量的工作。在南北双方对一些问题争执不下、谈判处于僵局的关键时刻，各方都希望中国发挥作用，推动达成协议。我代表团与"77 国集团"密切配合，支持各方合理主张，推动谈判在符合发展中国家利益的基础上达成一致。我国代表团还参加了美、欧、日、"77 国集团"代表等少数人参加的小范围谈判，在坚持原则的前提下求同存异，推动了各方在资金、技术转让等关键问题上达成协议。"77 国集团"主席、巴基斯坦常驻联合国代表马克大使称赞中国增强了发展中国家的声音和力量。一些西欧、北欧国家的代表表示，中国在整个环发大会上发挥了建设性的作用。

中国政府十分重视这次会议，李鹏总理出席首脑会议并发表重要讲话。这是我国环境外交中的一次重大行动。中国从维护和平、促进发展、推动建立公正合理的国际秩序，从人类子孙后代的长远利益出发，明确提出了关于加强环发领域国际合作的五点主张，受到了会议的高度重视和国际社会的普遍赞扬。许多发展中国家的代表说，李鹏总理的讲话站在当代国际关系的高度谈环发合作问题，并且突出维护国家主权，为发展中国家伸张了正义，说出了他们的心里话。一些发达国家的代表也向李鹏总理表示祝贺。李鹏总理代表中国政府在五大国中率先签署两项公约，体现了中国对全球环发事业的高度重视和责任感，受到各方重视。李鹏总理的签字仪式成为大会最热烈的场面之一。

会议期间，李鹏总理分别与 20 多个国家的领导人进行了会谈，共商人类生存与发展的大计，并就共同关心的重大国际问题和发展双边关系问题深入地交换了意见，取得了广泛的共识，有利于在环发领域和其他国际事务中开展合作，也推动了中国同有关国家双边关系的发展。

环发大会可以说是对我国环境外交队伍的一次全面检验的机会。我国针对具体环境问题谈判所采取的策略、方法得到了充分体现和更加灵活的运用；在高层次上，李鹏总理参加环发大会并发表讲话，阐明立场，表明了中国环境外交已经达到从具体问题到大的方针政策高度统一；签署两公约的模范作用，表

明了中国政府对环境的高度重视、高度负责的态度。国际社会充分意识到我国在一系列谈判中所处的地位愈来愈重要，对整个进程有极大的、关键的推动作用；在会上广交朋友，扩大了合作，得到了发展中国家的广泛称赞，发达国家也认识到中国不可忽略的地位和作用，使中国环境外交处于越来越主动的地位。对推动谈判进程，达成协议所发挥的实质作用，表明了中国环境外交已成为国际环境合作中具有举足轻重作用的力量。在此次环发大会上，我代表团积极与发展中国家协调立场，"77 国集团加中国"的模式，形成一股真正的力量，受到了广泛的重视，中国环境外交的一贯立场得到了最充实的体现。我国国际地位和国际形象得到了增强和提高，使中国环境外交具备了更坚强的后盾。环发大会标志着中国环境外交在策略、方针、原则、立场等方面已渐趋成熟，是中国环境外交走向成熟的一个标志。

《21 世纪议程》中的几个要点

1992 年 6 月 14 日上午，178 个国家的政府代表团团长出席了联合国环境与发展大会闭幕式。在听取大会的部长级会议主席和大会总报告关于一系列最后修订、增订案文的简要说明之后，各国代表以鼓掌的方式一致通过了三个国际文件，即 《关于环境与发展的里约宣言》、《关于森林问题的原则声明》、《21 世纪议程》。同时，各国代表团团长还在事先放置在各团长席上的《新闻决议》签字面上签了字，我国由宋健团长予以正式签署。该决议建议第 47 届联合国大会认可上述"经由本大会通过的"三个国际文件的文本。这三个文件在国际环境保护领域具有里程碑性质的作用，其中《21 世纪议程》对于指导各国采取相应的环境行动有原则性、方向性意义，是一个未来国际环境合作的框架性文件。

《21 世纪议程》是一项分领域、分专题的关于环境与发展国际合作及采取行动的文件，是在第三届筹委会会议期间开始纠正"重环境，轻发展"倾向之后，经过逐步补充、修改和起草完善起来的。因此可以说是发展中国家共同争取来的一项框架性文件。在修改过程中，发展中国家的代表经过多次努力，删去了大量含有干涉内政倾向的措辞，并加入了"根据各国的国情"的重要内容，但因为时间紧，文字表达分歧较多，因而在提交环发大会审议时，仍含有三四百处方括号。经过环发大会期间各方的充分协商，距大会闭幕式仅有几小时才达成一揽子协议。

《21世纪议程》这一框架性文件，由40章和110多个"项目方案领域"组成，涵盖了当前全球环境与发展领域的绝大部分问题。每个"项目方案领域"文件除"引言"外，包括4个组成部分，即①行动的依据；②目标；③活动；④执行的手段。这一文件的主要章节为："为加速发展中国家的可持续发展的国际合作"、"克服贫困"、"改变不可持续的消费方式"、"人口"、"保护和促进人类健康"、"促进可持续的人类居住区"、"在决策中把环境与发展结合起来"、"克服对森林的破坏"、"克服沙漠化及旱灾"、"山区的持续发展"、"促进可持续的农业及农村的发展"、"保护生物多样性"、"生物技术的环境无害管理"、"保护淡水资源及水质"、"对有害化学品的环境无害的管理"、"对危险废物废料的环境无害的管理"、"对放射性废料的安全而无害于环境的管理"、"加强主要社会团体的作用"以及第八章中"资金与资金机制"、"技术转让"、"科学促进可持续发展"、"促进教育、培训以及提高公众的环境意识"、"加强发展中国家的国家机制及国际合作"、"国际上的机构安排"、"国际法律文书与机制"、"为决策提供服务"等。

议程中的主要内容对广大发展中国家是有利的。就"资金与资金机制"的主要内容来说，可以充分证明这一点。

（1）在"引言"中，成段地援引联大44/228号决议，并且界定了"向发展中国家提供新的、额外的资金，用于符合其国家发展目标和优先计划的发展方案与项目"。

（2）在"行动的依据"一节中，肯定了经济发展和消除贫困乃是"发展中国家首要的、压倒一切的优先事项"；在促进可持续发展方面向发展中国家提供资金和技术是符合全人类利益的，全球环境问题与地区性环境问题是相互关联的。《21世纪议程》的实施，需向发展中国家提供新的、额外的资金，应早日作出提供减让性资助的承诺，以加速《21世纪议程》的启动。

（3）在"执行的手段"一节中，重申了向发展中国家增加官方发展援助的承诺；同时阐明了应开辟各种资金来源和渠道，以提供各种新的、额外的资金，包括世界银行系统软贷款的增资；扩大区域开发银行的资金及其提供的资助；利用改革后的全球环境基金使之成为资金机制之一而不引入新形式的附加条件；增加旨在促进可持续发展的双边援助；努力实现减缓低收入和中等收入发展中国家债务性问题的持久性解决办法，从而协助其解决可持续发展所需的部分资金；通过有关的国家政策及合资经营等方法，动员和鼓励更多的投资和技术转让，探讨其他"创新性的"提供资助的方式方法。

在此章的结尾，作了总结归纳：环发大会秘书处估算，1993—2000 年在发展中国家实施《21 世纪议程》每年约需 6 000 亿美元，其中包括来自国际社会的 1 250 亿美元的赠款或减让性的资助。不过，这种估算尚未经各国政府审查。发达国家及其他有资助能力的国家，应尽快为《21 世纪议程》之实施作出初步的承诺。审查及监测《21 世纪议程》的资金提供情况是十分必要的，"重要的是，应经常审查资金的提供及其机制是否充足及是否达到了协议的目的……"通过《21 世纪议程》的这种实施，标志着"为促进可持续的发展的新的全球伙伴关系"已经开始。

作为在 21 世纪的环境与发展领域采取行动及开展国际合作的一个框架性文件，《21 世纪议程》具有重要的国际意义。其内容中多次提及的"新的全球伙伴关系"，将极可能进一步推动今后的南北对话和南南合作，更是对最终建立冷战之后国际新秩序的一种具有积极意义的探索与尝试。当然，关键之处在于以后如何正确地付诸实施。

《21 世纪议程》的正确实施，从政治上说必须遵循尊重各国主权、互不干涉内政、平等互利等基本原则；从经济上说，需要发达国家兑现它们关于资金的承诺，即向发展中国家提供新的、额外的资金。

在环发大会期间，若干发达国家就资助环发领域的资金问题，作出了一些"初步承诺"：

——日本宣布将在 1992—1996 年把与环境有关的官方发展援助总共增加 70 亿～77 亿美元，即每年净增 14 亿～15 亿美元；

——法国总统密特朗说，法国承诺到 2000 年把官方援助提高至国民生产总

中国环境外交的渐趋成熟阶段

值的 0.7%；

——德国总理科尔在大会致词时承诺德国"将尽快达到 0.7%的指标"；同时又宣布，德国占第一位的援助义务，在于原东德的 1 700 万同胞，第二在于中欧和东欧的"转轨经济"邻国，"第三是坚决实现对发展中国家的援助义务"。德国的官方发展援助 1991 年约为国民生产总值的 0.42%，每年约为 63 亿美元；

——西班牙表示 10 年之内拟将其官方的发展援助由目前每年的 10 亿美元的水平增至每年 30 亿美元。西班牙增加援助的主要对象为拉美国家，主旨在于重建其在拉美的影响；

——荷兰表示其官方发展援助已超过联大决议所提的国民生产总值 0.7%指标，拟今后每年再增加 2.5 亿美元左右；

——北欧集团表示早已超过 0.7%指标，拟继续增加；并表示希望其他发达国家至迟在 2000 年实现 0.7%的指标；

——美国总统布什在大会上致词时表示，愿将美国的全球森林援助增加一倍。外报评述，美国是唯一未接受联大决议 0.7%指标的发达国家，其官方发展援助 1990 年仅占其国民生产总值的 0.21%，但总额为 113.7 亿美元，居发达国家之首，以色列约得其外援的 40%以上；

——欧共体表示愿"建议"尽早为可持续的发展提供 40 亿美元，以资助《21世纪议程》的启动，但未说明何时落实。

当然，发达国家的表示仅是问题的一个方面，而资助究竟能够兑现多少，说到底是个"政治意愿"的问题。有的非政府组织在大会上散发的评论文章中指出，目前发展中国家每年用于偿还发达国家债务的就已高达 500 亿美元，加上由于其自身初级产品价格不断下跌而每年被发达国家赚去约 500 亿美元，综合起来计算，贫困的南方每年向富裕的北方资金倒流高达 1 000 亿美元，几乎相当于 1990 年发达国家给发展中国家官方援助总额 540 亿美元的 2 倍。而此540 亿美元的总额，仅仅是联大决议关于官方发展援助应占国民生产总值 0.7%指标的一半，即仅约为 0.35%。根据上述情形可知，如果发达国家真正具有加强国际合作以促进环境与发展的政治意愿的话，把它们的官方发展援助从 540亿美元增至 1 250 亿美元，并不是不可企及的事情。

从斯德哥尔摩到里约热内卢

日本在环发大会上率先做出承诺，对其他发达国家起了敦促作用。当然，新的、额外资金的落实还有待于进一步进行南北对话和双边、多边磋商，《21世纪议程》中的项目方案领域才能得到全面启动。但《21世纪议程》毕竟为全球环境问题各个方案领域的合作制定了一个框架，各方的协商和谈判都有了可以依据的国际准则，从而使得合作的可能性大大增强。全方位实施虽有一定困难，可前景是广阔和光明的，只要各国政府本着为地球居民和子孙后代利益着想的目的，一切都会柳暗花明。

环发大会的深远意义

里程碑性质的联合国环境与发展会议，取得了重大成果，它对国际环境保护和中国的环境保护具有很大的促进与推动作用，同时对中国环境外交也提出了新的要求，使中国环境外交完成了从第二到第三阶段的过渡，提高到一个崭新的层次。

环发大会对国际环境保护领域作用主要体现在六个方面：

（1）通过和签署了五个重要文件。《关于环境与发展的里约宣言》、《21世纪议程》、《关于森林问题的原则声明》、《联合国气候变化框架公约》和《生物多样性公约》的通过，有利于保护全球生态环境和生物资源，促进广大发展中国家的发展。

（2）普遍提高了环境意识。全球环境危机引起了普遍的关注，使各国认识到其已对人类生存与发展构成了现实的威胁，特别是使发展中国家处于贫穷和环境恶化的双重困境。

（3）环境保护与经济发展密不可分的道理被广泛接受，成为与会各国的共识。环境与发展相协调才能给人类带来"最好希望"。

（4）启动了停滞多年的南北对话。在这次会议上，南北国家的领导人走到了一起，就环境和发展这一涉及全人类共同利益的问题进行了广泛的讨论，并在一些问题上表现出合作诚意，取得了一些积极成果，为以后谈判与合作打下了基础，提供了一个成功示范。

中国环境外交的渐趋成熟阶段

第六章　中流砥柱

（5）国家主权、经济发展权等重要原则得到了维护。"发展权"在新形势下又一次正式被写入联合国的重要文件，有利于发展中国家维护国家主权，反对外来干涉。

（6）广大发展中国家在会议上发挥了重要作用，充分说明它们是当今世界上不可忽视的、愈来愈重要的力量。"77国集团加中国"的模式，改变了发展中国家以往涣散和软弱的局面。《地球高峰会议时报》关于环发大会闭幕式的专栏评估在结尾部分特别提出：发展中国家重新崭露头角，形成了一支需予以重视的力量，这是里约大会值得纪念之处。

环发大会对于我国的环境保护工作是一个有力的推动，使我国在投入有限的现实情况之下，根据中国国情主要依靠强化环境管理，走出一条具有中国特色的环境保护之路。我国在联合国环发大会上，同世界各国一起共同接受了会议的文件，并签署了两项公约。这不仅在全世界面前承担了一定的责任和义务，同时也是做好我国环境保护工作，推动经济加速发展的实际需要。为此，我国采取了许多切实有力的措施。

《里约环境与发展宣言》指出，环境保护应作为发展进程中不可缺少的组成部分，必须对环境与发展进行综合决策。这对我国具有重要的现实指导意义。在加快经济发展过程中，必须同时强调提高经济效益和改善环境质量，实现经济、社会和环境效益的统一。

《联合国气候变化框架公约》的核心是控制人为温室气体的排放，主要是指燃烧矿物燃料产生的二氧化碳。我国目前人均能耗量很低，仅为美国的1/10，不在限控之列。但是，二氧化碳排放总量很大，居世界前几位。因此，我们也应该采取力所能及的措施，控制二氧化碳的排放。在目前以煤为主的能源结构难以改变的情况下，主要措施是提高能源利用效率，降低煤炭消耗。在这方面，我国具有很大的潜力，大有作为。如：积极开发先进的能源利用技术、改革能源价格体系、增加煤炭洗选比重、大力发展清洁能源等。

《生物多样性公约》旨在保护和合理利用生物资源。我国的生物资源极为丰富，蕴藏着巨大的经济和科学价值，应当进一步加强对生物多样性的保护和合理利用，对那些乱捕滥采珍稀动植物的行为要依法严惩。

《关于森林问题的原则声明》指出了保护和合理利用森林资源的指导原则，这与我国植树造林绿化祖国的方针是一致的，要继续大力开展全民义务植树活动，积极进行五大防护林系统工程的建设，切实加强森林资源的管理，以实现 2000 年森林覆盖率达到 17% 的目标。

《21 世纪议程》是在全球、区域和各国范围内实现可持续发展的行动纲领，涉及国民经济和社会发展的各个领域。我国为落实环发大会精神，于 1994 年拟订通过了《中国 21 世纪议程》作为指导中国环境保护和经济发展的切实行动纲领，使环境与发展两方面在未来的国家发展中相互协调。它提出的目标和措施，对我国既是挑战与压力，更是机遇与希望，议程的制定充分证明了我国能够做好自己的环境与发展工作，造福中国人民，对全球环境与发展做出积极贡献。

我国正处于社会主义市场经济的转型阶段，尤其需要处理好环境与发展的关系。环境资源是社会生产力的重要因素，环境污染和资源破坏将直接危及经济发展的物质基础。实施可持续发展战略是我国对外开放、发展经济的必由之路。

环发大会对于中国环境外交也产生了巨大的促进作用，随着国际环境保护合作的深化，我国在能源利用效率、温室气体排放、自然资源开发、新技术利用、对外贸易、工业和城市污染防治等方面将面临更多的机遇与挑战。我国应充分利用环发大会的余波，抓住机遇大力开展环境外交和国际合作工作，进一步提高我国国际地位，扩大影响，主要应采取以下几个方面措施：

1. 抓紧对国际环境问题的研究

这既包括研究世界各国的环境状况、问题、政策、技术和进展，以使心中有数、利于借鉴；也包括深入了解各国对国际环保合作的态度和动向，以便知己知彼，早谋对策，在外交谈判中保持主动。

2. 把环保作为引进国外资金技术的一个重要渠道

发达国家在现实条件下大量增加发展援助的可能性不大，但出于其国内舆

论压力以及在全球环保问题上有求于发展中国家，用于环保的资金和技术援助将呈上升之势。国际金融机构已纷纷将环保作为借贷的重点领域。我们应当抓住时机，积极开展环境保护国际合作，多做工作，通过这一渠道引进更多的资金和技术，为改革开放、经济建设和环境保护服务。

3．进一步完善和加强对环境外交的统一领导

环境外交涉及国家许多重大利益，专业性、技术性议题之后往往是尖锐复杂的政治斗争和外交较量。这一领域的外交工作是我国整个外交工作的一个重要组成部分。因此，应在国内各部门、各地区协调合作的基础上，加强对环境外交的统一领导和集中指挥，强调服从大局，对外步调一致。尤其对于可能涉及我国承担义务的问题，更必须慎重处理。

4．进一步强化、巩固和发展同"77国集团"的合作

"77国集团加中国"的做法有效地维护了我国同其他发展中国家的共同利益，并保持了我国独立自主的地位，有利于中国环境外交在多边外交中占据主动，更好地发挥作用。

5．认真作好履约工作

文件的通过和公约的生效只是问题的一方面，重要的是履约。中国环境外交要发挥积极推动作用，在履行过程中维护我国的权益。

中国环境外交在环发大会之后，迈入了一个实质性发展阶段，既是机遇，又是挑战，但只要我们坚持正确的立场、方针和策略，并深入研究有关开拓局面的新措施，就一定能够在世界环境外交领域发挥愈来愈显著的作用。

京都会议及其后中国环境外交变化

联合国环境与发展大会后，《气候变化框架公约》缔约方根据规定设立了缔约方大会作为该公约的最高机构，促进公约的实施。1995年3月28日至4月7

日，在柏林召开了第一次缔约方会议，经过激烈争论，通过了著名的"柏林授权"，会议决定建立"关于柏林授权的特别小组"，以启动在 2000 年前采取适当行动的进程。

特别小组自 1995 年成立至 1997 年 10 月底共召开过 8 次会议，中心任务是为京都会议提交议定书谈判文本做准备。各方还就议定书所应包括的温室气体种类、数目、预算期或年度削减目标等问题进行了非正式磋商。整个议定书的准备过程，实际上就是各方斗争和协调的过程。在京都会议前夕各主要缔约方形成了下列较明确的立场：

——小岛国家联盟提出，到 2005 年，将附件 1 缔约方温室气体排放量从 1990 年的基准水平削减 20%。

——欧盟主张，附件 1 缔约方至 2010 年将温室气体排放量从 1990 年水平削减 15%。

——日本建议，附件 1 各缔约方有区别地在 2008 年至 2012 年之间实现在总体上从 1990 年的水平削减 5%的目标，这一方案被视为一项折衷方案。

——美国的初始立场最保守，提出附件 1 缔约方在 2008 年至 2012 年之间将温室气体排放量控制在 1990 年的水平上。1997 年 10 月，美国总统克林顿在阐明美国立场的讲话中，要求发展中国家在气体减排努力中做出有意义的参与，而且还将美国的减排目标与此相联系。美国参议院在 1997 年夏天以 95 比 0 的投票结果通过一项决议：反对任何一项不包括发展中国家参与减排的条约。

—— "77 国集团加中国"，对欧盟提出的附件 1 缔约方建议削减 15%的目标表示支持，并补充提出，到 2020 年将排放总量继续削减 35%，对美国针对发展中国家在减排问题上不承诺任何新增义务的原则表示反对。

1997 年 12 月 1 日至 11 日，公约第三次缔约方大会在京都召开。160 多个国家派出代表团，出席部长级会议的有 125 个国家。各国政府、国际组织、非政府组织代表和新闻界人士共 100 多人出席大会。会议议题是要为履行公约通过一项具有法律约束力的、有明确数量与时间规定的控制温室气体排放的议定书。围绕这一议定书的达成，对总量削减目标和时间表、不同发达国家减排目标的差别、所包括的温室气体种类、排放量的计算方法、排放额度的可交易性、发展中国家将来在排放总量控制中的作用等进行了辩论和谈判，在会上，发达国家之间、发达国家与发展中国家之间从各自立场出发，进行了艰苦的谈判，终于在会期延长一天后达成了京都议定书。主要内容包括：

（1）排放目标的设定。附件1……以期这类气体的全部排放量在2008年至2012年期间削减到1990年水平之下5.2%。

（2）有区别地向附件1所列缔约方分配削减数额，明确规定了附件1所列缔约方有区别的排放量限制或削减承诺。

（3）排放量的计算：净变化概念，即森林、植被等作为二氧化碳的"汇"，可抵消一部分二氧化碳的排放量。

（4）所包括的温室气体的种类。议定书中列入了6种受控温室气体：二氧化碳、氧化亚氮、甲烷、氢氟碳、全氟化碳以及六氟化硫。

（5）可跨承诺期的排放量储存与结转。某一承诺方如果在承诺期内没有用完分配给它的排放指标，它可以将剩余指标储存起来，结转到以后的承诺期中去使用。

（6）源与汇的可转让性、可交易性，这些贸易应是对为了履行这些承诺的目的而采取的本国行动补充。

（7）清洁发展机制的目的是协助未列入附件1的缔约方实现可持续发展和实现《公约》的最终目标，并协助附件1所列缔约方遵守其依第三条规定的排放量和削减承诺。

经过中国及广大发展中国家的努力，京都会议取得了圆满成功。京都会议对以后的全球环境合作有几方面的推动作用：

第一，经过数年谈判，此次会议最终达成了议定书，这是首次达成的在附件1不同缔约方之间的有明确时间和明确减排数量的具有法律约束性的规定。尽管这些目标和时间比1992年的承诺有所后退，但在公约通过5年之后总算前进了一步。

第二，有的发达国家背离《公约》和"柏林授权"精神，要求发展中国家"自愿承诺"新的同其历史责任和现实能力不相符合的义务，但是，这方面的提案最终未被接受，使发展中国家的利益得到了维护。

第三，会议交流了各方的观点和大量信息，发展了逐步形成共识的条件，国际舆论也给予了空前的重视，这有助于提高全球防止气候变化的意识和紧迫感。

中国作为一个发展中国家，在环发大会上签署了《公约》之后不久，又公开发表了由中共中央、国务院批准的《中国环境与发展十大对策》，向国内外宣布我国要实行可持续发展战略，该《对策》围绕"控制二氧化碳，减轻大气污染"等问题提出了多项政策和措施。近年来，中国在努力控制人口增长、积极提高能源利用率、大力发展可再生能源以及植树造林、治理荒漠化、发展生态农业以增强吸收二氧化碳的"汇"等四个方面做了大量的工作，为应对气候变化作出了贡献。

在京都会议上，中国代表为维护国家的权益发挥了重大作用。我国不接受有的发达国家想在京都议定书中塞入发展中国家"自愿承诺"条款的主张，这是因为如果同意这样做，就违背了《公约》和"柏林授权"的精神，就混淆了南北方"共同但有区别的责任"原则，就是无视发达国家的排放是"奢侈性排放"，而发展中国家的排放是"生存性排放"这一基本事实，这既不公平，又不现实。

京都会议虽然取得了一定的阶段性成果，但还有许多未解决的问题，对中国环境外交是个很大的挑战。议定书中未解决的问题主要有几方面：

1. 有关附件 1 缔约方之间的温室气体排放数额国际贸易的规则体制尚不清楚

这种排放数额交易市场的主体究竟是由附件1所列各缔约方政府组成，还是主要由私人厂商组成，政府的干预方式和程度如何？

2. 用以实施操作"清洁发展机制"的规则和体制也不清楚，尚有待明确化和具体化

"共同执行行动"试点项目至2000年将结束试验阶段，并将对削减数量核查、削减额转让等问题作出评估。此前在此问题上估计不会作出新决定，预计在 1998 年 11 月召开的第四次缔约方会议上进行更集中的讨论。

3. 对议定书遵守程度的判断标准和对违反议定书行为的罚则不明确

议定书本身没有国际法律约束力，对缔约方违反议定书行为未规定出具体罚则。

4. 议定书对承诺期之前的近期减排目标尚未作出规定

这既不利于监督缔约方迅速采取减排行动，也妨碍为他们的远期减排目标打下循序渐进的基础。同时，还降低了缔约方通过将近期削减数额储存结转到未来承诺期这种方法来增加减排时间安排灵活性的可能，不利于实现减排措施的成本—效益的优化。

从国际上看，由于气候变化问题涉及各国环境、经济、社会、政治、外交等方面的重大利益，南北之间矛盾尖锐，但又都同样面临着全球气候变化带来的风险，所以各国的相互关系有着既斗争又需联合的特点。京都议定书签订之后，发达国家之间在此问题上的分歧和矛盾在一定时期内可能有所缓和，而有的发达国家今后会把矛头更加集中地指向发展中国家，施加更大的压力。特别是将迫使我国等发展中国家"自愿承诺"接受大大提前的约束性限排指标，还会要求我国参加减排量交易或参加共同执行行动。克林顿政府宣称：在议定书中一些重要而存在争议的方面尚未得到解决之前，美国政府将不会把京都议定书提交给国会去审议和批准，其中就包括所谓"主要发展中国家"对温室气体控制的"有意义的参与"。美国国会则明确地将"主要发展中国家"在温室气体控制的"有意义的参与"作为批准美国加入京都议定书的前提条件。所谓"有意义的参与"，实质上是指形成一项对这些国家有约束力的温室气体未来排放限制。而所谓"主要的发展中国家"就是指中国、印度和巴西等国。不仅如此，在今后一个时期内，气候变化问题还可能上升为南北国家在整体外交和经济关系中的一个新的热点问题。

从国内看，机遇与压力并存。今后 10 年正是我国实施远景目标的重要时期，经济增长方式的转变和可持续发展战略的落实在很大程度上要体现在能源结构调整及与之相关的大气污染控制的强化上，体现在继续通过大规模植树等对生态环境的改善上。这些都是与控制温室气体排放总目标相一致的，属于"无悔行动"。

国际上的压力和国内远景发展的规划，要求中国采取实事求是的态度，合理、有效地利用外资、积极引进先进实用的技术，最大限度地发挥"后发者优势"。积极参加防止气候变化的国际合作，为国内环境保护提供大量机会，力争在防止气候变化与促进经济发展之间有"双赢"可能。抓住我国的实际情况，接受符合实际的防止气候变化的措施，不把它们对立起来。认清问题实质制定策略：在达到中等发达国家水平之前，中国将根据自己的可持续发展战略，努力减缓温室气体排放的增长率。在此之后，才有可能仔细研究承担减排义务。

中国环境外交为达此目标，有不少工作要做：大力宣传中国的立场，让国际社会了解中国的真实情况。严正指出如果脱离中国实际，不考虑中国作为发展中国家的现实需要与可能，而从外界强加给中国什么限制，这不但于事无补，反而会失掉许多控制温室气体的机会。让国际社会了解这一点是十分必要的。同时阐明我国对此国际环境合作领域的态度；中国在跨入21世纪全面争取实现第二步战略目标的过程中，要变压力为动力，在防止气候变化上，坚持《公约》的精神，积极、主动地宣传我们的合理主张，并在"双赢"限度内持灵活态度，这将有利于中国树立更好的国际形象，也有利于推动经济增长方式的转变，并通过外资引入和技术转让来促进技术进步和产业素质的提高。

总之，虽然中国环境保护事业任重而道远，但中国国际环境合作经过20多年的发展和积累，有了深厚的底蕴，而且也有国际、国内有利因素的支持，通过积极深入、广泛地开展工作，就一定能够为祖国的前途和人类的命运做出更大的贡献。

中国环境外交的特点、成绩与问题

以联合国环境与发展会议为标志，中国环境外交跨入了一个新的阶段：全方位的实质性发展时期。对于环境问题的具体磋商发挥实质性作用，国际地位、作用、声誉日益提高，在国际环境外交领域成为一支具有独特作用的力量。中国是拥有 13 亿人口的大国，任何环境问题没有中国的参加，是不可能解决的。从 1992 年以来，我国积极参加了全球环境外交活动，发挥了独特的作用，得到了国际社会的好评，特别是受到广大发展中国家的一致称赞，被认为是可信赖的朋友。中国环境外交还将不断地在国际舞台上扮演重要角色。此阶段中国环境外交的特点、成绩与问题归结如下：

1．中国制定了关于全球环境问题的原则立场，并日益为各国所认同

原则立场概括起来就是：经济发展必须与环境保护相协调；保护环境是全人类的共同任务，但是发达国家负有更大的责任；加强环境领域的国际合作，要以尊重国家主权为基础；保护环境与发展经济，离不开世界的和平与稳定；处理环境问题应当兼顾各国的现实利益和世界长远利益。中国对全球环境问题所持的积极态度和原则立场，得到了国际社会，特别是发展中国家的普遍称赞。这些立场原则将成为指导中国环境外交向前发展的政策保障。

2．中国与"77 国集团"密切配合，出现了"77 国集团加中国"的合作方式，并在以后的一系列全球环境问题谈判中发挥了突出作用

中国与"77 国集团"一起协商，共同提出立场文件和决议草案，成为南北双方谈判的基础。这种由环发大会筹备过程中酝酿，正式形成于环发大会的"77＋1"的合作形式，对加强发展中国家内部的协商和团结，维护发展中国家的利益，促进南北对话，发挥了积极作用，同时也为中国环境外交提供了一个充分展示自己，维护国家权益的一个国际舞台。

3．引进外资，促进中国环境保护事业的发展

截至 1998 年底，我国环保事业累计利用外资 32 亿美元，通过利用外资，推动了有关地方的环境建设，也促进了国家环境保护机关管理能力的加强。此外还带来了许多其他方面的效益。

（1）政策研究。通过利用外资，开展了环境法规体系、环境管理制度、环境经济政策、排污收费机制、科技成果管理、环境影响评价、乡镇企业污染控制、生态农业等许多重要政策的研究。

（2）战略、规划。通过国际合作，完成了《中国环境战略报告》、《中国环境行动计划》《中国生物多样性保护行动计划》、《中国温室气体排放控制问题与选择》等重要报告和文件的编制工作。

（3）人员培训。通过外资项目的实施，环保系统的一些有关领导干部和工作人员受到了政策、决策和专业技术的系统培训，提高了制定或执行环境政策的能力。

（4）仪器、设备。通过项目的实施，可使环境监测仪器、环境信息系统设备、办公自动化设备等得到一定程度的完善和提高。

4. 我国政府进一步完善和加强了对环境外交的统一领导，环境外交干部队伍不断成熟壮大

中国环境外交作为我国整体外交工作的一个重要组成部分，在日益受到高度重视的同时，在各地区、各部门有机协调基础上，形成了统一领导和集中指挥的机制，步调一致，口径相同，共同对外，对维护中国在国际舞台上的权威性和国家形象产生了极大作用。

经过此阶段的锻炼和培训，一批有专业知识、懂外语、政策性强、精干的中国环境外交队伍不断成熟和壮大起来，为中国环境外交在实质性发展道路上取得更大成果进一步做好了人员准备。

因而，完全可以说中国环境保护国际合作已经走上了一条健康的有中国特色的道路。在多边领域，坚决维护国家权益；在双边领域，为改善我国环境质量推动国内环保工作，做出了卓有成效的成绩。

当然，我们还应该对于世界环境外交领域的形势有一个清楚的认识，世纪之交在建立国际政治、经济新秩序过程中，环境外交领域内的斗争将日趋激烈。发达国家和发展中国家的矛盾，对于某些问题认识上的差异，使得全球环境问题的解决还有很长的路要走，中国环境外交只要坚持所形成的基本立场，充分

发挥所积累的方法、策略、经验的宝贵作用，利用所面临的机遇，就一定能够在迎接 21 世纪的环境外交领域挑战中发挥更为突出的作用，在 21 世纪的国际环境外交格局中占有重要一席。

从斯德哥尔摩到里约热内卢

第七章　活跃的领域

——中国的双边、多边环境外交

中日双边环境合作

随着经济的发展，环境污染与生态破坏日趋严重，环境问题已成为国际社会所面临的共同问题，已成为某些地区所关注的优先问题。进入 20 世纪 80 年代后，随着我国经济持续稳定的高速发展，环境问题已成为一个不容忽视的突出问题。中国政府多年来为治理污染、保护环境付出了巨大的努力，同时也面临着困难和亟待解决的课题。作为近邻的日本十分关注东亚地区特别是我国的环境问题。将两国在环保领域的合作视为双边合作的重点之一，逐步增大了两国在环保领域的人员交往和科技合作，建立了两国间开展环境合作的官方机制，并加大了对我国在环境领域的无偿援助力度。

日本在环保领域成绩斐然，经验较丰富，技术较先进。两国在环保领域所进行的交流与合作是富有成效的，具有合作领域宽、内容广泛、层次多样、人员交流频繁等特点。中日两国一水相隔，环境问题互有影响，中国同日本在环保领域进一步加强合作，这是一项造福子孙后代的事业。

中日两国在环境领域的合作，可以追溯到 20 世纪 70 年代。1977 年，日本环境厅政务次官大鹰淑子率日本环境代表团访华。此后，两国的环境交流，通过各种渠道逐渐频繁起来。除高层环境官员的互访外，两国间的研究所、大学以及其他民间组织安排了大量的环境科技、管理人员互访、培训、考察，共同组织研讨会及一些科技合作项目。

中国政府对中日双方在环境领域的合作非常重视，1994年5月28日，中日两国政府签署了政府间《环境保护合作协定》。同年12月，双方在北京举行了中日环境合作联合委员会第一次会议，确定了一批环境合作项目。1996年12月，举行的第三次中日联委会批准了40个中日环保科技合作项目。

1988年，日本国首相竹下登来华访问，提出利用100亿日元日本政府无偿援助建设"中日友好环境保护中心"，得到了我国政府的积极响应。该项目于1991年7月7日正式得到我国批准并开始建设，1996年5月，竣工验收并交付使用。目前，该中心在污染防治技术、环境监测、环境信息、环境战略与政策研究、人员培训和公众环境教育，以及环境技术交流等方面发挥了重要作用。

为了保证"中心"建成以后的运行，从1993年起开始实施以接受日本专家、派遣访日进修生和接受援助器材为主的专项技术合作，至1995年第一阶段合作已完成。现在，正在执行到2000年为止的第二阶段合作。

近几年，通过国家环保局与日本海外经济协力基金的通力合作，两国政府同意在日本对华第四批日元贷款中安排约8亿美元的优惠贷款用于支持环保项目。总金额为1.5亿美元优惠贷款的环保项目已获得批准并已进入实施阶段。日元贷款条件优惠，对解决我国环境保护重点地区和领域的污染治理问题，起到了一定的促进作用。

应日本政府的要求并经国务院批准，为加强中日两国间环境领域的交流与对话，1996年，设立了两国间的"中日环境合作论坛"，并于1996年和1997年在中国和日本分别举行了两届。在中日环境合作论坛第一次会议上，中日双方共同认识到在经济调整发展中的中国，今后的环境问题将变得更为突出。为保护好环境，实现可持续发展，在主要依靠中国自己力量和自身努力的同时，国际社会包括日本的支援、合作也是非常必要的。论坛对认为急需采取对策的大气污染、酸雨及水质污染问题着重进行了讨论。双方确认了将各种协作有机结合起来的宗旨，并且作为解决广泛的中国环境问题的一种方式，提出了以一特定的地区为样板加以研究，取得成果，并将此成果在其他地区的重点地域予以推广的办法。双方还对这一方法进行了更深一步的探讨。

1997年9月，日本首相桥本龙太郎访华期间，日方提出建立一个"面向21

世纪中日环境保护合作计划",其主要内容包括提供 2 000 多万美元的无偿援助以实施我国 100 个城市的环境信息系统建设,确定 2~3 个中日环境保护合作示范城市,并进一步降低对华环保项目的贷款利率和积极推动东亚酸雨监测网的建立,从而使得桥本首相的来访和两国领导人的会晤取得了实质性的成果。

中国政府支持日本建立地球环境战略研究机构,参加了该机构的筹备工作,并推荐了研究人员。今后将以中日友好环境保护中心作为对口研究机构,开展合作研究。

1997 年 9 月,召开的"APEC 可持续发展城市化环境与经济政策研讨会"得到了日本政府的积极支持,日方派出了研究人员并提供了资金援助,保证了会议的成功举行。

以中日友好环境保护中心为依托,中日民间环境合作得到了广泛开展,其中有人才培养、环境科研、环境教育等各个方面的工作,通过地方渠道开展的合作也越来越蓬勃。

东亚地区的酸雨问题,一直是日本政府在中日环境合作中关注的焦点。日本已多次在有关国际场合(如 APEC 环境部长会议)提出建立东亚地区酸雨监测网的倡议,并在前首相桥本龙太郎来访和李鹏同志访日时均讨论过此事。日本提出该倡议的目的是通过东亚地区相关国家的酸雨数据监测和交换,了解酸雨的污染情况和动态,并探讨区域内解决酸雨污染问题的合作与技术转让问题。

我国的空气污染仍以煤烟型为主,主要污染物是二氧化硫和烟尘。1997 年,全国降水年均 pH 值范围在 3.74~7.79 之间,降水年均 pH 值低于 5.6 的城市有 44 个,占统计城市数的 47.8%,其中,75% 的南方城市(长江以南)降水年均 pH 值低于 5.6。为了有效地控制酸雨的发展,国务院将"两控区"(即酸雨控制区和二氧化硫污染控制区)列为国家污染防治重点地区。控制目标为:到 2000 年酸雨控制区酸雨恶化的趋势得到缓解;到 2010 年,酸雨控制区降水 pH 值小于 4.5 的面积比 2000 年明显减少。为了实现上述目标,我国和近邻日本就酸雨问题进行了长期而有效的合作。

总之,中日两国在环境领域的交流与合作是卓有成效的,甚至可以说是在双边合作中最具有成效的合作之一。它的特点是:交往人员多、层次高;合作

中国的双边、多边环境外交

第七章　活跃的领域

领域广、内容丰富，既有广泛的科技合作，又有具有实效的经济合作。因而对于中日两国环境合作要给予积极评价。

中日环境保护联合委员会第三次会议确认的"正式项目"和"备选项目"各20项，共计40项。从总体情况看，"正式项目"开展的合作研究比"备选项目"进行得好。在"正式项目"中，双方联系密切，在研究中取得实质性进展的项目有8项，分别是：适合中国国情的排水处理流程开发研究；适合中国国情的高效、低成本的新型排水深度处理技术的开发研究；关于符合中国国情的包括土壤净化在内的生活污水深度处理技术的开发研究；环境标准物质的研制和评价；关于农耕地温室气体的发生及其抑制对策技术的研究；灰尘测定法及集尘技术的评价；干性沉降物的现状调查及测定方法的确定；从分子医学的角度分析大气污染对中国境内肺癌产生影响的研究；中国的环境污染对健康的影响及其预防的研究。

以上这些开展状况较好的合作研究，为中国环境科技工作的发展起到了积极的推动作用。如"适合中国国情的排水处理流程开发研究"，在中国利用中日友好环境保护中心公害防治部实验室装置继续开展了试验研究，考察污泥减量情况，探索除磷措施，研究填料填充比例对处理效果的影响等；并完成北京、昆明等中试基地的建设工作；中日合作净化技术开发中心布置了统一的试验内容，分析项目和频率，有关净化机槽在中国不同地域处理效果的考察试验已陆续展开；中日间的技术交流和日方的现场技术指导工作也已按计划进行；对该研究项目制定了详细的工作计划，加强中试工作和扩大与日本在净化槽处理技术上的深层次的交流与合作。

中日两国环境合作取得很大成果，对许多有效的合作机制应充分给予肯定和积极评价，它们在中日双边合作中发挥了重要的桥梁作用。为促进两国环境领域的进一步发展，以下一些机制还应加强并不断予以完善，使其能够发挥重大的作用：

1. 中日环境合作联合委员会

一年一次的中日环境合作联委会机制是根据中日两国政府所签订的《环境

合作协定》设立的，其主要作用是定期协调并促进两国间在环境领域的交流与合作，并确定和组织实施具体的项目。该联委会对促进中日环境合作、组织实施具体合作项目、增进人员交流和信息沟通等产生了极其重要的作用。

2. 中日环境合作论坛

中日环境合作论坛作为中日政府间双边环境合作联委会的补充，为双方各部门与机构之间、社会团体与民间企业间就双边与多边的环境问题交换意见，并探讨潜在的合作的可能性提供了一个场所，为推动两国间多层次的环境合作发挥了积极作用。

3. 中日友好环境保护中心

中日友好环境保护中心经过几年的努力，在机构建设、人员配备、资金支持渠道及研究项目等方面均已初具成效，正以崭新的姿态展现在中国的首都北京，并凭借优良的仪器设备、先进的科研手段与科学管理，高效地服务于中国的环境保护事业。目前该中心运行情况良好，并在两国间的环境合作中发挥了极其重要的作用。

有鉴于此，中日两国政府机构应给予其进一步的关心和支持，使其发挥更大的作用。

在中日双边环境合作中有一些项目，需要双方以务实的态度进行协商，进行积极有效的合作，以利于中日环境双边合作更加健康地迈向 21 世纪。这包括以下几项：

（1）中日环境污染防治合作示范城市。

1997 年 9 月，中日两国就在中国选择 2 个城市开展环境合作的意向交换了意见并初步达成了共识。国家环保局随后在深入调查研究的基础上拟推荐大连市和贵阳市作为中日环境合作示范城市，以可持续发展为主要内容，就环境污染防治效果、规划的制订、大气污染防治、提高能源效率、节能以及废物循环利用项目的实施等内容开展两国间合作，并将所取得的成果作为示范向中国其他城市推广，以推动中国城市环境污染防治和环境质量的改善。后经双方同意

又增补了重庆市。

中日两国几年来已在大连、贵阳、重庆的环保方面做了不少工作。日本北九州市与大连市在宋健同志1993年访日之后，在国家环保局、科委、日本外务省的支持下开展了环境示范城市的调查和规划工作，已有较好的工作基础。另外，日方一直关注贵阳市的酸雨污染问题，且中日双方已有多个合作项目正在进行之中。选择大连、贵阳、重庆三市作为中日环境合作示范城市，对我国南北城市以及东西部不同污染类型的城市实施可持续发展均具有较好的示范作用。

对于此合作项目，中日双方应共同努力，积极推动该合作项目的进展。

（2）东亚酸雨监测网项目。

东亚酸雨监测网络的性质属政府间专业性组织，其网络的运转经费由参加国自己负担，而网络中心站、网络秘书处和该网络的专家委员会所需的建设和运转费用将由日本政府资助。截至1997年2月，日本环境厅已先后召开了四次专家会议，并初步完成了该网络建设的有关技术方法与技术规范问题。我国全面开展酸雨的常规监测工作已有10多年的历史并具有一定的工作基础，考虑到开展周边国家环境外交的需要，江泽民主席1998年11月访日时宣布，中国同意加入该监测网络试验期的活动，我国政府参与该网络的原则是以各国现有工作为基础，相对独立，加强信息交流合作，共同开发治理技术，分步实施，逐步深入。

（3）中国100个城市环境保护信息系统建设项目。

根据我国《"九五"环境保护计划》所确定的环境信息系统建设计划和目标，积极推动和建设我国环保信息系统，积极发挥业已建成的中日友好环境保护中心的作用，经与日本政府多次磋商，日本政府同意在未来3~4年以无偿援助的方式帮助中国建设以中日友好环境保护中心为中枢的中国100个城市环保信息系统，提供所需要的技术援助和人员培训。我国政府非常赞赏日本政府这一积极的意愿，并愿与日本共同推动该合作项目的实施。

1998年11月25日至30日，江泽民主席作为中国国家元首访日。国家环保总局局长解振华为正式成员。这向日本和各国表明，中国对环境保护的重视。

访问期间，两国部长签署了《中日面向 21 世纪环境合作联合公报》，把两国政府商定的环境合作项目用文字的形式确定下来。这标志着中日两国环境合作达到了一个更高的起点。

中日双边环境合作只要本着平等互利的原则，进行积极有效的合作，取得的成果是对两国人民都有利的，并将为世界环境保护做出贡献。中日环境合作有着广泛的领域，前景是光明的，只要双方以务实的态度，加强合作，就一定能够使中日环境合作取得更大的成效。

中加双边环境合作

中国与加拿大两国自 1992 年 3 月签署《环境领域合作备忘录》以来，在双方的共同努力下，不仅在可持续发展、环境教育与公共意识等软课题方面进行了合作研究，而且还开展了一系列高层互访和技术交流与合作项目，所取得的成果和实效是我国双边环境合作较为成功的范例之一。

1996 年 11 月加拿大联邦议会议长、1997 年 5 月蒙特利尔市市长、10 月份阿尔伯塔省省长、魁北克省省长和不列颠哥伦比亚省省长分别访问了我国的国家环境保护局。国家环境保护局局长解振华借赴加出席 APEC 环境部长会议之际对加拿大进行了非正式访问。

国家环境保护局曾组织代表团参加在温哥华举办的历届全球环境技术博览会（Globe）大会；1996 年下半年，为实施《跨世纪绿色工程计划》，国家环保局曾派团赴加招商引资，并多次派团赴加考察，探讨流域自动监测、流域水污染治理、总量控制等方面合作的可能性。

在中加合作的良好基础上，加拿大政府为中国环境与发展国际合作委员会提供了有力的财政支持：第一期资助了 500 万加元；第二期（1996—2000 年）又资助 500 万美元。加拿大提供 1 200 万加元用于实施中国与加拿大清洁生产能力建设和示范项目；加方提供的赠款项目包括：广西世行贷款环保项目前期准备，赠款金额为 260 万加元；淮河流域环境监测及污染事故预报预警系统项目，拟赠款 160 万加元。

1997 年 9 月，国家环保局与加拿大环境部合作，成功地举办了中加海河流域的污染治理研讨会，并对我方人员进行了流域污染的防治管理培训，加方为此提供 40 万元人民币的赠款。目前，双方正在积极筹划利用加拿大 50 万加元赠款实施海河流域水污染防治规划实施计划研究项目。

中加两国的环境合作项目，很多已取得了可喜的成果。如中加合作河北旱地农业项目，此项目由河北省农业科学院与加拿大农业部烈桥研究中心共同执行。项目第一期于 1991 年 3 月立项，中国配套资金 460 万元人民币。第二期的工作已于 1996 年 4 月开始，为期 5 年，加拿大国际发展署投资 493 万加元。项目实施以来，中加双方参研人员团结协作，努力奋斗，第一期的预定目标如期完成，第二期工作也取得了可喜进展。

科研工作成绩显著，在旱农技术方面已获得三项科研成果：①小麦·玉米保护性耕作技术及配套机具研究，亩增经济效益 180 多元，所研制的配套农机具——ZBY－3 型免耕玉米播种机在麦收后直接贴茬播种，省时省力，争抢农时，深受农民欢迎，获河北省科技进步三等奖；②河北省低平原冬小麦不同气候年型应变栽培技术及管理决策系统，获国家气象局科技进步三等奖，该项目技术已制成软件包，开始在河北及山东省推广使用；③河北低平原不同土体构型水分运行及节水灌溉技术，根据河北低平原不同土壤母质，土体构型水分运行特点，提出因土定水的节水灌溉模式，使每毫米水生产粮食达 0.84 克。这一技术经专家评审，达到国内先进水平。

在抗旱品种培育方面，选育出了 89W52 和衡 4041 两个冬小麦品种，其中89W52 具有优质、抗旱、丰产的特点，旱地亩产可达 250 千克。

在病虫害综合防治方面，通过对河北、新疆、内蒙古等地来源的作物根据微生物筛选鉴定，已得到 20 余株对棉花黄萎病有拮抗作用的菌株；通过抗虫品种的使用和天敌的释放，已初步建立无需用农药的棉花生产技术体系。此外，在 1995 年，还组织了一次半干旱地区持续的农业国际会议。

在示范推广工作方面，共向示范区引进冬小麦品种 10 个，玉米新品种 10个，大豆品种 1 个，棉花品种 2 个，使中心试验区 3 万亩良田实现了良种的更新换代。新品种的引进和示范，促进了当地农业生产水平的提高，棉花较当地品种增产 30%。在项目研究成果推广示范上，仅玉米贴茬播种技术一项，1996年，在衡水市桃城区推广 20 多万亩，在低温、寡照、阴雨连续的情况下，仍比正常年份常规播种每亩增收 60 千克。

自 1993 年签署环境合作谅解备忘录以来，两国在环境保护领域都进行了卓有成效的交流与合作，取得了令人满意的成果。双方更加深切地认识到，中加两国地域辽阔，经济互补，在环境领域的合作具有广阔的前景，应大力加强双边环境合作。

1998 年 1 月，加拿大环境部长斯图尔特女士访华，国务委员宋健、国家环保局局长解振华同斯图尔特女士进行了会谈，回顾了中加环境合作方面取得的成绩，简要介绍了我国的重大环境举措，总量控制计划和《跨世纪绿色工程计划》，以及 1997 年 11 月的两大国际会议——环境论坛和环境项目国际合作会议，并就续签两国环境合作备忘录达成了一致，表明了两国对环境保护的承诺和开拓未来的决心。

1998 年 1 月 16 日，中加两国政府在北京续签了环境合作备忘录。双方认识到，"环境问题的区域性和全球性以及通过国际合作寻求有效、持久的解决办法的紧迫性和协调两国共同行动的重要性"；相信双方在环境保护与合理利用自然资源方面的合作是互利的，并能促进两国关系的进一步发展。

备忘录中第一条规定"双方将在平等互利的基础上，实施与开展有关环境保护和合理利用自然资源的双边合作"，阐明了双边合作的重要基础是建立在平等互利之上，为中加两国的环境合作指明了正确的方向。

双方合作的领域和合作的方式在备忘录中均作了明确的说明。备忘录第二条"双方将在以下领域开展合作：①水污染治理、大气污染治理和气候变化（包括监测技术）；②环境科学技术研究；③环境教育、培训和宣传；④自然保护区的管理和生物多样性的保护；⑤清洁生产技术；⑥自然资源利用和环境保护的法律、法规、政策和标准，包括工业生产和产品的环境标准；⑦双方同意在与保护和改善环境有关的其他领域合作"。备忘录第三条讲了双方合作的方式："①有关信息和资料的交换；②互派专家、学者、代表团和培训人员；③共同举办由科学家、专家、环境管理人员和其他有关人员参加的讨论会、专题讨论会

第七章 活跃的领域

及其他会议；④实施双方商定的合作计划，包括开展联合研究；⑤双方同意的其他合作方式。"备忘录的签订为中加两国的双边环境合作提供了可靠的保证并指明了工作方向，对中加两国环境合作进一步扩展具有深远的影响，并将更加深化双方的合作关系。

中加两国在环境保护方面的合作前景非常广阔，潜力很大。加拿大在河流流域治理、生物多样性保护、能源利用和环境教育方面有着先进的经验，这对于我国加强环境保护有很大帮助，双方加强合作的方面还有很多，如探讨今后将合作备忘录提升为合作协定的可能性；开展流域污染防治的交流与合作；开展 ISO 14000 方面的交流与合作；进一步规范双方合作项目的管理和信息交流；加强双方环保产业之间的交流与合作等，均需要双方共同作出努力。

中加两国的环境合作是顺利的，是平等互利的，已取得了很大成果。为巩固业已取得的成果，并使双方的友好合作关系得到进一步发展，双方正在就许多新领域开展的合作进行磋商，以期推动双边环境合作上一个新台阶。

1. 筹备建立中加环境合作联合委员会

双方经磋商同意成立中加环境合作联合委员会。中方牵头单位为国家环境保护总局，加方为环境部，以促进双方在环境保护领域开展多层次的交流与对话。

2. 中加河流流域环境保护合作

水污染的防治是中国环境保护的重点工作。双方已开始在中国的一些河流流域进行合作，为进一步分享加拿大在该流域所取得的成就，双方协商在中国海河流域的水污染防治规划实施计划研究项目以及在中国的长江流域进行污染防治和生态保护等方面进行合作，为中国环境保护"九五"规划中重点流域的环境改善发挥积极的示范作用。

3. 在生物多样性保护领域的合作

生物多样性保护是全球生态环境保护的重要内容，中国是生物物种资源最丰富的国家之一，但是一些濒危珍稀物种面临着巨大的生存威胁，双方可以在生物多样性保护领域进行合作，可选择内蒙古自治区作为示范点，通过项目的实施，将加拿大的先进技术和双方探讨出的适合中国国情的方法进行推广。

4．继续支持中国环境与发展国际合作委员会的工作

中国环境与发展国际合作委员会是发达国家资助的、由部分环境部长、世界知名人士、专家组成的为中国的决策者提供环境咨询的国际机构，近年来，该机构在帮助中国政府实现环境保护和经济可持续发展中发挥了重要的咨询作用。在中加合作良好的基础上，双方应在该领域继续开展合作，巩固业已取得的成就。

5．在环境管理体系、环保产业方面进一步合作

在中国选择的示范区域和行业进行环境管理体系的合作；加强环保产业方面的信息交流及促进中国环保产业发展和两国产业合作的政策研究；推动两国产业的发展。

6．全球气候变化

通过对《京都议定书》的积极评价，确信是国际社会走向携手防止全球气候变化的第一步，并积极开展相关的项目合作。

1998年11月19日，加拿大总理克雷蒂安访华期间，国家环保总局局长解振华与加拿大外贸部长马奇分别代表两国签署了《中加面向21世纪环境合作框架协议》，将中加环境合作推向了更高的起点。

1999年4月16日，中国总理朱镕基访加期间，国家环保总局局长解振华与加拿大环境部长斯图尔特分别代表两国签署了《中加政府间环境合作行动计划》，进一步落实了两国间全面的合作。

展望中加环境合作的未来，可以说是前景光明。两国在环境领域的合作已经打下了良好的基础。双方在中国环境与发展国际合作委员会、海河流域污染防治规划等项目上卓有成效的合作已充分地证明了这一点。两国环境合作备忘

中国的双边、多边环境外交

录的续签以及建立的机制化会晤程序将使双方的合作关系进一步深化，中加两国的环境合作将大有可为。

中德双边环境合作

1994 年 9 月 26 日，中德双方在波恩签订的《中华人民共和国国家环境保护局与德意志联邦共和国联邦环境、自然保护和核安全部环境合作协定》，为双方已开展的环境合作的顺利进行提供了一个可靠的保证。

在协定中，双方表达了加强环境保护合作的愿望，并一致确信：

——为了当代和后代的健康和福利，必须保护环境；

——经济的持续发展要求对自然资源进行有益于环境的管理；

——双方的合作将给两国的环境保护带来益处，并对各方政府履行维持全球环境所承担的责任是重要的；在此共同认识的基础上，双方本着平等互利和对等的原则，开展环境保护领域内的合作。

双方合作的领域，包括以下几个方面：

•双方共同关心的污染问题，这些问题的确定，以及有关控制技术的评价，主要包括以下工作和领域：①水污染控制；②大气污染控制；③固体废弃物的管理。

•环境政策与管理，包括行政法规手段（行政命令和禁令，环境影响评价，以及旨在将外部费用内在化的经济手段等）。

•提高能源效率，可再生能源的利用。

•提高环境意识，包括环境教育与公民参与。

•环境无害技术。

•环境问题与其他政策领域的关系，环境与发展的关系。

•作为联合国环发大会的后续行动，就缔约双方共同感兴趣的全球问题交换看法，尤其是有关国际公约和议定书所涉及的问题，如气候变化，臭氧层保护，生物多样性，以及在可持续发展委员会内的合作问题。

双方合作的形式，有以下几种：

· 就缔约双方共同感兴趣的题目，共同举办研讨会；

· 交换有关研究与发展活动、政策、环境实践、法律条文以及环境影响分析与评价的信息与数据。如有可能，协调有关研究活动；

· 科技专家或官员的互访，以就本协定第二条所提内容进行讨论；

· 缔约双方同意的其他可能的合作形式。

这个协定自签订后，中德在环境保护领域的合作进展顺利，交流与合作的深度和广度有了很大的进展，特别是两国高层领导互访不断增加。1996 年 10 月，德国副总理兼外交部长金克尔先生访问了国家环保局，并代表德国政府正式邀请国家环保局局长解振华在适当时候访问德国；德国经济合作与发展部副部长舒莫鲁斯先生和部长施普朗格先生以及德国环境部长莫克尔女士 1997 年先后访问国家环保局，并代表德国政府向解振华局长发出访德国邀请。1995 年和 1996 年，国家环保局有关领导先后访问了德国。双方环境保护合作领域正在逐步扩大，合作从一般性的交流转向经济技术方面的交流与合作，以及环境保护项目赠款和贷款项目。

1998 年 5 月，国家环保总局局长解振华对德国进行了为期三天的回访，这是解振华以总局局长身份出国访问的第一个国家，他与德国环境部莫克尔部长举行了正式会谈，并在总理府会见了德副总理兼外交部长金克尔。

近年来，中德政府间在环境保护领域开展了卓有成效的合作，在某些重大的国际环境问题上，中德双方有着共同或相似的观点和立场。为较好地执行已签订的政府间环境合作协定，先后举行了两次协调及工作组会议（1995 年 1 月和 1996 年 5 月分别在北京和波恩举行），并制定了工作计划；在环境研究、技术开发、人员培训与交流和环境示范工程等方面开展了多种多样的合作，对我国的环境管理和科技水平的提高以及两国间的商贸合作产生了积极的促进作用。

在德国环境、自然资源和核安全部部长莫克尔女士和中国国家环境保护局局长解振华的共同倡导和支持下，开始于 1993 年每年一届的中德环境技术研讨会顺利举行。1996 年，德国高层领导访华期间举办了两次环境技术合作交流会；1997 年，德国经济部副部长访华期间，在北京和成都也分别举办了两个环境技术合作研讨会。中德双方官员和专家就中德环境保护领域的合作进行了交流。中德环境技术研讨会的成功举行，对于促进中德两国在环境保护领域的合作起到了积极的推动作用，取得了实质性的成效。每次研讨会都有具体的合作项目。在双边环境保护合作协定框架下，国家环保局先后派出工业废水治理与管理、环境保护机构、有害废物处置与管理和环境经济合作代表团访问了德国。通过这些访问活动，促进了与德方有关部门合作意向的签署，这些合作意向内容包括：①中德有害废物管理合作示范项目（浙江省）；②辽宁省固体废物合作项目；③桂林市城市废物收集、运输设施与管理；④太原市固体废物处理与管理。这些合作项目，有的已完成项目的前期工作，有的正在付诸实施。德国 FIW 公司与南京市环保局合作编制了《南京市有害废物处置管理方案》，并于 1996 年年底在南京成功地召开了"南京市有害废物处置管理方案报告会"，为进一步开展合作打下了良好基础。

经过双方的共同努力，在 1997 年 8 月莫克尔部长访华期间确立了"有害废物管理计划示范项目"，该项目是中德环境保护领域合作中最高层次的合作项目，项目于 1997 年 9 月正式启动。"中德（天津）环境技术转移与产业促进中心"建立于 1998 年 2 月，目前合作进展顺利，双方经过多次协商和讨论，就中心的业务范围、机构设置和组成、运行机制等取得了一致性的意见，进一步推动和促进了两国在污染防治领域和有害废物处置的交流与合作。通过双方的努力，对于推动中德在环境保护领域的合作，寻找两国共同感兴趣的合作起到积极作用，所有这些活动都很成功并得到了德国政府和企业界的积极响应。

中德合作的许多项目，克服了种种困难，进展顺利，取得了丰硕成果，比较突出的有中德合作《江西山区发展项目》和《在中国/内蒙古应用风能/太阳能项目》。

中德《在中国/内蒙古应用风能/太阳能项目》是从 1990 年开始的，项目在第一阶段时名称为"特殊能源计划"。双方项目伙伴密切合作，成果喜人：①利用德方提供的先进测量系统完成了内蒙古地区风能/太阳能资源的连续测量评估，掌握了其特点，从而为风力发电/太阳能发电系统的设计开发奠定了基础；同时完成了辉腾希勒风力田的风测评估，为我国最大的风电场建设作出了贡献。

②根据资源特点和用电需求，成功地设计开发了适用于不同风况、不同用户的风/畜/柴、光/畜/柴，风/光互补、智能化风/柴/畜系统。③在内蒙古16个村落成功地安装示范了风/畜/柴或光/畜/柴独立供电系统；为100多户牧民安装了风力机、光电或风/光互补系统；在浙江北鹿岛和山东鸡鸣各安装了一套智能化风/柴/畜系统。这些系统性能先进、运行可靠，效益显著，深受用户欢迎。④在项目实施过程中，协助内蒙古自治区计委起草了"内蒙古草原光明工程计划"，这个计划已经国家计委批准立项，是"中国光明工程项目"的第一个子项目，这是中德合作项目为内蒙古和国家的宏观决策作出的贡献。⑤有11名工程师赴德国接受专项培训，并多次举办研讨会、展览会介绍风能、太阳能技术和知识。

中德合作的《江西山区发展项目》是《中国21世纪议程》首批优先项目之一的江西山江湖工程中的双边技术合作项目。其总体目标是改善江西省山区农村人口的社会经济状况，同时，改善山区生态条件，促进山区可持续发展。

项目第一阶段德方无偿援助600万马克，双方选定的项目区为江西省南部山区南康、赣县和崇义等三县市的四个中小流域。经过了3年的准备，项目于1996年4月正式实施，该项目实施以来进展顺利，其效果令人满意，主要体现在以下四个方面：

1. 较快地建立项目的组织架构，为迅速组织项目实施创造了条件

作为双边技术合作项目，由德方长期专家组负责德方工作，并要求符合德方的管理规则。根据项目主任提出的"职责明确、线条清晰、层次分明、信息畅通"的原则，确立了项目管理组织架构，即省、县两级设项目办，地区只设协调员，村一级建立村级项目实施委员会，乡一级只起协调作用。省项目办和专家明确职责分工与协作关系，并实施月例会和周例会制度。

2. 成功地引进了参与式农村发展途径作为项目计划和组织实施的手段

参与式农村发展途径的实质，是遵循一定的操作程序，引导农民自己理解和分析社区和自身发展中的问题、制约条件和发展机构，让农民自己参与决策开发资源和提高收入的途径。经过集中培训和实地操作，各级项目人员已能熟

练地进行参与式农村调查、组织参与式项目规划和实施。项目区群众表现出很高的参与热情和积极性。

3．较快地完成了项目实施计划的编制

由于江西省山江湖办在实施前做了充分准备，由于项目参与各方和专家组辛勤工作，用 4 个月完成了一般要用半年或更长时间才能完成的工作，按时召开了第四次计划会议，完成了实施计划的编制，使项目活动的实施操作有了清晰的时间表和指南。

4．快速而有成效地组织实施

①配合项目进展共同组织培训班 7 次，培训各级项目工作人员，技术人员 400 人次，大大提高各级项目管理人员的素质，强化了各级项目办管理项目的能力和效率。已完成了一个高层团组赴德、印考察。11 人分别赴德国、菲律宾接受培训；②及时组织短期专家投入；③完成赠款投入 120 万元，建成灌溉设施、道路、学校、农贸市场等大小基础设施共 18 项，大力改善五个示范村的经济发展条件；④建立了滚动资金管理机制，并已向 200 户发放滚动资金约 30 万元，支持农民的创收活动。

中德双方在环境保护能力建设方面的合作也有了实质性进展，这充分表明德国政府十分重视与我国在环境保护领域的合作，并愿意把这种合作进一步向经贸合作深化。

从总体来看，中德在环境保护领域的合作良好，前景广泛，已取得了一些成果，但为了进一步加深中德两国在环发领域的合作，德国在对华环保项目的投资上还应进一步加大力度。如加大环保项目优惠贷款的额度和优惠条件等；同时，在此基础上开辟新的合作领域，进一步推动中德双方在环保产业方面的合作。

中美双边环境合作

在中美两国政府和环境保护工作者的共同努力下，中美两国在环境保护领域有着较长期的合作历史。1980 年 2 月 5 日，中华人民共和国国务院环境保护领导小组办公室与美国环境保护局，在中美两国政府间科技合作协议下，签署了环境保护科技合作议定书。而后，双方陆续在议定书下达成了四个附件，并就附件下的具体合作项目开展了工作。该议定书分别于 1985 年 2 月 5 日、1991 年 4 月 30 日、1996 年 10 月与中美科技合作协议同步续签。

该议定书的四个附件是：环境与健康研究，环境污染控制，环境管理和全球环境问题。在议定书的四个附件下，双方就相互感兴趣的课题进行了几十项成功的合作。双方本着平等互利的原则，取长补短，达到了双方受益的效果。

中美环境保护合作始于 80 年代初，十几年来，双方在环境污染对人体健康的影响、大气及水环境保护、环境管理、环保技术、臭氧层保护、气候变化等领域开展了形式多样的交流与合作，包括人员交流、专题考察、研讨会、合作研究等方式。80 年代，双方的合作多是在环保科研领域进行，并取得较好的进展。

通过双方的合作，增进了了解，交流了信息，双方都有所收益，许多合作项目相当成功。如《燃煤产生的大气污染对肺癌及上呼吸道发病率影响研究》。该项目是议定书下附件一的项目，由中国预防医学科学研究院环境卫生与卫生工程研究所、美国环保局三角公园健康影响研究所共同承担。双方科学家从 1982 年开始，以中国云南宣威燃煤及肺癌高发地为实验区，对上述课题进行了深入、细致、卓有成效的研究。该研究项目共进行了 10 年，取得了一大批研究成果。通过研究，发现室内燃煤排放致癌性多环芳烃类物质与居民肺癌死亡率密切相关。而其中以苯并芘为代表的致癌性多环芳烃浓度与居民肺癌死亡率之间呈明显的剂量响应关系。

该研究成果不仅对肺癌的防治具有重要意义，而且也为环境中多环芳烃与人群健康定量风险评估研究，多环芳烃致癌机理环境标准研究提供了科学依据。该项目成绩显著，被中国卫生部授予科技进步奖。美国环保局授予参加这项工

作的科学家最高科学奖及银牌奖。美国国务院1998年春发表的政策要旨中，将此项目列为中美合作五大收获之一。1992年，该项目又进入第三个五年研究阶段。

附件三下的《"全球趋势网"丽江采样点》项目，由美国弗吉尼亚大学与中国国家环保局和云南省环境监测中心站合作。1987年，在中国云南省丽江的边远山区建立了内陆酸性降水全球趋势网站。该站已成为世界上时间最长、质量最高、数据记录最全的一个边远的内陆区全球降水趋势监测网点。从该点收到的数据不仅广泛适用于了解边远内陆地区大气成分的各种过程，而且可用作亚洲其他人口较稠密地区的大气组成基线。

附件四下的《家用电冰箱CFC替代技术研究及超级节能无氟电冰箱的生产》开始于1991年。中方实施单位为北京家用电器研究所和青岛海尔冰箱厂，美方为马里兰大学。几年来，双方不定期交换CFC替代工作的信息，建立了冰箱行业的数据库，合作建立了一套冰箱能耗评估的计算机软件，在中国三大类（从欧洲、日本和其他国家引进的技术）典型冰箱上进行了10种以上制冷工质的实验和工质评估。在中国冰箱上开发劳伦茨循环，双方合作应用混合工质取得了较好的节能效果。该项目在1993年投入开发无氟节能样机，并在青岛海尔冰箱厂生产线上进行小批量试生产。新的冰箱采用劳伦茨循环制冷技术，采用新的门封、绝热技术以及高效压缩机技术。通过综合运用以上合作开发的技术生产的电冰箱，节能达到40%以上。臭氧层潜在性破坏物质值小于0.1%，中美双方科学家将在此阶段性成果的基础上进一步合作，争取最终生产出臭氧层潜在性破坏的物质值为零、节能效果更好的冰箱，为保护臭氧层和防止全球变暖做出贡献。

中美双方在环境保护领域的合作实现双方互惠互利，对全球环境保护做出了贡献。

通过中美双方合作，利用中国辽阔的国土及不同类型的自然现状与人居条件提供的宝贵科研场地与技术资料，使美国得到了在本国无法得到或者要花很大代价才能得到的科学数据。中国科学家不仅勤奋而且有工作能力，加之中国人力资源丰富，中美合作常常可以少花钱、多办事，如在研究中中方能够组织数十人长年累月地采集代表性的样品，这在美国代价是相当昂贵的。

通过合作，中国在完善有关环境标准、法规、监测分析方法、环境模型和治理技术等方面受益匪浅。对迅速完善我国的环境管理、提高环境科研水平起到了较大的作用。通过学者交流、互访和共同研究，使中国科学家了解到环境科学的最新动态及研究方法，并获得了一些先进的仪器设备，对中国环境科技的进步起到了促进作用。

进入 90 年代以来，随着经济发展和全球环境问题日趋严重，中美环境保护合作逐渐从基础性、学术性研究向污染控制、环境管理、全球气候变化等方面转移。美国是中国对外开展环境合作最早的国家之一，已有国家级的合作机制和渠道。加之 80 年代的良好合作基础，完全有理由相信，双方将进入一个更好的合作阶段。

但目前两国间的环境合作也存在诸多问题，其主要表现在美方用于与中方合作的经费不断下降。美国环保局与中国的环境合作项目费用在 80 年代后半期每年 100 万美元，进入 90 年代后逐年下降，现在已没有此专项费用；中美环境保护科技合作议定书下的项目呈缩减趋势，附件三"环境污染控制"处于长期无项目状况，这与中美两个环境大国的地位是很不相符的。此外，美国不少公司的环保技术和设备虽然想进入中国市场，却得不到美国政府和金融界在环保赠款和出口优惠贷款方面的支持，因而技术先进的美国公司在同其他国家（如欧洲国家、日本）的公司竞争中处于明显的劣势。

近 10 年来，中国经济发展的速度令世界瞩目。中国在环境管理方面的决心、行动力度得到国际社会的赞赏。中国的环境保护市场对世界各国产生着巨大的吸引力。欧洲等很多国家对与中国的环保合作态度积极，行动迅速，合作资金有保障，都希望在庞大的中国环境保护市场尽早占领一席之地。这种现状，使中美环境保护合作存在机遇，又面临着挑战。

为此，中美两国领导人共同倡议，并于 1997 年 3 月在北京成功地举行了中美环境与发展讨论会，美国副总统戈尔和国务院总理李鹏参加了会议。在这个框架下开展对策对话，其主要目的是：

（1）讨论两国对经济增长、能源和环境问题的看法，探讨美中如何通过合作实现可持续发展的共同目标。

中国的双边、多边环境外交

第七章　活跃的领域

（2）促进信息交换和共同研究活动以及其他可持续发展方面的合作，并开辟可能的新合作领域。

（3）制定有益于可持续发展的领域（例如能源和环境技术等），推动商业合作的战略。

（4）增加在全球长期环境问题的原因及影响上的共识（如气候变化、生物种类减少、臭氧层被破坏），在多边论坛中增加在这些问题上的双边合作。

1997 年 11 月，江泽民主席在访美期间，与美国总统克林顿共同正式对外提出了"中美能源与环境合作倡议书"，旨在"通过开展政府间持续和稳定的合作，并在企业界和其他各界的参与下，帮助满足中国在能源方面的需要，同时努力保护本地、区域和全球的环境。"涉及的领域包括城市空气质量、农村电气化和能源、清洁能源和能源效率等，美国能够提供在成本上有竞争力，且有益于环境的能源技术。根据本倡议书，美国政府将寻求某些方式，帮助促进私营部门参与中国能源领域的发展。美国政府可以考虑的步骤包括对美国贸易开发署等计划进行适当的法律授权。

当前，国际形势发生了巨大变化，中美作为世界上有重大影响的两个大国，彼此之间有着广泛的共同利益，特别是两国在发展互利互补的科技、经贸合作，共同维护全球及地区和平，促进世界经济发展与繁荣，保护生态环境方面具有很大的合作潜力，这是两国关系发展的坚实基础。当然，双方也存在着一些分歧，但是中美双方应该站得高一些，看得远一些。从维护两国人民根本利益与促进世界与亚太地区和平、稳定和繁荣出发，增进了解，求同存异，扩大合作。

美国已拥有较完善的环境保护政策法规和标准体系，拥有较高水平的环保技术；中国则有着环保和污染治理的巨大需求，有着广阔的环保市场。双方可在科研、提高能源利用效率、环保产业、融资等领域广泛开展合作，进一步开发 CFC 替代品，为保护臭氧层和防止全球变暖做出贡献。中国期待着美国政府采取积极的态度和切实可行的措施，保证中美环境科技合作的项目执行经费，积极推进双方在环保产业上的合作。通过有力措施，以资金和政策支持与鼓励美国的环保企业进入中国的环保产业市场。中美两国平等、互利、互补的合作，将使两国企业和人民受益，也将使世界经济发展受益。

178

今后一段时期内，中美双方可考虑在如下领域开展务实的合作：

1．环境立法和环境标准方面

中国可以借鉴美国成功的经验和做法，并结合中国的实际国情，完善中国的环境法规和标准体系。这不仅能够促进中国环保的进程，其成功经验也可向世界其他发展中国家推广和交流，促进全球环保事业。

此外，也可就全球问题的多边谈判及有关全球环保条约履行过程中存在的科学问题进行磋商、交换意见，包括气候变化框架公约、生物多样性公约、减少臭氧层破坏的维也纳公约和蒙特利尔议定书、危险废物越境转移的巴塞尔公约、由陆源活动与污染引起的海洋环境问题以及联合国环境规划署主持下的有毒化学品问题的谈判等。

该领域的合作模式可以信息交流、专题考察、研讨会、人员互访和共同研究等形式进行。

2．与环境保护密切相关的基础性研究方面

该领域建议考虑开展如下研究：

（1）环境因素与人体健康研究。目前该研究在中国开展得不够系统，但随着中国环保事业的不断发展和深入，该项研究将得到中国环保部门更大程度的重视。中国丰富的自然状况和人居条件是开展这项研究的理想场合，中美合作无疑将推动环境因素与人体健康研究不断结出硕果，并促进两国环保事业的发展。

（2）微细污染物控制研究。微细污染物对人体健康的危害机理、微细污染物的监测技术，大气污染物中微细污染物的负荷和行为规律以及微细污染物的控制是一个世界各国都没有很好解决的问题，中美合作研究无疑将促进该课题的进展。

（3）酸雨研究。酸雨是一个世界性问题，中国目前的酸雨问题相当严重，已成为中国环境治理的重要工作内容，切实抓好这项工作需要开展深入细致的研究。美国在这个领域有着深厚的研究基础，也有着与别国合作研究的成功经

中国的双边、多边环境外交

第七章　活跃的领域

验；双方的合作研究将有利于中国和美国乃至于世界的酸雨控制工作。

该领域的合作建议以信息交换、人员访问学习、合作研究为主要模式。

3．污染控制技术方面

结合中国目前环境污染的重点，有针对性地开展以下几方面研究：

（1）生物多样性及脆弱生态系统综合整治技术。这项研究考虑结合美国的经验、技术与资金，中国配套以科研科技人员和一定资金，以中国为基地开展合作研究，相信其研究成果不仅能够促进中国的生态环境保护，也将为美国乃至世界提供有价值的研究成果。

（2）危险废物的管理与处置技术。配合中国《固体废弃物防治法》的颁布，危险废物的管理与处置技术已成为中国亟待进一步研究的领域。在1990—1995年中国已在这方面开展了攻关研究，并取得阶段性成果，中美在该领域的合作研究大有潜力。

（3）污水处理技术和设备。高浓度有机工业废水治理、污水排江排海等成套设备的设计、制造技术是中国水污染控制的关键环节，中美可就具体合作项目仔细磋商，该领域存在着引进美国先进技术和设备开展合作的广阔前景。

4．其他可能的合作领域和项目

中美环境保护合作具有广阔的前景，可能的合作领域和项目非常多，双方可以认真考虑和不断交换意见，如电离辐射、电磁辐射防护、噪声污染控制技术、清洁生产技术、水和大气污染物连续监测技术、生态环境监测的遥感技术等均是可供考虑的合作领域。

中国与其他国家的双边环境合作

中国与韩国、澳大利亚、英国、挪威、丹麦、波兰等27个国家签订了环境保护协议或备忘录，开展了广泛的交流与合作。

1. 中韩环境合作

中韩两国于 1993 年 10 月 28 日签署了《中华人民共和国国家环境保护局与大韩民国环境部环境保护协定》。根据两国政府环境合作协定的规定，中韩环境合作联合委员会第一次会议于 1994 年 6 月 2 至 3 日在汉城举行；第二次会议于 1995 年 5 月 16 日至 17 日在北京召开；第三次会议于 1996 年 12 月 4 日至 5 日在汉城举行；第四次会议于 1997 年 12 月 22 日至 23 日在北京举行。第五次会议于 1998 年 7 月在汉城举行。通过中韩环境保护联合委员会会议的形式，中韩两国确定并已实施了许多合作项目，还有许多项目已列入计划准备实施。关于推动中韩合作的办法，双方同意建立一个旨在促进和协调环境合作以及满足紧急环境事故需要的联络网，并指定如下联络点：中方为国家环保总局国际合作司双边合作处。韩方为外务部国际经济局环境协力处。

目前已取得实质性进展的项目有：①高浓度工业有机废水的回收与处理技术研究，中方已在高浓度有机工业废水萃取回收成套技术方面开展研究，开发出适合回收染料工业废水中用染料和无机盐的系列技术，并研制出适于有机工业废水处理天然有机高分子絮凝剂。②酸雨对植物尤其是森林的影响研究，双方在共同完成对北京、柳州的酸雨监测项目后，1997 年，又开展了对重庆酸雨的监测研究。③黄海环境合作研究 1999 年双方已开始合作调研。④"酸雨大气前体物越境移动研究"已与中、日、韩三国合作项目"东北亚长距离跨界空气污染监测与模式研究"合并进行，1998 年，进入项目实施阶段。⑤城市环境决策支持系统的 2 个课题："利用地理信息系统与资源系统进行区域环境影响评价"和"区域环境影响评价程序与执行的研究"已于 1998 年开始进行合作研究，采用 GIS 对松花江水质进行研究。

已进行人员互访与信息交流并酝酿启动的项目有：①清除水污染实用方式选择研究，韩方专家将来访，共同讨论合作计划。②环保产业方面的"技术信息和数据交换"项目，我方已定期向韩国提供《中国环保产业》杂志。③"建立培训课程"方面，韩国环境管理工作团已提出培训意向《环境设施管理》，我方已原则同意。

韩国这些年来经济发展迅速，在发展经济的同时它们的环境保护工作做得也很好，有很多成功的经验值得我们学习，中韩两国又是邻国，在交通和通信方面又可节约很多费用，因此，加强与韩国的合作应作为双边合作的一项重要内容。从目前的情况看，两国有着很好的合作机制，不仅在跨界污染问题上有着很大的合作潜力，而且在关于化学品管理、环保产业和全球环境问题等方面亦有着广阔的合作前景。

2．中澳环境合作

中澳两国在环境领域的合作始于 1991 年中澳科技联委会首次会议。两国间的环境合作既有高层官员互访，又有科技合作，具体表现在：①高层互访方面：1995 年 4 月，原国家环保局王扬祖副局长赴澳参加在澳举行的蒙特利尔议定书非正式磋商会。会后，王副局长与澳环境、体育和领土部副部长蒂萨诺女士签署了两部门间的环境合作谅解备忘录，为中澳双边环境合作奠定了基础。1996 年 2 月，国务院副秘书长徐志坚率中国环境保护考察团赴澳考察。在澳期间，中国代表团与澳环保局、遗产委员会、自然保护局和议会及一些州政府进行了广泛的接触和会谈，了解澳在环境立法和环境管理方面的经验。1997 年 6 月，澳大利亚环境、体育和领土部部长罗伯特·西尔参议员来华访问，与国家环保局局长解振华举行了会谈。会谈中，双方一致同意今后将加强双方的双边环境合作。②科技合作方面：两国已开展的环境科研合作主要在水处理方面，包括污水排海、人工湿地、污水排海的生物影响评价和生物监测技术。中国环境科学研究院曾先后派出三个代表团赴澳进行以上项目的合作。随着两国合作的加强，其合作领域已有所拓宽。1996 年 6 月，中国国家环保局与澳环保局在北京联合举办了"中澳清洁生产研讨会"。会上，中国环境科学研究院清洁生产中心与澳大利亚清洁生产中心正式建立合作关系。1997 年环保系统通过外经贸部，提出了一些申请澳大利亚政府赠款项目，这些项目是：A.生态环境综合整治项目：a. 贵州省万山特区汞污染区域生态环境综合整治；b. 贵州省毕节地区炼硫区人工恢复植被示范建设；c. 全国生态示范区的工矿建设导致土地退化的恢复、重建与政策研究；d. 贵州省贫困地区生态再造示范区和政策研究。B.可替代能源（温室气体减排）项目：a. 重庆贫困县发展沼气新能源脱贫致富项目；b. 风能和太阳能互补项目；c. 中国城市的二氧化碳减排和可持续发展的案例研究。C.水污染治理技术开发项目：a. 甘肃省嘉峪关市污水处理项目中试项目；b. 山西省榆次市城市污水处理厂。

中澳环境合作虽已有几年的历史，但目前合作仍停留在人员互访、召开研讨会等层次上。从澳方的优势领域及合作愿望和我方的合作需求看，中澳双方在环境领域有着广阔的合作前景。澳在清洁生产技术、矿山复垦和土地荒漠化治理方面有着先进的经验，澳方也多次表示可以在这些领域与中国开展合作。同时，澳方也曾表示愿意在全球环境问题方面和环保产业方面与中国进行合作。为此，中澳双方今后开展合作的优先领域可以集中在清洁生产、矿山复垦、环保产业、贫困地区资源开发与环境保护以及全球环境问题等方面。

3. 中英环境合作

中英两国自 80 年代初开始进行环境领域的合作，双方不仅在可持续发展、环境教育与公众意识等软课题方面进行了合作研究，而且还开展了一系列互访和技术交流与合作项目，取得了丰硕的成果，并获得了实效。中英合作是我国双边环境合作成功范例之一。

中英两国在环境领域的合作主要是通过英国驻华使馆和英国海外发展署进行的。中英两国在我国环保领域的能力建设、人员培训及环境示范项目等方面进行了卓有成效的合作，解决了我国一些急需的技术和资金问题。从 1993 年起，英国就将环境作为双边发展援助计划的优先领域，到 1996 年，在 4 000 万英镑的"技术合作"基金中环保项目已占到 58%，主要集中在污染控制与节能方面。经过中英双方的共同努力，中国先后与英国的有关单位和部门进行了合作，收到了显著成效。从 1994 年以来，先后举办了四次环境保护合作领域的研讨会，开展了"中国实用环境经济学培训班"、"中国沿海地区环境规划"、"综合污染控制"等项目。先后为我国培训了数百名环境经济学方面的人才；完成了"中国沿海地区环境规划"的福建泉州、海南海口项目，项目第二期的示范将在福建神州和海南洋浦进行。

中国的双边、多边环境外交

第七章 活跃的领域

中英两国在环境领域的合作具有广阔的前景。英国在利用可替代能源及清洁煤技术减少温室气体排放、生物多样性保护、环境教育等方面有着先进的经验，为此，双方在上述领域合作潜力很大。基于目前两国的项目合作进展状况，下一阶段将进一步加强在以下领域的合作："生物多样性保护《野马保护》"、"重庆机动车污染防治规划"、"天津海河流域污染防治"、"加强双方在环保产业方面的交流与合作"、"加强双方在全球环境问题方面的交流与沟通"。1998 年 6 月，国家环保总局局长解振华和英国国际发展大臣肖特分别代表两国签署了《中英环境保护合作备忘录》。

4. 中挪环境合作

1995 年 11 月 6 日，签署《中挪双边环境合作备忘录》以来，在双方的共同努力下，两国在环境领域开展了富有成效的合作，具体表现在：①高层互访不断。1995 年，挪威前首相布伦特兰和环境部长应邀访华；1996 年，国家环保局局长解振华赴挪威访问，1997 年 10 月，挪威国王和王后访问国家环保局。②项目合作不断得到加强。挪威政府提供了约 700 多万美元的技术援助费，开展了以下项目的合作：广州大气质量管理和规划系统、松花江水质监测与信息系统、烟台环境监测和信息系统、株洲环境保护、嘉兴工业和城市废水综合管理等技术合作项目。1997 年 10 月，国家环保局与挪威国际开发署和环境部签署了双方 1997—1998 年度工作计划，建立了每年由挪威提供 500 万挪威克朗赠款的固定合作渠道。初步确定了一批应急的科研、信息系统建设和人员培训方面的项目，如中国西南与华南酸雨对生态系统影响研究、中国—联合国环境署卫星通信地面站建设项目、中国环境统计电子版合作项目以及中国流域环境监测及应急系统研究等。

挪威是与我国开展合作最早的北欧国家之一，并已有固定的合作机制与渠道。在现有的良好合作的基础上，双方将进入一个更好的合作阶段。特别是中国潜在的巨大环保市场为世界所瞩目，它同样对挪威环保企业产生着巨大的吸引力，所以中挪两国今后在环保领域的合作将进一步得到加强，其主要表现在：①挪方用于与中方开展环境合作的经费将不断增加；②中挪环境保护备忘录下的合作项目会逐年增加，并在双边无偿援助的常规渠道中会进一步加大环保项目的数量；③中挪目前的环境合作项目主要停留在赠款项目上，随着合作的进一步加强，双方的合作领域将进一步拓宽，将逐步从无偿技术援助项目扩展到实施投资性的环境示范项目，并为此提供相应的政府优惠贷款。这些项目的实施，不但可以推动挪威环境技术的出口与转让，同时可以促进我国的环保工作，而且可以促进双边经贸合作关系的进一步发展。所以，今后在实施好无偿技术援助项目的基础上，还要更多地从挪威引进资金和技术，实施一批示范工程项目，促进我国环保产业的发展。

5. 中丹环境合作

中丹两国在环境领域的合作可追溯到 80 年代初。我国利用丹麦政府 300 万美元赠款在邯郸市成功地建设了"氧化沟技术城市污水处理示范工程"，取得了很好的示范效果和影响。1994 年 6 月 1 日，丹麦王国环境与能源部长奥肯率团来华访问。自此次访问之后，中丹在环境领域的交流与合作日益得到加强，签署了《中丹有害废物管理及执行巴塞尔公约的国家行动计划谅解备忘录》和《北京绿色环境咨询有限公司合作意向书》。1996 年 1 月 11 日至 14 日奥肯部长再次来华访问，1 月 12 日与解振华局长共同签署了《中华人民共和国国家环境保护局和丹麦王国环境与能源部环境合作协议》。在此期间，解局长向奥肯部长较为详细地介绍了我国的环保工作和"跨世纪绿色工程规划"的有关情况，并就可能的合作领域交换了意见。经过协商，双方确定将环境与能源、清洁生产、石油泄漏等方面作为双方合作的优先领域，并一致同意利用丹麦的技术和政府无偿援助与优惠贷款先组织实施"双鸭山热电联产示范项目"。此后，黑龙江省政府和双鸭山市有关部门针对拟议的热电厂示范项目做了大量的准备工作，编制了项目建议书和预测可行性研究报告。丹麦政府先后多次派出专家对该项目进行了深入的调查研究，并就提供 400 余万美元的赠款进行项目的前期可行性研究等达成了初步协议。但由于一些政治原因，该项目一直没能得到双方的批准。1998 年 4 月 20 日，在北京王府饭店由丹麦王国外交部和中国对外经济贸易合作部联合主办了"中国—丹麦高科技研讨会"（丹麦在风能、废水、医疗保

健、区域供暖和农产品加工领域的项目融资）。

丹麦在环境宣传教育、清洁技术和产品、流域环境保护、固体废物管理等方面有着丰富的经验，双方在以上方面的合作有很大潜力。我们要利用一切可能的机会促成这方面的合作项目。

6．中波环境合作

早在 80 年代中后期，中波两国就已在环境保护领域开展了人员交流与互访，我国先后两次派团组访问波兰，考察波兰有关环境政策、法规与污染防治政策。1996 年 11 月底，波兰环境部部长热列霍夫斯基先生应邀，率团对我国进行了富有成效的访问，并同解振华局长签署了《中波环境保护合作协定》。

全球性多边环境外交

1．中国的区域性环境外交

中国在大力开展环境外交的同时，也积极参与区域性环境外交。中国一直积极参加太平洋环境会议，并于 1995 年在北京成功主办了第五届太平洋环境会议。中国还参加了 1995 年召开的亚太地区环境与发展部长级会议。中国积极参加东北亚地区的环境合作。在 1996 年菲律宾苏比克湾召开的 APEC 领导人会议上，江泽民主席就亚太地区的环保合作发表了重要讲话，强调了环境合作的重要性，并提出了向 APEC 成员开放一个设在北京的环保中心的倡议，受到各方赞誉。1998 年 6 月 4 日，中国 APEC 环境保护中心正式成立，并在 9 月于北京召开了"APEC 可持续发展城市研讨会"。区域性环境外交已成为中国环境外交中的重要一环。

2．中国的全球性多边环境外交

中国的多边环境外交主要涉及四个方面内容：一是参加重要的国际环境会议，主要是参加联合国环境与发展大会。积极参加了全部四次实质性筹备会议，提出设立"绿色基金"等一系列建议，并派出大型代表团出席了联合国环境与发展大会。二是参与国际环境立法和国际环境履约。中国积极参与《关于消耗臭氧层物质的蒙特利尔议定书》修正案、《联合国气候变化框架公约》、《巴塞尔公约》、《生物多样性公约》、《鹿特丹公约》等重要国际环境公约的谈判，为上述公约的起草和通过作出了重要贡献。三是主办"发展中国家环境与发展部长级会议"，41 个发展中国家的部长与会，李鹏总理在大会上发表重要演讲。大会经过深入讨论，通过了由中国起草的著名的《北京宣言》。《北京宣言》阐述了发展中国家对环发事务的基本立场和原则，并且呼吁发展中国家加强团结与合作。此次会议是发展中国家在联合国环发大会前的一次重要的协调立场、统一口径的会议，有力地维护了发展中国家的整体利益；四是认真履行已签署的国际环境公约。1992 年 8 月，我国发表了《中国环境与发展十大对策》；1993 年 1 月，经国务院批准，《中国臭氧层物质逐步淘汰国家方案》发送臭氧层多边基金执委会；2 月，中国当选为可持续发展委员会成员国。6 月，中国成功地举办了世界环境日 20 周年纪念大会；1994 年，中国政府响应联合国《21 世纪议程》的号召制定了《中国 21 世纪议程》，向世界表明了走可持续发展道路的决心和诚意。此后又制定了《中国生物多样性保护行动计划》、《中国控制温室气体排放的战略研究》。1996 年 9 月，在北京召开中国首届保护臭氧层大会，并宣布"九五"期间将在 1996 年基础上，将消耗臭氧层物质消费量和生产量削减50%，受到世界好评。据统计，除了上述多边环境外交活动以外，在 1990—1995 年，即"八五"期间，我国政府还派出代表团出席了一系列重要会议，包括：《关于消耗臭氧层物质的蒙特利尔议定书》第一至第六次缔约国会议、《控制危险废弃物越境转移及其处置巴塞尔公约》第一至第三次缔约国会议、《生物多样性公约》历届政府间谈判委员会会议和第一、第二次缔约国会议、《联合国气候变化框架公约》第一至第十一次政府间谈判委员会会议和第一次缔约国大会、《联合国防治荒漠化公约》五次谈判会议、联合国可持续发展委员会第一至第三次会议。联合国环境规划署第十六至十八届理事会。

中国的双边、多边环境外交

第七章 活跃的领域

第八章　回顾与思考

——中国环境外交总结

时代的呼唤：中国环境外交大发展

　　环境外交是外交活动的一种，是为解决全球和区域性环境问题，在国际会议、国际组织或其他外交场合所进行的双边、多边环境合作、国际交流、对外交涉和谈判。它是通过外交手段达到解决环境问题的总形式。

　　环境外交的基础是国际环境关系，国际环境关系是国际关系的重要组成部分，是主权国家之间、国家集团之间，在人口、资源、环境、发展等方面的相互关系。国际间的冲突与合作，国际间的相互依存在国际环境关系中表现十分突出。

　　国际上在 20 世纪 60～70 年代，环境问题初登外交舞台，经过 70～80 年代的调整和发展，到 90 年代已经形成高潮。我国派代表团出席第一次具有全球规模的斯德哥尔摩联合国人类环境会议，是中国环境外交的开端。1989 年我国政府首次明确提出要开展环境外交，明确提出环境外交这一名称，这早于其他一些发达国家。我国环境外交的发展有着丰富的时代背景和深刻的国际因素。

1. 全球环境危机呼唤中国环境外交的产生

　　许多全球性威胁人类生存和发展的问题和危机出现，要求国际社会进行通力合作。人口膨胀、荒漠化、淡水资源短缺、全球变暖、生物多样性锐减等问题，使所有地区、国家和民族的命运紧密联系在一起。和平与发展成为当代世界的两大主题。人类在发展过程中逐渐形成了一种全球共识：人类必须相互依存，地球是共有的，各国之间也要相互依存。为实现和平与发展就必须运用环境外交在内的各种外交手段。全球通信系统的迅速发展，为环境外交提供了充分发展的空间和工具准备，网络化使环境外交更富于时代气息。

此外，一些全球性工程的讨论、设计及实施，也必然引起环境外交的繁荣和活跃。我国要适应国际发展的大潮流，开展全方位外交。环境外交作为全方位外交的一个组成部分，在这样的大背景下必然应运而生。

2. 建立国际政治经济新秩序的大背景使环境外交获得生命力和战斗力

前联合国环境规划署执行主任托尔巴博士有句名言："冷战结束，环境问题一跃而名列世界政治议程的榜首。"深刻地揭示了环境问题及环境外交与国际秩序的关系。

旧的雅尔塔体制的结束，世界朝着多极化发展，我国政府主张在和平共处五项原则基础上建立国际政治新秩序，得到了国际社会的普遍赞同，这就从根本上为环境外交的产生创造了条件，并将保证和促进环境外交健康发展。

与国际政治旧秩序相对应的国际经济旧秩序可以说是造成全球环境问题的一个根源。环境问题的产生主要是由于发展不足和发展不当。只有改变不合理的经济秩序，消除贫困，充分发展，发展中国家包括中国才能既保护自己的环境，又能为解决全球环境问题做贡献。保护环境是建立国际经济新秩序的一个重要部分，环境外交也可以被认为是与经济外交密切相关的。

我国政府为发展经济，推动建立国际经济新秩序作出了不懈的努力，提出了许多卓有见地的原则、主张，这些主张对于开展环境外交具有同样重大的指导意义，可以说在改变国际经济旧秩序建立国际经济新秩序的世界潮流中，中国环境外交被赋予并将显示出很强的生命力和战斗力。

3. 国际环境保护运动要求我国大力开展环境外交，加强国际合作

由于全球环境问题的出现，使作为国际环境保护活动一个重要组成部分的环境外交适时产生。为了采取共同的行动来处理环境问题，各国政府必须密切

中国环境外交总结

合作采取一致措施，认识和掌握世界环境问题的特点，积极、灵活地运用各种外交方式和策略，处理国际环境保护事务，发展国际环境保护事业。

国际环境保护运动的兴起，正在引起各国和国际社会产生一系列深刻变化，甚至有人预言，将会引发一场新的革命，这场革命就是以保护人类环境为主题，实施可持续发展战略，建立起人与人、人与环境关系协调的新文化和新文明。环境问题是对人类生存的巨大威胁，但从另一个角度又可以认为它为人类提供了前所未有的变革和生存的机会。国际环境保护首先对国际社会造成冲击，即必须改变过去的传统理念，引导出适应新形势、新特点的集体安全、生态联系和可持续发展等新概念。它也使人类达成共识，即必须采取协调行动，负起共同的责任，才能有人类美好的明天；其次它也对每一个国家产生冲击，明显体现在国家制定政策时开始考虑环境问题，环境保护成为国家对外关系中的一个重要因素。我们必须研究出现的新情况，因势利导，跟上国际形势发展，把国际环境保护浪潮作为机遇，促进我国环境的改善和能源资源的合理开发和利用，因而必须大力加强环境保护国际合作，开展环境外交，做出自己的贡献。

4．改革开放政策的实施及取得的成果为环境外交的兴起提供了沃土

我国近 20 年的改革开放，取得的成就世人有目共睹。国力增强，国民经济发展迅速，人民生活明显改善。一些重要的工业产品产量已跃居世界前列，如煤炭和水泥产量居世界第一位，已经形成了独立的、门类比较齐全的工业体系；在农业方面，以全球 7%的土地基本上解决了占世界 22%人口的吃饭问题，本身就是一个奇迹；改革开放促进了全国各级环境机构的健全和环保队伍的发展与壮大。综合国力和环保力量的增强为环境外交奠定了物质基础，使我国有能力逐步而全面地进入环境外交领域。

改革开放促进环境外交，环境外交则有利于改革开放，这是一对统一体。可以认为环境外交是改革开放中不可或缺的方面。另一方面，改革开放使国人认识到全球环境危机和共同的未来，使中国环境保护进入了世界环保行列中。改革开放带来了新信息和新思想，有利于外交观念的更新，有利于形成中国环境外交的特点。改革开放扩大了环境外交的领域，使环境外交形成全方位的特

色，有了广阔的活动舞台，可以说没有中国的改革开放政策，就没有中国环境外交的大发展。

产生于改革开放实践的环境外交，对改革开放也发挥了极大的作用，积极地影响着改革开放的继续发展，这一点从经济发展实践中可以得到佐证：通过环境外交，引进的先进环保科学技术和管理方法，在建立健全环境管理制度，实行环境法治等方面取得的效果非常明显。

5．中国环境问题和环境保护对发展环境外交提出了紧迫要求

我国面临的环境形势是环境污染与生态破坏并存，历史欠账与新增问题并存，国内环境问题与全球环境问题并存，环境问题局部有所控制，总体还在恶化，前景令人担忧。为了保护环境，我们已经采取了大量措施，并取得了很大成效。城市环境综合整治效果明显，保护生态环境、防治环境污染有所进展，并形成了以八项制度为主的一系列环境管理制度。虽然取得了一定成绩，但形势依然严峻，前景令人担忧，还有更长的路要走。环境保护对我国而言是一个新兴的、独立的领域，是一项全民事业，具有较明显的发展中国家环境保护的特点：缺资金、缺技术、欠账多。它具有跨部门、跨学科的综合性和边缘性，对环境外交有十分重要的影响。美国环保局有位官员曾讲过："很明显，如果要解决这个问题（指二氧化碳排放的限控），必须与中国、印度和巴西打交道。"打交道就是指搞环境外交。归结起来讲，中国环境问题的多样性，环境保护的综合性，决定了环境外交领域的广泛性；中国环境问题的严重性，环境保护的重要性，决定了环境外交的紧迫性；中国环境问题和环境保护的特殊性，决定了它与环境外交的互补性；政治历史条件决定了环境外交在政治方面的倾向性；中国环境问题的恶化和环境保护的兴起，带动了环境外交，并决定着它今后的发展，中国的环境外交是国内环境工作向外的发展和延伸，是为国内环境保护事业服务的，是中国环境保护事业一个重要组成部分。因而要做好环境外交工作，必须深刻了解中国环境问题和环境保护的真实情况和真实利益，了然于胸。

更好地开展中国环境外交，需要搞好中国环境保护，这既是对全球环境保护事业的贡献，也是对环境外交的贡献。解决全球环境问题需要所有国家共同努力，

中国环境外交总结

第八章　回顾与思考

中国的环境问题是全球环境问题的一部分，中国搞好了，就是对全球环境保护的贡献；另一方面也可以为环境外交提供资本、基础和后盾，使环境外交更加积极主动，更好地发挥应有的作用，承担与国力相适宜的国际环境保护义务。

6. 国际环境外交的发展要求我们积极开展环境外交并对相关问题进行系统研究

环境外交虽然出现不过一二十年，但其发展势头不可阻挡。当代环境外交作为当代外交的一个新兴领域，不仅具有当代外交的一些基本特点，而且在很大程度上引发了对传统外交的补充更新。在一个相当长的时期内，环境外交将成为国际关系上的新热点。国外对于环境外交的研究日趋深入，也渐显规范化、系统化，有专门的环境外交专家、学者在此领域内工作，为决策提供政策及技术支持，我国在此方面尚属起步阶段，急需奋起直追，形势不等人，不可坐失时机。

在环境外交领域，也有一些发展趋势需要我们分析研究：对环境保护问题的认识和国际环境保护手段将会出现突破；保护环境的水平，解决环境问题的能力，环境科学技术的发展程度，将成为衡量一个国家文明发达的标志，环境外交必须为此坚持不懈地努力。环境外交中的主要矛盾即责任、义务、资金和技术转让等日益明显和突出；双边和区域性多边环境外交趋于经常化；迎接世界环境问题的挑战，需要多边合作的政治意愿日趋强烈等。

这一系列特点要求我们必须适应外界变化要求，进行深层次理论研究，促进中国环境保护工作，并为全球环境问题的解决作出贡献。

中国的环境外交正是在这样的时代大背景下产生并发展起来的，已经从环境外事工作和经济外交工作中脱颖而出成为一门专业性较强的工作，并已取得丰硕成果，在国际上发挥的作用日渐增强，对国内环境保护也有很大促进作用。

丰硕的果实：中国环境外交成就

中国环境外交自 1972 年以来的 20 多年中，取得了一步又一步成功。作为一个发展中的大国，中国深知自己在促进世界经济的健康增长和保护地球生态环境方面的责任及可以发挥的作用。从这一基点出发，中国一方面十分重视解决自己在经济和社会发展过程中出现的环境问题，同时也十分重视和积极参与环发领域的国际合作，使中国环境外交成为世界环境外交领域中的一支突出力量，并取得了辉煌的成就。

1. 积极参与环境领域的重要国际事务

我国是联合国的创始国之一，是联合国安理会的常任理事国。我国政府一贯大力支持并积极参与联合国系统所开展的重要环境事务，发挥了重要的作用。我国也是历届联合国环境规划署的理事国，与联合国环境署开展了许多富有成效的合作。我国于 1974 年先后分别加入了联合国环境署所属的"全球环境监测网"、"国际潜在有毒化学品登记中心"及"国际环境情报资料源查询系统"。我国本着真诚合作，推进环境与发展事业快速而健康发展的愿望，与联合国开发署、世界银行、亚洲开发银行等国际组织建立了良好的合作关系，取得了世人瞩目的成就。我国与联合国亚太经社会等组织保持着密切的合作，为亚太地区的环境与发展进行了不懈的努力。1992 年 4 月，为了加强我国在环境与发展领域的更有效的国际合作，成立了由 40 多位中外著名专家、学者和知名人士组成的"中国环境与发展国际合作委员会"。该委员会成立以来，就我国的环境和发展提供了许多有价值的意见和建议。这一委员会的成立，也充分体现了我国政府对环境与发展问题的关切与决心。

2. 积极参与环境领域重要国际文件的起草工作

1972 年，中国代表团在周恩来总理亲自指示下参加了联合国人类环境会议，积极参与《人类环境宣言》的起草工作。《人类环境宣言》中多处吸收并写进了中国代表团提出的观点和意见，如《人类环境宣言》第三条"人类总得不断地总结经验，有所发现，有所发明，有所创造，有所前进"；第五条"世间一切事物中，人是第一可宝贵的"；第六条"我们需要的是热烈而镇定的情绪，紧张而有秩序的工作"等表达了我国对环境保护事业充满了乐观的精神和对人的

中国环境外交总结

第八章　回顾与思考

重视。

中国环境外交始自此时，20 年后的巴西里约热内卢联合国环境与发展大会上，中国环境外交发挥了更加显著的作用。《里允环境与发展宣言》中 27 条原则是依据"77 国集团加中国"共同提出的草案作为基础制定出来的；《21 世纪议程》中的若干重要章节，特别是久拖未决的"资金和资金机制"一章，也是依据"77 国集团加中国"共同提出的草案作基础，经过严肃认真、互谅互让的南北对话，最终达成协议，并为环发大会所通过。这些文件为今后环发领域的国际合作确立了一整套指导原则。

3．积极参与有关的国际会议和国际环境立法工作

我国积极参与准备并出席联合国环境与发展大会，为大会的顺利召开作出了努力。我国参加了联合国环境与发展大会的历次筹备会议，在会议上发挥了建设性的作用。进入 80 年代中期以后，各种层次的多边环境会议层出不穷，国际环境立法活动也紧张地开展起来。中国环境外交以务实、积极的态度，参与了频繁的国际环境立法工作。积极参加了一系列南北之间进行的对话性质的多边会议，以及联合国环境署、世界气象组织、联合国粮农组织、联合国教科文组织、亚洲开发银行、世界银行、国际海事组织等召开的与环境有关的会议及项目合作。我国积极参与了旨在加强发展中国家团结、协调的会议，具有代表性的会议。此外，特别值得一提的是，1991 年 6 月，在北京召开了由我国发起的首次"发展中国家环境与发展部长级会议"，会议发表了有着重要意义的《北京宣言》。在《宣言》中详细阐述了发展中国家在环境与发展问题上的原则立场，这是中国和其他发展中国家对促进世界环境和发展事业作出的积极贡献。1992 年 6 月，我国出席了联合国环境与发展大会，李鹏总理在大会的首脑会议上发表了讲话，他代表我国提出的旨在加强环境与发展领域国际合作的主张，得到了国际社会的高度评价。

在参与国际环境立法活动中，除参与历时 10 年的《海洋法公约》谈判及起草外，在环境领域还积极参加了《关于消耗臭氧层物质的蒙特利尔议定书》的修订工作，参加了《防止危险废物越境转移及其处置巴塞尔公约》、《关于保护

环境的南极条约议定书》、《生物多样性公约》以及《联合国气候变化框架公约》等的谈判和起草工作。

中国政府一贯认为，加强国际环境领域内的各项立法是极为必要的。我国将继续以积极、认真和负责的态度参加国际法律文书的起草、谈判和制定工作，维护我国利益并确实保证我国和其他发展中国家的原则主张在国际法律文书中得到反映。

4．极大地推进了我国的环境管理工作

环境外交促进了国内环保机构的建立、国内法律法规和标准体系的形成以及环境管理体系的建立和完善。

斯德哥尔摩会议之后，中国政府充分认识到中国的经济发展也带来了严重的环境问题，中国正在走发达国家所走过的先污染后治理的老路。为此，中国从国家管理的高度出发，在全国范围内广泛开展环境保护工作。首先是建立起国家环境保护机构，并借鉴国外先进的立法机制颁布了《中华人民共和国环境保护法（试行）》和其他环境保护的法律法规，同时参照国外环境标准体系并结合本国实际制定了一系列环境标准。随后，又陆续引入了国外行之有效的环境管理手段，如环境影响评价制度、污染者付费原则、ISO 14000 环境管理体系等，结合中国国情，建立了强有力的中国环境管理体系，这些在中国的环境保护中发挥了巨大作用。而所有这些都是在开展广泛的国际交流与合作的基础上取得的。

5．促进了环境外交机构建制的日趋完善

随着国际环境合作的发展，我国环境外交机构建制日趋完善健全，经过了一个从无到有的历程，对国际环境合作起到了极大的推动作用。

1972 年，参加斯德哥尔摩人类环境会议的中国环境代表团是由各有关部委临时组成的，其中并未包含一个环境外交专职人员。到 1976 年，在国务院环境保护办公室才设立了第一个环境外事干部，这可以说是中国环境外交建制的开始。外交部是国家对外关系的主管部门，包括指导和参与环境外交工作，国家

环保局是我国仅次于外交部的一个重要的环境外交机关。80年代，随着国际环境保护合作的日益深入和环境外交活动的发展，国家环保局在环境外交中的地位和作用日益加强。1985年，设立了外事处，负责处理环境外交事务。但随着环境保护领域外事渠道日益增多，既有政府间的合作也有民间联系，既有科技合作也有经济交往，既有双边交流也有多边合作，因此为了加强国家环保局对环境外事工作的管理，适应国际形势需要，1988年，成立了外事办公室。几年之后为加强统一归口，加强国际合作、外事管理和环境外交工作，1993年，国家环保局成立国际合作司，成为环保局专门的外事机构。自国际司成立后，国家环保局的对外合作走上了一个正常健康发展的轨道，国家环境外交机构不断健全，又上了一个新台阶。根据本届政府的机构改革原则，国家环保局提升为国家环保总局，保留了国际合作司，并充实、加强了相应的工作职责。主要职责如下：归口管理环境保护领域的国际合作与交流，统一对外联系；研究和拟订国际环境外交政策，编制环境保护国际合作与交流的规划和年度计划，并组织实施；拟订环境保护外事管理与国际合作工作的规章制度，并监督执行；负责处理涉及港、澳、台的环境保护与交流事务；负责环境保护国际公约的对外谈判，环境保护系统对外经济合作政策指导；归口管理与联合国其他组织、非联合国系统国际组织、各国驻华使馆、国际组织驻华机构的有关联系工作。派出的环境外交机构对我国国际环境合作也发挥了重要作用。中国在联合国组织和其他的国际组织的外派人员，为加强中国同国际组织就全球环境问题处理上的紧密联系起到了桥梁作用。

6. 加强了我国环境与外交的结合，环境保护工作得到国家领导人的进一步重视

环境外交作为一个新兴领域，给我国传统外交的理论、原则、活动方式带来了新意，加强了我国环境部门与外交部门的沟通。因为环境外交涉及国家根本利益，所以环境保护工作进一步得到国家领导人的重视。江泽民主席在1996年参加马尼拉APEC会议的讲话中，着重说明保护全球环境的重要性，并宣布北京成立一个环保中心作为对外开放的窗口。李鹏同志也在国事活动中，与外

国领导人多次谈到环境保护合作问题，如在1996年3月曼谷的亚欧首脑会议上，李鹏同志提出环保应是优先合作领域之一。党和国家领导人对环境问题的重视，无疑给我国环境保护工作的开展带来了契机。

7．可持续发展思想的引入及其在国内的进一步贯彻实施

1992 年，联合国环境与发展大会上通过了《里约环境与发展宣言》，并全面推出了可持续发展的概念。会上通过的《21世纪议程》这一广泛的行动计划，提供了一个从现在起至21世纪向可持续发展转变的行动蓝图，涉及与地球发展有关的所有领域。这次大会之后，我国率先提出了《环境与发展十大对策》，制定了《中国21世纪议程》、《中国环境保护行动计划》等纲领性文件。各部门也相继制定了各自部门的可持续发展战略，如农业、林业、海洋等。我国是1993年成立的联合国可持续发展委员会的成员国，在这个世界环境与发展的高层政治论坛上发挥着应有的、不可替代的作用和影响。1994 年 7 月，我国政府在联合国开发署的支持下，在北京成功地举办了"中国21世纪议程高级国际圆桌会议"，为推动我国的可持续发展作出了贡献。通过几年的实践，可持续战略广为人们所接受，并成为21世纪经济和社会发展的基本指导方针。

8．新闻出版取得了很大成果

从 1983 年开始，中国同联合国环境规划署签订了新闻出版合作协议。10年来，在双方共同努力下，取得了以下成果：

1983 年 9 月 5 日，中国同联合国环境署联合出版的中文季刊《世界环境》创刊号开始发行。《世界环境》除在国内发行外，还寄往世界各地有华人居住的地方。在普及环境保护知识方面，做出了有益的贡献。联合国环境规划署从1988年开始还资助中国创办英文版的《中国环境报》。这份报纸分发到世界各地，宣传了中国环境保护状况及为世界环保事业所做的努力，扩大了中国的国际影响。

9．国际环境经济技术合作

自 80 年代末 90 年代初以来，在世行、亚行的大力支持下，中国政府利用

世行、亚行贷款在环境保护领域开展了大量工作。至今，已有 11 个世行贷款地方环保项目和几个亚行贷款地方环保项目正在实施，这些项目共计利用世行、亚行贷款约 22 亿美元。世行为实施关于加强国家环保总局和中国科学院能力建设的《中国环境技术援助项目》向中国政府提供 5 000 万美元的软贷款。此外，世行、亚行自 80 年代末以来还为国家环保总局提供了一些技术援助赠款项目。

到目前为止，我国从全球环境基金（GEF）获得的资助金额达 9 000 多万美元，共有 9 个项目获得批准。截至 1998 年底，我国共获得蒙特利尔多边基金（该项基金由发达国家捐助设立，用于资助发展中国家履行《关于消耗臭氧层物质的蒙特利尔议定书》）2.75 亿美元，批准项目 266 个。

此外，我国还通过双边渠道，引进了大量的资金和技术，仅 1998 年我国就获得双边赠款近 1 800 万美元，支持了数个中国重点环境保护项目。

所有这些活动，都有效地支持了我国环保系统的重点工作，缓解了我国环保基础理论研究、环保系统自身能力建设以及有关部门和地方环保建设项目资金紧张的状况，推动了我国环保事业的发展。

10. 提高了中国在国际上的形象和分量

我国是一个发展中的大国，地大人多，排污总量很大，东亚季风、黄土高原等对全球环境有着特殊的影响。因此，没有中国的参与，解决世界面临的重大环境问题是不可能的。中国希望在解决全球环境问题中发挥自己的重要作用，主动宣传自己，广交朋友，发挥与大国相称的影响。

我国积极参与国际环发事务，向世界展示了我国进一步对外开放的新形象。我国在环发领域既讲原则，又讲实事求是，被发展中国家看作可靠的朋友，被西方国家视为可以合作的伙伴，国际声望大大提高。许多国家希望我国在环发领域和其他重大国际事务中发挥更大作用。毫无疑问，我国在环发领域取得的成绩在一定程度上推动了我国对外关系的发展。国际社会认识到，没有中国的参加，任何重大的国际环境问题都不能解决。联合国环境规划署前执行主任托尔巴博士说，他认为中国在国际环境保护问题上处于极为重要的位置，由于中国在国际环境保护合作中的表率作用，使各国合力创造美好的世界环境成为可能；他希望中国能在世界环境保护中成为发展中国家的领袖。联合国环境规划署的巴尔斯卡女士也说："中国在环境立法方面走在前列，为发展中国家树立了榜样。中国参加各种国际公约、协议的重要性不言而喻，没有中国参加，这些条约将不能成为全球性的国际公约。"中国环境外交在过去的二十几年中取得了辉煌的成就，对国内环境保护，经济发展，国际地位提高，解决全球环境问题作用巨大。

我国在世界环发领域中已初步奠定了自己的地位。在这世纪之交，我国将从战略高度认识环境问题的重要性，抓住时机尽快制定长期的环境外交战略，并且与广大发展中国家一道巩固和扩大环发大会取得的成果，为世界环发事业作出更大贡献。

继往而开来：中国环境外交有待增强

中国环境外交经过 20 多年的艰苦努力，已开创了崭新的喜人局面，对我国的环境保护起到了极大促进作用，在国际上提高了我国的地位和声誉，成为国际环境外交领域的重要力量。但在看到这些成绩的同时，我们也应该看到所存在的不足，在新形势新情况下，这些不足主要有以下几点：

（1）我国目前正处于建立社会主义市场经济时期，虽然改革开放 20 年来，经济发展取得了惊人的成绩，国家实力大幅度增强，但由于我国国民经济底子薄，工业技术水平同发达国家相比存在着一定差距。在国际舞台上，通常有"弱国无外交"之言，我国在经济实力上比以前虽然有极大提高，可仍处于社会主义初级阶段。目前的主要任务仍是大力发展经济，因而中国环境外交仍需在很长一段时期内贯彻邓小平同志的"韬光养晦，有所作为"的外交方针。

（2）中国环境外事队伍建设有待于进一步完善和加强。20 多年来，人员队伍从无到有，在逐步积累经验的基础上成形和成熟，为中国环境外交的发展付出了巨大的努力。但国际形势变幻莫测，新知识、新技术层出不穷，这对于中国环境外事队伍提出了很高要求，要求从事外事工作人员要具备较高的素质，这包括丰富而全面的专业知识、具有涉外工作经验和较好的外语能力，以应付

复杂局势，中国环境外事人员队伍建设是一件常抓不懈的任务。

（3）在所签署的有些环境公约、协议的履行上，在承诺的具体责任和目标问题上，有的缺乏必要的监督和指导，使有些问题不能落到实处，长此下去势必影响我国对相关公约的履行。

（4）我国作为发展中国家，与其他发展中国家在环境外交方面有一个共同点，即是研究力量不够，投入不足，理论基础底子薄。我国环境外交理论研究已引起越来越多有识人士的重视，环境外交研究人员已取得了许多有目共睹的成就，中国环境外交理论研究方兴未艾。为推动中国环境外交的大力发展，摆脱较为应付和被动的地位，在 21 世纪国际环境外交格局中占有重要的一席之地，必须大力加强理论基础研究工作，为中国环境外交提供有力的支持。

坚固的基石：中国环境外交的基本原则及
对某些重大问题的立场

1. 中国外交的基本原则

我国是社会主义国家，在对外关系中，坚持马列主义，毛泽东思想和邓小平理论的旗帜。在《中华人民共和国宪法》中明确规定了我国外交路线和基本原则，即"中国坚持独立自主的对外政策，坚持互相尊重主权和领土完整、互不侵犯、互不干涉内政、平等互利、和平共处的五项原则，发展同各国的外交关系和经济、文化的交流；坚持反对帝国主义、霸权主义、殖民主义，加强同世界各国人民的团结，支持被压迫民族和发展中国家争取和维护民族独立、发展民族经济的正义斗争，为维护世界和平和促进人类进步事业而努力。"也可表述为：

（1）对于一切国际事务，从中国人民和世界人民的根本利益出发，根据事情本身的是非曲直，决定自己的立场和政策，做到"五不"。

（2）反对霸权主义，维护世界和平。

（3）致力于推动建立公正合理的国际政治经济新秩序。

（4）尊重世界的多样性，各国的事情由各国自己办，国际上的事情由大家商量解决。

（5）坚持睦邻友好，搞好周边关系。

（6）进一步加强同发展中国家的团结与合作。

（7）在和平共处五项原则基础上，继续改善和发展同发达国家的关系。

（8）坚持平等互利原则，同世界各国和地区广泛开展贸易往来、经济技术合作和科学文化交流，促进共同发展。

（9）积极参加多边外交活动，充分发挥我国在联合国和其他国际组织中的作用。

（10）坚持在独立自主、完全平等、互相尊重、互不干涉内部事务的原则基础上，同一切愿与我党交往的各国政党发展新型党际关系，促进国家关系的发展。

我国对外工作的指导方针是：冷静观察、沉着应付、韬光养晦、有所作为。

2. 中国环境外交的基本原则

我国的环境外交是我国外交工作的一个重要组成部分，我国环境外交的基本原则是在坚持我国外交基本路线和原则的前提下，在全面深刻分析国际环境形势的基础上结合环境外交领域的特点而制定的。1990年7月，国务院环境保护委员会第十八次会议通过了指导我国环境外交工作的纲领性文件《我国关于全球环境问题的原则立场》，其主要原则如下：

（1）坚持环境与经济的协调发展。

协调发展不仅是国内环境保护战略的基本出发点，也是中国对全球环境问题的基本出发点之一。环境是经济发展的物质前提，经济发展又是环境保护的物质基础，两者相互影响、相互作用，形成一个有机联系的整体。贫穷是发展中国家面临的重要社会问题，也是发展中国家产生环境问题的根本原因。在发展中国家，环境问题大都是发展不足造成的，千百万人的生活仍然远远低于生活必需的最低水平，他们无法取得充足的食物、衣服、住房、卫生保健和教育，因而发展中国家必须致力于发展。但是，解决贫穷和发展经济并不能与环境保护对立起来，不能以牺牲环境来换取经济的发展。发展中国家必须在发展中解决现有的环境问题，并做好预防工作。如果离开了发展经济，片面地强调保护和改善环境，环境保护就会变得毫无意义了。同样，不顾生态环境的承受能力，而盲目地追求经济发展也是有害的、错误的，因为环境污染和生态破坏将会抵消经济发展所创造出来的一切成果。所以，对发展中国家来说，在保持适度经济增长的前提下，妥善处理好经济发展与环境保护的关系，寻求适合本国国情的解决环境问题的方法和途径，则是唯一可供选择的道路。解决发展中国家的环境问题与解决全球环境问题有同等重要的意义。国际社会应在统一协调行动中，给予必要的关注和支持。

（2）发达国家是造成当代环境问题的主要责任者。

首先从历史的角度来看，当代的世界环境问题不是在一年两年内形成的，发达国家在几百年的发展中，为自己创造了大量的财富，也向地球排放了大量的污染物，从而积累形成了现在的环境问题，如温室效应、臭氧层破坏、酸雨、土地沙漠化、热带雨林的砍伐、淡水资源污染等问题。即使从现实的角度来看，发达国家也仍然是主要污染物的排放者。目前发达国家的人口仅占世界总人口的25%，而二氧化碳的排放量却占全球总排放量的75%；全球消费的有关破坏臭氧层的113万吨受控物质中，发达国家就占86%；全球现有的危险废物也主要来自工业化国家，其产量占世界的90%左右。所以，无论是从历史的角度看，还是从现实的角度看，发达国家都是当代环境问题的主要责任者，而发展中国家却是受害者，正在蒙受着发达国家造成的环境污染和破坏所带来的损害。因此，发达国家有义务在现有的发展援助以外，提供新的、充分的、额外的资金，帮助发展中国家参加保护全球环境的努力，或补偿由于保护环境而带来的额外经济损失，并以优惠的、非商业性的条件向发展中国家提供环境无害技术，这一原则精神应纳入国际环境保护的有关公约或议定书中去。

（3）解决全球环境问题要注意维护发展中国家的利益。

首先，各国对其资源的保护、开发、利用是各国的内部事务，应由各国自己决定。必须强调发展中国家对其自然资源及其开发利用的主权不容侵犯，同时反对某些国家借口环境保护干涉别国内政。中国一贯主张在国与国的关系中应互不干涉内政，这是中国对外政策的基本点之一；其次，反对在缔结有关环境保护的国际公约、条约中写入歧视发展中国家合法权益的条款，如某些大国在讨论削减 CFC 等受控物质的国际会议上，提出世界各国都应"均衡削减"的主张，这种主张既推卸了他们的责任，又弱化了他们应承担的义务。中国不赞成把保护环境作为提供发展援助的新的附加条件，不赞成以保护环境为借口设立新的贸易壁垒。

（4）建立符合发展中国家利益的国际经济秩序，充分发挥发展中国家在处理全球环境问题中的作用。全球环境问题是同长期以来不合理、不公正的国际经济秩序紧密相关的，因此，在讲国际环境合作的同时，也必须讲国际经济合作。要建立有利于持续发展的公正的国际经济秩序，努力消除外部经济条件恶化带来的不利影响，加强发展中国家的经济实力，以提高对环境保护的支持能力。

发展中国家广泛参与解决全球环境问题是非常必要的。目前，绝大多数发展中国家的经济尚处于满足人民基本需要的发展阶段，承受着保护环境和发展经济的双重压力。但是，由于全球环境变化的影响，发展中国家遭受到严重的损害，这势必阻碍和延缓其社会和经济发展进程。因此发展中国家倍加关注全球环境问题。但是，在目前的国际环境事务中，存在着忽视发展中国家作用的倾向，他们的呼声得不到反映，他们的权益得不到保障。有必要采取措施，确保发展中国家能够充分参与国际环境领域的活动与合作。

（5）中国以积极的姿态迎接全球环境问题的挑战。

首先，要积极参与有关解决全球环境问题的各项活动。中国是一个环境大国，人口多，国土广，国家的总体实力较强，许多工农业产品产量位居世界前列，经济发展有较大潜力，因此对环境问题的态度备受国际社会的重视。中国积极参与国际社会解决全球环境问题的各种努力，有利于提高威信，树立起好的形象。

其次，中国又是一个发展中国家，全球环境质量的好坏，环境问题的解决程度，对中国经济社会持续稳定地发展，对中国社会主义现代化建设，对实行对外开放政策，都具有十分重要的影响；反之，全球环境质量下降，环境与资源遭受破坏，中国也会深受其害。从国内的建设与发展的需要来看，从对内搞

中国环境外交总结

第八章 回顾与思考

活、对外开放的基本政策来看，也决定了中国对解决全球环境问题所应持有的积极态度。因此，中国支持国际社会为解决全球环境问题所做出的一切努力，包括认真研究、签署和执行有关环境保护的国际公约、条约，对其中一些条款有保留意见的公约、条约也积极支持修改、调整和完善。同时还要努力做好国内的工作，因为中国是一个环境大国，把国内的环境问题解决好了，本身也是对解决全球环境问题做出了贡献。

除此之外，环境外交的基本原则还可概括为以下几点：

（1）坚持维护国家的环境权。

国家环境权是国家主权的固有组成部分，国家环境权又称环境主权，是指每个国家不论大小在对其国家范围内环境资源的享有、开发、利用、保护等方面拥有在国内的最高处理权和国际上的独立自主权。从内涵上分析，国家环境主权主要包括四方面内容：

① 环境资源的享有权：1974 年，联合国大会通过的《各国经济权利和义务宪章》明确规定，各国对其全部财富、自然资源和经济活动享有充分的永久主权。

② 环境资源的开发利用权：各国享有独立自主开发利用本国拥有的自然资源并从中获取利益的权利。《人类环境宣言》第 21 条明确规定："各国有按自己的环境政策开发自己的资源的主权"。

③ 环境管理权：主权国对内行使最高管理辖权，可以就本国环境问题制定政策和法律，对环境的开发保护进行统一管理。这是主权的必然延伸。

④ 国际环境合作与对抗权：主权国家在国际环境领域一律平等，有权按照本国的法律与其他国家或国际组织进行合作；对于他国对本国及全球环境的破坏行为有权依照国际法准则以适当措施和方式予以对抗，以免本国在国际环境领域处于不利地位。

（2）坚持可持续发展的原则。

坚持可持续发展的原则是中国环境外交的立足点和根本点。《里约宣言》中明确了这一原则："为了实现持续发展，环境保护应成为发展进程中的一个组成部分，不能同发展进程孤立开看待。"

环境的变化与人类和社会活动密切相关，环境问题绝不是孤立的，需要把环境保护同经济增长与发展的要求结合起来，在发展进程中加以解决。因此，必须充分承认发展中国家的发展权利。保护全球环境的措施应该支持发展中国家的经济增长与发展，经济和社会进步必须以良好的生态环境和可持续利用的自然资源做基础，而且只能在社会、经济的不断发展过程中，寻找切实解决环境问题的道路。因此，必须兼顾当前利益和长远利益、局部利益和整体利益，结合各自的具体国情来寻求可持续发展的道路。

我国提出的经济发展方式，要由粗放型向集约型转变，这与可持续发展原则完全一致。我们必须加速科学技术的进步，实施可持续发展战略，转变粗放型的发展模式。

（3）坚持"共同但有区别的责任"的原则。

对于共同的观点，我国政府和环境部门领导人在各种公开场合曾作过多次明确的阐述。

1990年10月24日，国务院总理李鹏同志在会见"中国经济与环境协调发展国际会议"中外代表时指出："我们共同生活在一个地球上，面临着许多共同的环境问题，如酸雨超越国界，除美国、加拿大外，北欧、英国和西欧国家都有酸雨问题，所有这些都是大家共同关心的问题，我们愿意加强与各国在这些领域的交流与合作。"

1990年7月，国务委员宋健同志在会见联合国亚太经社委员会官员贾拉尔博士时明确指出："全球环境问题是大家共同关心的问题"。同年9月4日，宋健在会见联合国环境署执行主任托尔巴博士时说："我非常赞赏托尔巴先生说过的一句话，环境问题对全世界人民都是一样的，不分国界，不分国家制度，甚至有冲突的国家都可以通过环境问题来沟通，全世界在这个问题上都应该统一起来。"同年10月23日，他在"中国经济与环境协调发展国际会议"开幕式上致词说："当前，全球环境问题已成为世界各国共同关心的一个问题"，"地球是宇宙中的一叶孤舟，人类有幸在这个星球上出现和进化，非常幸运！科学研究表明，人类数量的增长，工业化的进程，已经导致生态变化和气候变化。地球的生态环境是相当脆弱的，如果破坏了人类赖以生存的生物圈，我们将丧失生存和发展的基地。在可见的未来，没有天外绿洲可供我们迁移，我们也没有近邻可以向之呼救，全世界人民必须同舟共济。正因为只有一个地球，才使得环境保护成为全人类的共同事业，这为我们寻求国际合作开辟了广阔前景"。《北京宣言》庄严地宣称："我们对于全球环境的迅速恶化深表关注"，"我们确信环境保护和持续发展是全人类共同关心的问题，要求国际社会采取有效行动，并为全球合作创造机会。"

我国认为全球环境问题也是当前国际关系中的一个热点，受到了世界各国的普遍关注，保护和改善全球生态环境，是全人类的共同愿望，全球环境问题成为全人类面临的共同挑战，全球生态环境恶化这个问题，不受国界、社会制度和意识形态的制约，一国、一地的环境问题有可能对整个地区乃至全球的生态环境产生影响。为了保护我们和子孙后代赖以生存繁衍的地球，人类已别无选择，只有超越国界、民族、宗教、文化的制约，为人类的共同利益，同时也是为世界各国自己的切身利益，同舟共济，合作治理环境。承认和坚持共同关心的原则，体现了我国对全球环境问题和国际环境保护的深刻理解，成为我国在解决全球环境问题领域开展环境外交活动的一个基本立场和出发点。

（4）坚持消除贫困，缩小南北差距，促进世界环境问题逐步得到解决的原则。

除了全球性的环境问题外，发展中国家还面临土地退化、荒漠化、水旱灾害、淡水水质恶化与供应短缺、海洋和海岸资源退化、水土流失、森林破坏和植被退化等严重问题。实质上这些问题也是全球环境问题的重要部分。问题的根源在于贫穷，在所有环境问题中，"贫穷污染"是最为严重的问题。没有饭吃，缺衣少药，没有住房，还有什么比这更重大的环境问题呢？要改变贫穷污染需要治本，大力发展经济，离开经济发展奢谈环境保护，犹如空中楼阁，无源之水。造成贫穷的很大一部分原因则是发达国家和发展中国家之间长期存在的不合理国际经济关系，因此，必须建立新的国际经济秩序，帮助发展中国家解决贸易、债务、资金、技术等问题，以控制人口增长过快和自然资源的过度消耗。

3．关于处理某些重要环境问题的立场

（1）我国关于建立"新的全球伙伴关系"的立场。

因为环境与发展是全人类所面临的一个共同问题，它需要国际社会为了人类共同而长远的利益，为了世界各国的切身利益，跨越人为的界限，求大同存小异，同舟共济，发挥集体的力量与智慧，致力于保护人类的生存环境，实现"可持续发展"。为了实现这个目标，国际社会产生了要建立一种"新的全球伙伴关系"的愿望，以加强各国在环境与发展领域更为有效的合作。我国国务委员宋健同志在 1992 年 6 月 8 日联合国环发大会上阐述了我国对建立"新的全球伙伴关系"的基本原则。宋健同志指出：

"新的全球伙伴关系"必须建立在、坚实、牢固的基础上，这一基础应充分反映国际社会在环境与发展领域中的共识，尤其要包括以下基本原则：

第一，"新的全球伙伴关系"的目标应是既推动国际社会在经济发展方面的合作，又要携手保护好全球环境。我们的目的应是使全世界人民在美好的环境中享受更加美好的生活。对尚处于经济发展初级阶段的许多发展中国家来说，贫困和不发达是环境退化的一个最重要原因。没有经济的稳定发展，就无法满足人民的基本生活需求，更不会有保护生态系统和环境的能力。从这个意义上讲，经济发展是保护生态系统和环境的前提条件。因此，"新的全球伙伴关系"必须涵盖环境与发展两方面的问题，特别是妥善处理贸易、债务、资金等问题，努力改善国际经济环境，以利于各国特别是发展中国家实现保护环境和经济发展协调的可持续发展的目标。

第二，"新的全球伙伴关系"必须建立在尊重国家主权和领土完整、互不侵犯、互不干涉内政、平等互利、和平共处等国际关系准则的基础之上。各国经济、社会发展阶段不同，都有权根据自己的具体国情选择经济发展与环境保护的最佳道路。各国有权根据自己的需要，开发利用自己的自然资源，同时不给邻国造成损害。这一权利必须得到尊重。世界是丰富多彩的。任何试图将某一种政治、经济模式强加给其他国家的做法，或在合作中附加种种不合理条件的做法，都将从根本上削弱这一"伙伴关系"的基础。

第三，"新的全球伙伴关系"必须是公正的。一方面，要充分地、实事求是地考虑造成地球生态环境恶化的有区分的责任，并依此确定相应的义务。另一方面，在研究有关措施和行动时，必须考虑到各国不同的经济发展水平和能力，不能不顾历史和现实而用同一个尺度来衡量。

第四，"新的全球伙伴关系"应妥善处理各环境领域中的问题，特别是资金、技术转让等问题。没有资金和技术转让的保障，国际合作只能是"海市蜃楼"。应该从人类共同、长久利益的高度来看待这个问题。发达国家帮助发展中国家实现可持续发展的努力，既是对人类共同利益的贡献，同时也是对自身利益的一种投资。

第五，"新的全球伙伴关系"只有在整个国际社会的积极、有效参与下才有意义。地球生态环境是一个整体，而不论从人口、土地，还是资源角度讲，发展中国家都占世界的大部分，目前主要威胁发展中国家的环境问题，可以毫不夸张地称为全球环境的主要问题。没有广大发展中国家的有效参与，"新的全球伙伴关系"就无法建立，保护全球生态和环境、可持续发展也就无法实现。因此，国际环境与发展合作必须充分考虑发展中国家的特殊情况。特别是在经济发展方面的特殊需要，并对目前主要危害发展中国家的环境问题予以足够的重视。

（2）我国对几个全球性跨领域问题的看法。

① 资金和技术转让：

发达国家在资金和技术转让上应该承担更多的义务，采取实际行动帮助发展中国家增强消除贫困和建立可持续发展能力。发达国家应当按照其在《21世纪议程》作出的承诺，在资金支持上，到2000年达到占其国民生产总值0.7%的水平，并尽快实现优惠的、非商业性的技术转让。

② 贸易和环境问题：

以环境目的而采取的贸易政策措施，不应成为国际贸易中的歧视手段，不应设置"新的非关税贸易壁垒"，来限制发展中国家的经济发展及其产品的市场准入。

③ 生产和消费方式：

发达国家理应尽快改变其不可持续的生产与消费方式，努力促进全球向可持续的生产和消费方式转变。

④ 全球气候变化：

发达国家一方面应减少其温室气体的排放，另一方面要切实履行其义务，向发展中国家提供必要的资金和技术转让，以加强发展中国家对付气候变化的能力。

⑤ 生物多样性：

发达国家缔约国应按《生物多样性公约》的要求向发展中国家缔约国提供新的额外的资金，以公平和最有利的条件向发展中国家缔约国转让有关技术，以促进全球生物多样性保护和生物安全。

⑥ 森林问题：

中国政府一贯主张各国对本国的森林资源拥有绝对的主权；各国在开发利用森林资源时应兼顾森林的生态效益、经济效益和社会效益，实现森林可持续利用。

⑦ 危险废物越境转移及其处置：

中国坚持全面禁止发达国家向发展中国家转移危险废物；对相关的决定、修正案及正在制订的《责任与赔偿议定书》，均持积极态度；主张对于危险废物越境转移及其处置，生产者和有关国家应承担赔偿责任。

（3）我国关于加强中美两国在环发领域合作的几点主张。

1997 年，国务院总理李鹏同志为了加强中美两国在环发领域的合作，在"中美环境与发展讨论会"上的讲话中提出了以下四点原则主张：

① 相互尊重，求同存异。中美两国国情不同，在环发领域既有共同利益，也有一些不同的看法和主张。双方在环发合作中，要充分尊重对方的主权和自主选择的发展战略，不干涉对方的内部事务，不把自己的观点强加于人，避免使分歧成为合作的障碍。

② 平等互利，优势互补。中美在环发领域各有侧重和特长。美国资金雄厚，在环境保护方面有先进的技术。中国市场广阔，在环保领域对资金和技术存在巨大需求。同时，中国经过多年的实践，也拥有许多独特、适用的环保技术。双方可以取长补短、互通有无、共同受益。

③ 借鉴经验，拓展合作。中美两国在农业、环境管理和环境无害化技术、洁净煤、新能源和可再生能源以及产业合作等领域，有着大量的合作机会，在科技、教育、培训等领域的合作可以继续拓宽。双方要加强环保技术、经验和信息的交换与交流，相互学习和借鉴。

立足当前，着眼未来。在环境与发展领域，中美两国既有长远的共同目标，又有各自的现实考虑。"千里之行，始于足下"。双方的合作要循序渐进，首先着重解决两国在环发领域的紧迫问题，做一些目前就可以做到、又可为长远合作打下良好基础的实事。

第九章　新世纪的展望

——21 世纪的中国环境外交

世纪的主题：21 世纪环境保护的新世纪

1. 环境污染与生态恶化依然蔓延

从 1972 年召开联合国人类环境会议至今，已经 20 多年过去了。人们虽然采取了各种各样保护环境的措施，各国政府为了人类的共同利益也进行了富有成效的国际合作，但人们今天仍然不得不面对这样一个严酷的事实：从全局、全球范围来看，环境污染和生态破坏依然在不断蔓延，有害物质的排放量与日俱增，人类的生存环境仍然急剧恶化。老的污染问题还没有解决，新的环境问题又接踵而至。解决环境污染的手段与技术难度日益扩大。总而言之，人类正面临着比历史上任何时代都严重得多的环境危机。

1991 年 12 月，环境署执行主任托尔巴在一份题为《1972 年至 1992 年世界环境 20 年的挑战》的环境报告的发行仪式上警告说，当今环境状况比 20 年前更恶劣。1992 年，环境署在一份题为《拯救我们的地球》的重要环境报告中指出："斯德哥尔摩会议以来的 20 年里，全球环境确已退化很大，全世界具有生产力的自然资源储备进一步浪费，这一现实必须接受。"

目前，人类社会面对着的就是这样一种生存环境：现在全球二氧化碳等温室气体的排放量，已增加到 220 亿吨，而且还在以每年 0.5% 的速度增长。游离氧在大气平流层的含量还在继续增加。1994 年，新西兰科学家宣称，全球变暖的趋势日益加剧，有可能使南极冰雪融化，导致海平面上升，威胁着一些沿海及岛屿国家的安全。21世纪全球平均气温的升高幅度，有可能达到20世纪升幅的4倍。地球上全部生物多样性的1/4，在未来的20年至30年内可能有消失的严重危险。现在全世界每年流失土壤270亿吨。有人估算，若地球上土壤的平均厚度为1米的话，800年后全球的耕地就将消失殆尽。非洲撒哈拉沙漠目前仍以每年6公里的速度向南部推进。全世界消失的森林面积已达到1700万公顷。若以此递减下去，森林就会在不久的将来不复存在。物种密度最集中的热带雨林区以每年1%～2%的速度被毁灭，若不采取措施禁止毁林，大约50年至100年热带森林将从地球上彻底消灭。非洲的森林面积区以每年5%，即380万公顷的速度递减。非洲草地面积以每年2590公顷的速度递减。

另外，危害全球环境状态的公害事件，无论就其影响范围，还是就其发生频率，都是空前的。这些公害事件与以往的公害事件相比具有一些新的特点：①突发性强。事故前无明显的征兆，难以防范；②经济损失巨大，资源浪费严重；③污染范围大，后果十分严重。一般事故不仅对当地环境造成严重破坏，而且影响其他国家和地区。英、美两国科学家最近发现，南极"拉森B"和威尔金斯陆源冰，过去一年中融化崩解速度大大超出了早先预计。科学家们对卫星图像进行了分析后发现，过去一年中总共有3000平方千米的冰层从两大陆源冰中脱离。一年中所丧失的面积，相当于以前10～15年的总和。

新世纪即将到来之际，值得国际社会高度重视和引起警觉的是战争对环境的破坏。虽然冷战已经结束，但是世界并不太平，南亚、海湾地区、非洲大湖等地区战火不断。尤其以美国为首的北约对南斯拉夫联盟的疯狂轰炸，不仅粗暴地侵犯了受害国的主权，而且更严重地污染了人类生存的环境。战火对环境和生态的破坏和影响是严重而深远的，有些不良后果远远超出人们的预料。在行将结束的20世纪，人类采取了一系列拯救环境的措施，虽取得了一定成效，在一些局部和地区性问题上获得了成功，但地球环境总体恶化的趋势并没有得到有效控制，给即将来临的21世纪提出了一个需迫切解决的问题。不少有识之士认为"21世纪真正的危险是环境问题"，环境保护将是21世纪各国必须重点予以关注和解决的问题。国际关系中的重大问题——环境问题不能再往后拖延，人类必须行动起来，21 世纪无疑会带有浓厚的环保世纪的色彩。

2. 环境问题日益全球化、国际化

地球是一个完整的生态系统，任何一个国家、一个地区的环境问题，都会对整个生态环境系统产生影响，从这个意义上讲，环境是没有国界的，只要共同生活在一个地球上，都会受到程度不同的环境影响。环境问题从国内问题、区域问题逐渐演化发展成全球问题，是不以人的主观意志为转移的客观事实。环境问题的日益全球化、国际化，将是 21 世纪环境问题的一个重要特征。

环境问题的全球化、国际化可集中表现为以下几点：①随着人类生存状况的日益恶化，人类的环境意识不断深入与高涨。无论是发达国家还是发展中国家都将保护人类的生存环境作为一项基本国策。国际上的官方或民间以保护环境为宗旨的组织不断兴起和发展，十分活跃，影响力日益扩大。例如，在欧洲许多国家举行的政治选举中，许多政党纷纷"绿化"，把保护环境作为取信于民的义旗，政客们更是以环保许诺，言必称环保。世界最大的国际性民间环保组织"绿色和平组织"，在唤醒和增强人们的环保意识方面起到了很大的作用。美国前总统布什上任伊始，就声称他当的是"环保总统"，其政府将致力于环境保护工作；现任副总统戈尔，著书立说，以环保的卫士自居。国际社会及人类环境意识的日益高涨，推动了环境问题向全球化、国际化发展；②环境问题在全世界范围内普遍存在。几十年前环境问题主要集中在发达的工业化国家，而发展中国家的环境问题尚未提到议事日程，而现在，这种情况发生了很大的变化。其主要变化可归纳为两点：一是大气污染、水体污染、土壤退化、沙漠化蔓延、森林砍伐及物种消失等现象。最初仅具有区域性的规模及影响，但随着这类现象在全球大多数国家和地区的相继出现，环境问题趋于全球化。土壤流失和荒漠化虽然只是土壤退化的区域性现象，但是它引发了粮食减产。而粮食作为全球性商品，势必导致全球性的粮食供应问题，造成粮价的起伏。因自然灾害导致的难民潮，是当今影响国家和地区安定的一个主要因素；③环境污染和生态破坏所产生的不良后果，无论是对发达国家还是发展中国家的当代社会生活，都产生了一定的影响。虽然，这种影响的程度会因不同的国家和地区而有所不

同，但其对当代人类的生存与发展的威胁则是无可置疑的；④环境问题既然是全球性、国际性问题，环境问题的解决同国家和地区都有所联系，因此没有国际范围的合作，问题就不能解决。其次，地区性、区域性和全球性问题相互交织，相互影响，相互制约，环境问题十分复杂，是任何国家都没有能力单独解决的，而必须进行国家间的有效合作。例如，臭氧层的耗损、海洋的污染、跨国界的酸雨等环境问题，仅仅靠一个国家的努力是不能完成的，必须进行国家间的合作，协调行动。环境保护方面的国际合作，是当今国际关系在环境问题上的一个重要反映。在国家利益的驱动下，西方发达国家为了开拓和占据更多的国际环保市场，以及为他们的巨额资金寻找新的投资方向，使得环境问题向全球化、国际化方向加速发展。

虽然，在诸多因素的促动下，环境问题的全球化、国际化是一种发展的趋势，但是由此产生了一个严重的负面问题，即某些发达国家将会以环境问题全球化、国际化及关系到自身的安全为由，干涉别国的内政，迫使另外一些国家，尤其是发展中国家采取和制定符合自己利益的政策。甚至利用这种趋势，将西方国家的政治和经济制度以及价值观等强加于别国。目前，某些发达国家正在利用这一趋势形成一种"新环境殖民主义"思潮，企图利用这种思想达到在政治上、经济上控制广大发展中国家的目的。世界上某些奉行"霸权主义"、"强权政治"和"炮舰政策"的国家在他们认为"必要"的时候，会同现在借"保护人权"为由，侵犯别国主权一样，以"保护环境"而大动干戈。

3. 环境问题日益政治化、经济化

随着环境问题的全球化、国际化的发展，环境问题与政治问题往往交织在一起，尤其对于发展中国家，在处理环境问题时如何有效地维护国家的主权，如何有效地维护国家的生存权和发展权，是一个极为重要的任务。必须像对待国家安全与生存那样高度重视和处理环境问题和国际环境事务。国际上有一种观点认为，环境问题应该是一个国家安全的问题，应改变传统的安全概念，人类的安全应该理解为全面的安全。国际上有些政界和环保界人士主张：要比从军事力量更广泛得多的高度来重新确定国家安全的概念。未来几十年，如全球

气温升高、臭氧层耗损、滥伐森林、跨流域水体污染等问题，对世界和平造成的威胁将超过任何不可预见的军事威胁。一位美国环境保护局局长曾说："不管下什么定义，生态完整都是国家安全的核心。"环境与政治、经济、军事一样反映着国家的安全，环境问题处理不好，国家的安全就要受到损害。

环境问题与经济援助的关系日益密切。环境问题的日益政治化，从整体上讲，无益于环境问题的根本解决，反而会使其更为复杂化。特别是目前世界环境事务在某种程度上同政治、经济事务一样要受到某些发达国家的支配或较大的影响，而环境问题的政治化为某些发达国家干涉或支配许多国家提供了一条新的渠道。环境问题的日益政治化，完全有可能被作为政治经济斗争的借口，完全有可能使环境问题陷入旷日持久的纷争，使其真正要研究解决的问题下降到一个从属的地位。保护环境也正在成为经济援助的一个前提条件。诸如世界银行等国际金融组织和一些经援国提出，凡是保护环境或改善环境的项目可以给予优惠。环境问题与国际贸易挂钩，在国际贸易上，凡是不符合环境标准的物品不准买卖。例如，有害物质含量过高的农副产品和各类饮料、食品以及有碍环境或污染环境的工业产品，已在国际市场上受到严格限制，有许多商品已被排斥在国际市场之外。有的国家甚至主张对出售这类物品的国家实行贸易制裁。贸易自由化可以促进世界经济的发展，但是它的放任自流又会促使生态系统和资源的过度开发，使环境生态系统遭受严重的破坏。另一方面，若过分强调环境保护，则会限制国际贸易的发展，某些发达国家甚至以环境保护为由对发展中国家的产业和产品提出不切实际的标准，设置新的非关税壁垒，实行新的贸易保护主义。并且由于造成一种新的不平等关系，严重损害发展中国家的利益，从而在根本上削弱其参与国际合作的能力。只要国家间有较大的发展水平上的差异存在，以及对资源环境占有、利用的不公平性存在，环境与贸易的矛盾与争端在相当长的一个时期将是不可避免的。

4．环境问题更趋长期性、复杂性

如前所述，环境问题日益国际化、政治化、经济化，而且它与政治、军事、贸易、能源、人口、科技以及生活方式的联系越来越紧密，可以说环境问题渗

透于社会关系的方方面面。对环境问题的处理，必须进行国家间的合作，这涉及国家和地区发展上的差异性、平等性以及政治、经济利益，牵一发而动全身。

环境问题本身固有的特性，决定了解决环境问题的长期性和复杂性。在寻求解决环境问题的国际活动中，既有合作又有斗争。这主要体现在各个国家在国际环境保护上存在很大矛盾和分歧。各国从同一种国际环境问题中的得失不同，对环境质量的要求不同，发展阶段也不同，这样各国和地区就会采取不同的方法，以不同的立场来看待和处理环境问题。尤其是发展中国家和发达国家存在的分歧和矛盾更大，这种矛盾和分歧将是长期的、非一朝一夕所能解决。

严峻的挑战：21 世纪环境外交的新走向

1．环境外交主体出现多极化

虽然从总体上看传统的发展中国家与发达国家的国家集团依然存在，而且他们之间的合作与斗争依然决定着环境问题的主导方向。但是与世界上其他问题一样，这个问题也在不断发生着变化，原来是一些局部性的、地区性的问题逐渐演变为全球性的问题；原来尚未突出、潜在性的问题逐渐演变成令人注目的、公开性的问题。这样，在一些场合下，在解决和处理一些具体问题上，由于各国发展方式和国情不同，因而对解决环境问题便有不同的观点和立场，在环境外交主体上显露出多极化现象。例如：在削减温室气体方面，美国、欧洲、小岛国家与大部分发展中国家就持不同的观点和立场。又如，目前国际社会在如何执行《21 世纪议程》方面也存在着分歧与矛盾。这其中既有发达国家与发展中国家的矛盾，也有发达国家和发展中国家各自内部产生的矛盾，还有内陆国家与沿海、岛屿国家间的矛盾。

2．环境外交日益公约化、法律化

近年来，研究和解决环境问题或环境纠纷的环境外交会议十分频繁，涉及的国家、国际组织以及参加人数和规模越来越多、越来越大。国际条约、协议不断签署，可以看出国际社会对环境问题的讨论，已经跨越了议论和发表原则性宣言的阶段，开始步入制订具体的政策和法规实施的阶段。环境外交的日益条约化、法律化，是国际社会避免和解决环境冲突以及由此引发的政治冲突与经济冲突的一种势力，是一个必然的发展趋势。因此，现代国际法就出现了一个分支——国际环境法。它作为调整国家和其他国际法主体之间由保护、改善和合理利用环境资源而产生的国际关系。目前，国际环境法主要是指多边的环境公约，同时也包括一些重要的双边条约和一些国际公约中的环境保护条款。国际环境公约的制定，是不同国家之间合作与斗争的妥协产物。

3. 环境外交的斗争日益激烈

环境问题是未来国际冲突、动乱的一个重要起因，一个国际上很不安全的因素。跨国资源争夺与环境污染加剧了国家间关系的紧张局面，引发政治冲突与纠纷，从而对国家安全造成威胁，环境外交的斗争日益激烈。一些国家对国际间资源拥有权或使用权的争夺，造成国家之间的关系恶化，甚至发展到严重的对抗。中东国家和南亚国家对水资源的问题，长期争执不决，严重影响着国家之间的正常关系。在不久的将来，很有可能酝酿成更多的双边冲突。埃及外交官曾说："本地区若再发生战争，其原因将是争夺尼罗河水问题，而不是政治问题。"西班牙与加拿大、俄罗斯与日本、美国与墨西哥等国家对远洋渔业资源的争夺，已经发展成两国间严重的政治问题。航天活动中的卫星轨道选择权与同步卫星定位权之争也日趋激烈。

跨国界的环境污染引起了国家间的纠纷。一国的污染物质可以在自然条件下，随大气中的气流跨境迁移，随河流中的水体而跨国扩散，甚至采用人为的手段将污染物转移到境外。英国将烟气用高烟囱排放作为控制二氧化硫污染的主要手段，虽然此举对英国而言既可在本土减少污染，又可以少花钱。但是由于高烟囱排出的二氧化硫到高空后迁移扩散，致使北欧频降酸雨，受害国强烈不满。苏联切尔诺贝利核电站 4 号反应堆的爆炸，泄漏了大量放射性物质，不仅使苏联境内受到严重污染，邻国也深受其害，不少受害国家向其提出经济赔偿要求。美国五大湖地区的工业区污染造成的酸雨对美、加两国边境地区的森

林和野生生物构成的严重破坏以及西欧酸雨对北欧的危害等问题都成为有关国家外交事务中的一个难解之题。20 世纪 30 年代美国、加拿大曾就酸雨侵蚀案对簿公堂。

环境问题日益与政治、经济以及社会问题交织，增加了解决问题的难度。在"国家利益驱动"下，环境外交中的各种矛盾更加尖锐与复杂。

4．发展中国家与发达国家在环境问题上的对立日益凸现

社会和经济发展的不平衡、世界经济秩序的不平等性以及发展中国家政府和人民环境意识的不断增强致使发达国家与发展中国家在环境问题上的纠纷和利害冲突不断，并且呈发展之势。特别是随着环境立法的日渐深入，发展中国家与发达国家之间的矛盾还会进一步尖锐，斗争将会更趋明显，更为错综复杂，更为激烈。目前，霸权主义和强权政治有了新的发展，其必然在全球环境问题上有所体现。环境问题很有可能会成为某些发达国家干涉别国内政，干涉别国主权的"最佳借口"，甚至以此为由发动战争。

发达国家为了解决或避免产生在本国境内的污染问题，改善其生存环境与质量，大规模地向发展中国家进行污染行业的投资及污染物排放的转嫁。据统计，1981—1985 年，美国可产生有害废物的工业在国外投资中，发展中国家占35%。日本将绝大部分国外可产生有害废物的工业放在南亚和拉丁美洲。世界上危险垃圾的 90%来自发达国家，由于处理能力不够及经济上的考虑，发达国家以低廉的酬金使一些贫穷国家与他们签订倾倒危险垃圾的不人道的协定，发展中国家成了某些发达国家的垃圾场。近年来，某些发达国家在非洲的危险物倾倒现象十分严重，并且在手段上更加狡猾与卑劣，在范围上更加扩大。他们偷梁换柱，把有毒物品当做原料或再生性原料出口到发展中国家。某些发达国家甚至采用偷卸、强卸的手法将有毒废物倾卸在发展中国家。发达国家这种污染转嫁的环境侵略行径遭到发展中国家的强烈反对。非洲国家的报纸提出西方发达国家是"死亡贩子"，是企图"自以为富有和优越，而欲将穷国变成为有毒废液料的垃圾箱国家"。为了阻止这种非法污染物的倾卸，联合国人权委员会第52 届会议通过了一项关于禁止向发展中国家非法倾倒有毒物质的决议，但是几

从斯德哥尔摩到里约热内卢

乎所有发达国家都对这项决议投了反对票。

发达国家利用现行不合理的国际经济秩序，对发展中国家进行生态侵略和资源掠夺，加剧了发展中国家的环境污染和生态破坏，日益引起愈来愈多的国家和人民的不满和反抗。例如，印第安土著部落，由于他们世世代代赖以生存的原始森林受到跨国公司的疯狂开发，严重影响了生态环境，为了保护生态环境和他们传统的生活方式，他们不得不向国际社会求救。发达国家为了保护本国的生态环境和自然资源，从发展中国家进口石油及其他矿产资源的数量上升。日本在白皮书中披露，他们为了保证给国内工业发展提供木材，每年进口的热带森林圆木占此项世界贸易总量的52%，无疑，这都是以极低廉的价格从发展中国家掠夺而来的。

某些发达国家一方面污染发展中国家的环境，肆意掠夺发展中国家的生态资源，同时还常常指责发展中国家污染和破坏了世界环境，还要实行制裁。发达国家借口环境保护，企图采用经济和政治手段限制发展中国家的发展，借口环境问题国际化、经济化、政治化，企图干涉别国主权和内政，这已引起发展中国家的警觉。所谓"环境权高于国家主权"的说法，不会在台下私议太久，在不久的将来，一些西方发达国家会将其真正提到国际环境论坛上或将说法演变成行动。围绕"亚马孙地区"展开的斗争就是一个发达国家借环境问题国际化，企图干扰别国和掠夺别国资源的一场预演。因亚马孙河水量充沛，亚马孙热带雨林占全球现存热带雨林总面积的1/3。亚马孙地区拥有丰富的矿物资源，某些资源日益匮乏的发达国家，早就对此垂涎三尺。近年来，某些发达国家打着维护人类生存环境的旗号，大搞亚马孙地区"国际化"的活动，并无端谴责亚马孙地区国家。他们提出了亚马孙地区国家有限主权论。美国副总统直言不讳地说："亚马孙地区不是他们的，而属于我们大家。"英国前首相梅杰称要对亚马孙地区进行"直接军事干预"。企图干涉亚马孙地区国家主权的计划已经开始行动。美国组建了一支旨在"保护亚马孙森林"的精锐"绿色部队"。对此巴西政府立即作出了强烈反应，并同美国进行了谈判。巴西认为美国的做法是对"我们主权的侵犯"。巴西一位曾担任过亚马孙军事指挥的司令曾说，如果巴西稍有放弃亚马孙地区的迹象，那就会招来外国入侵。因此，巴西向亚马孙地区

增派了部队，以防止外国军队的可能入侵。对发展中国家来讲，如何在积极有效地参与国际环境合作的同时，大力维护国家的主权，是一个日益严重的问题。

世界各国政府和人民已经意识到，环境问题不仅涉及人类的生存，涉及国家发展的根本利益，甚至涉及国家主权，因此环境外交不断升级，一些重要的会议都是部长级或政府首脑出席，环境保护已成为首脑会晤经常讨论的议题。环境外交活动不断高级别化，也是未来环境外交发展的一个新趋势。

历史的使命：21世纪的中国环境外交

1．在全球环发事务中发挥更积极的作用

我国作为一个环境大国，作为联合国常任理事国，一方面要继续坚持我国环境外交的方针和原则，维持我国和发展中国家的根本利益，更加积极地参与全球国际环境事务，推进全球环境与发展事业的健康发展；另一方面要继续落实联合国环境与发展大会作出的各项决定，认真履行我国已签署或加入的国际环境条约，树立良好的国际形象。要十分注意研究环境外交领域出现的新动向、新问题。地区性环境对我国是一个极其重要的问题。我国有漫长的边界，与十几个国家接壤为邻。随着社会的飞速发展与岁月的推移，污染转移、物种迁移、公共河流等资源的保护和利用等问题，将逐渐提上议事日程，我国面临着和将要面临更多的更复杂的地区性环境问题。近年来，我国的一些邻国，已不断通过新闻媒体，称大气污染已影响了他们的环境，致使产生酸雨。认真搞好环境状况评价和传输机制的研究，加强我国与周边国家环境关系的研究，认真解决好同周边国家的地区性环境问题，对于我国和亚洲的和平与发展有着重要战略意义。

2．加强环境领域的双边和多边外交

环境领域的国际合作与交流，很大程度上是通过国家间的双边和多边合作实施的，因此要继续加强，并且要特别注意实效。应当通过国际合作与交流，

学习国外的经验，吸取教训，引进资金，引进技术，引进人才，为我国的环保事业服务。大抓国际交流活动中成果的推广，让国际交流活动中的收获变为全国环保战线的共同财富。要努力开辟更多的双边与多边交流和合作的渠道。

3. 大力促进环保产业方面的国际交流与合作

环境问题是 21 世纪备受重视的影响人类生存的问题，因此环保产业被人们称为"朝阳产业"，具有旺盛的生命力。由于我国政府对环境保护的高度重视，国家环保法规、政策、标准陆续颁布实施，环保投资力度随国民经济和社会发展而加大，我国的环保产业将利用这前所未有的发展机遇而得到快速发展。预计未来 10 年环保产品生产可保持年均 20%的增长速度。但是，我国的环保产业技术水平与国际先进水平相比，仍存在一定的差距。为了尽快缩短差距，一个重要的方面就是积极引进国际上先进的环保技术。大力促进环保产业的国际交流与合作，使我国的环保产品走向世界。对于我国已具有一定技术水平的某些环保产品，特别是适用于发展中国家的产品，要积极创造条件推向国际市场，尤其是东南亚和发展中国家。环境保护产品市场具有广阔的发展前景。据计划，亚洲在未来的几年内对水管理和污水处理技术的需求量增加 30%～40%，环境监测设备增加到 40%。

4. 面向 21 世纪的国际环保科技合作

为了促进我国环境保护事业的发展，必须加强环保科技国际合作。我国与联合国机构以及其他国际机构的国际环境合作项目达 1 000 多个。我国先后与几十个国家进行了科技合作、技术转让以及各类环境项目的研究工作，对我国环保事业的发展起了很大的推动作用。根据我国环境科学技术的现实，21 世纪初期国际科技合作的重点领域应包括以下几个方面：清洁生产综合集成技术研究、燃烧煤引起的大气污染控制关键技术及产业化、水资源与重大流域保护技术研究、固体废弃物与有毒化学品管理与控制技术研究、汽车污染综合控制技术研究、生物多样性保护及中西部脆弱生态环境综合整治技术研究、环境外交全球环境问题及国际公约履行研究、环境保护科技领域基础性研究和环境管理与决策软件科学研究。21世纪将是环保的世纪，环保技术的国际合作大有可为。

在未来的年月，国际环境保护合作在合作的规模和深度上，都要有较大的发展。国际环保领域的科技合作，之所以成为环境外交中的一个热点，除了环境污染和生态破坏导致的恶果已开始损害人类的生存空间，全球环境问题的相互依存以及和平与发展已成为潮流之外，还在于发达国家保持了经济的持续发展，有条件提出较高的环境标准，力图开拓新的资金和技术市场。例如，美国就希望用环境外交开展国际合作，从而打开国际环保业市场。因为各国履行公约保护环境，就意味着环境产业的扩大，美国占据国际市场的机会就更大。

（1）确立对外科技合作明确的目标，把握好重点技术领域，讲求实效。

对外科技合作是环保领域的重要战略措施，因此对外科技合作战略应该紧紧围绕着我国环境领域中21世纪之初国际科技合作的重点领域。

对外科技合作必须有序进行，在继续发挥各企事业单位、环保产业积极性的基础上，应加强宏观指导与调控，要坚持互惠互利的原则，讲求实际效果。

（2）拓宽对外科技合作的途径。

根据我国的实际情况，今后对外科技合作的途径很多，主要有以下几种：

①继续不断地选派留学生、访问学者和组织出国培训。面对21世纪之初的国际科技合作领域，特别是重点技术领域的发展，我们应尽快培养出一批全新的具有新型知识结构的跨世纪人才，以便形成一批有国际竞争力的科学研究、环保技术开发、工程设计、技术咨询队伍，开拓国内外市场。因此，建议不断地选择一批热爱祖国、思想素质好、有专业知识和外语基础的中青年出国培养、培训，应该成为一项经常性重要任务。

②联合科技开发。我们已经有的研究开发环境科技项目，要积极地和国外的有关单位联合开发。这种合作开发的关键是要选定优先领域的国际合作项目，并注意按照国际惯例双方正确处理发明创造和知识产权问题。

③合资合作。发达国家的跨国公司在发展中国家兴办合资企业可以降低生产成本，突破关税壁垒扩大国际市场，对他们是非常有利的。对发展中国家而言，兴办合资企业，虽然让出了部分市场，但是由于不但解决了资金短缺问题，而且比较快地掌握了较先进的生产技术，所以也是合算的。因此，双方签约时

一定要本着互惠互利的原则，以避免市场让出去了而技术没有换来，同时一定要注意学习先进的生产技术，并不断提高自己的开发能力。

5. 积极开展环境外交，制止战争，维护世界和平

大规模战争和地区冲突不仅威胁人类生存，而且对环境造成极大的破坏。现代战争对自然生态环境破坏的灾难性后果更是有目共睹。1944 年，德国人在荷兰用咸水淹没了大约 200 万平方米农田使之无法耕种。1969 年，美国在侵越战争中为封锁胡志明小道，在几周内出动飞机 1000 多架，投掷了近 5 万多枚碘化炸弹，在胡志明小道上空制造了每小时 80 毫米的暴雨；海湾战争中，大量油井的燃烧或喷流，对脆弱的沙漠生态环境造成巨大的破坏，沙特阿拉伯90%的海岸受到污染，大批鲸鱼和海豚死亡，红树植物及珊瑚礁遭到侵蚀。据分析，海水的自然流动量需 200 年才能使海水的清洁度恢复到战前水平。

虽然冷战已经结束，但是世界并不太平，世界范围内的地区性冲突和局部战争有增无减，而且几乎所有的战争和冲突都发生在发展中国家。由于国际社会缺乏有力的制约机制，某些大国经常以"调停人"、"裁定人"自诩，插手冲突和实战地区，不但无助于战争的和平解决，而且增加了问题的复杂性，加深了交战双方的矛盾。最近以美国为首的北约公然侵略南斯拉夫联盟，在短短一周内就向南斯拉夫联盟国土倾泄了爆炸力相当于美国在广岛投掷原子弹的两倍的炸弹。这种践踏国际法，干涉、破坏别国主权的侵略行径，遭到了南斯拉夫人民的英勇反抗和全世界爱好和平人民的反对。据报载，北约炸弹所产生的影响已经给好几个国家造成了严重污染。爆炸释放出来的二氧杂芑等致癌物质随着雨水四处蔓延，被炸毁的化工厂，泄漏出了大量有毒物质，严重威胁到南斯拉夫及阿尔巴尼亚、奥地利、保加利亚、匈牙利、意大利等国人民的健康和生活质量。以美国为首的北约对南斯拉夫联盟的狂轰滥炸，又一次说明采用高新技术的现代化战争对人类生存的环境及人类本身产生极其严重的恶果。

《里约环境与发展宣言》指出："和平发展和保护环境是互相依存和不可分割的。"各国发展经济、保护环境，需要和平与稳定的国际条件。推进世界环境保护和发展事业前进，各国政府必须要致力于本国的稳定，维护世界和平。对

于出现的争端，要通过和平的谈判和磋商解决，动辄诉诸制裁或武力相威胁都是没有出路的。

21 世纪是一个环境保护的世纪，也是一个中国人民同全世界人民共同高举正义旗帜的世纪，维护世界和平，在环境保护领域反对形形色色的"霸权主义"的世纪。

从斯德哥尔摩到里约热内卢

附录一　中国环境外交大事记

（1972 年 6 月—1999 年 6 月）

1972 年

6 月　联合国在瑞典斯德哥尔摩召开了人类环境会议。中国派出了以唐克为团长的代表团出席了会议。通过会议了解了世界环境状况和环境问题对经济社会发展的重大影响。 此后，我国决定召开一次全国性的环境保护会议，并设立工作机构管理这方面的事务。

1973 年

6 月　联合国环境规划署第一届理事会在瑞士日内瓦举行。我国在第 28 届联大被选为环境规划署理事国。

1974 年

3 月　联合国环境规划署第二届理事会在肯尼亚内罗毕召开。会议主要是讨论通过环境行动计划、1974 年和 1975 年环境基金方案、建立"全球监测系统"以及议事规则等。我国派出代表团出席。

9 月　联合国环境规划署首届执行主任莫里斯·斯特朗和副执行主任穆斯塔法·K. 托尔巴应邀访华，先后访问了北京、上海等地。

1975 年

4 月　联合国环境规划署第三届理事会在内罗毕召开。我国政府派代表团出席。

6月　以国务院环境保护领导小组办公室负责人曲格平为团长的中国环境保护考察团赴日本对日本环境污染状况和治理措施进行考察。

1976 年

1月　国务院批准派国务院环境保护领导小组办公室负责人曲格平为我国驻联合国环境规划署第一任常驻代表。

3月　联合国环境规划署第四届理事会在肯尼亚内罗毕举行。我国派出以我驻肯尼亚大使王越毅为团长，曲格平为副团长的代表团出席。

1977 年

5月　联合国环境规划署第五届理事会在肯尼亚内罗毕举行。会议就环境现状、环境方案、环境与发展、环境基金、筹办沙漠化会议、人类居住、共有资源、战争遗留物和国际协调等问题，作出 38 项决议或决定。中国派出王越毅为团长、曲格平为副团长的代表团出席。

8月　联合国沙漠化会议在肯尼亚内罗毕举行。会议主要研讨沙漠化的成因和防治对策。包括我国在内的 93 个国家代表团出席了会议。

1978 年

5月　联合国环境规划署第六届理事会在肯尼亚内罗毕举行。会议着重讨论了环境与发展、沙漠化会议后续活动和共有资源等问题。以我国驻肯尼亚大使王越毅为团长、国环办负责人曲格平为副团长的中国代表团出席了会议。

7月　国务院副总理谷牧在人民大会堂会见了以日本环境厅政务次官大鹰淑子为首的日本环境问题访华团。

1979 年

3月　中国环境科学学会在四川成都召开成立大会。大会选举产生了第一届理事会。理事长为李超伯。联合国环境规划署副执行主任撒切尔应邀出席了大会。

3月　在哥斯达黎加首都圣·约瑟召开了《关于濒危野生动植物国际贸易公约》成员国第二次会议。中国派出了观察员代表团参加了会议。

4月　国务院批准中国参加联合国环境规划署组织的"全球环境监测系统"和"国际有毒化学品登记中心"。

4 月　联合国环境规划署第七届理事会在肯尼亚内罗毕召开。中国派出以国务院环境保护领导小组办公室副主任曲格平为团长的代表团出席会议。会议期间，代表团与环境规划署执行主任、副执行主任等就合作项目问题进行了会谈。

8 月　联合国资源、环境、人口和发展相互关系讨论会在瑞典斯德哥尔摩召开。会议对 80 年代发展战略和政策等问题进行了探讨。我国李超伯、曲格平出席了会议。

9 月　经国务院批准，中国环境科学学会参加"国际自然及自然资源保护同盟"，作为非政府机构会员。中国环境科学学会理事长李超伯任该组织的理事。

9 月　世界野生生物基金会主席斯科蒂访华，与国务院环境保护领导小组办公室进行了会谈。我方以中国环境科学学会名义与该基金会签订了《关于保护野生生物资源的合作协议》。

10 月　李先念副总理在人民大会堂会见了前来我国访问的联合国环境规划署执行主任托尔巴。

1980 年

2 月　美国国家环保局局长道格拉斯·斯科特勒访华，与中国商定签署环境保护合作议定书和开展中美间环保方面的合作活动。国环办主任李超伯和斯科特勒分别代表双方签订了《中美环境保护科技合作议定书》。

3 月　《世界自然资源保护大纲》在世界主要国家的首都同时发表，中国也在同一天的《光明日报》上发表了《大纲》的概要。

3 月　谷牧副总理在人民大会堂会见了应邀来访的世界野生生物基金会主席斯科特。

4 月　联合国环境规划署第八届理事会在内罗毕召开。中国派出代表团出席会议。

5 月　中国环境保护代表团访问美国，与美国环保局商谈两国环保科技合作议定书的附件，并于 5 月 14 日签订了议定书的 3 个附件。

6 月　经国务院批准，中国环境科学学会加入世界野生生物基金会。6 月 30 日，该会与中国代表在荷兰签署了《关于建立保护大熊猫研究中心的议定

中国环境外交大事记

附录一

书》。

6 月 中国环境代表团应邀到日内瓦参加新的"世界自然保护总部"开幕式，并参加国际自然及自然资源保护同盟第七届理事会，参观了瑞士、荷兰、西德的自然保护区。

6 月 经国务院批准，中国正式宣布参加《濒危野生生物植物国际贸易公约》。

1981 年

3 月 中华人民共和国和日本签订了《保护候鸟及其栖息环境协议》。

4 月 国务院环境保护领导小组办公室副主任曲格平应国际环境情报中心邀请，赴纽约参加该中心举办的世界环境论坛。会后应邀访问华盛顿，与美国环保局就中美环保科技合作议定书附件 1、附件 3 的合作进程交换意见。

5 月 联合国环境规划署第九届理事会在内罗毕举行。中国代表团出席了会议。

8 月 联合国环境规划署在中国举办第二次沙漠化防治讲习班。

1982 年

5 月 联合国环境规划署在内罗毕召开"纪念斯德哥尔摩人类环境会议 10 周年特别会议"，中国代表团参加了会议。会议通过了《内罗毕宣言》。

5 月 联合国环境规划署第Ⅰ届理事会在内罗毕召开。中国代表团参加了会议。

1983 年

5 月 联合国环境规划署第十一届理事会在内罗毕召开，中国代表团出席了会议。并与联合国环境规划署新闻处签署了联合在中国编辑出版《世界环境》（中文版）的项目议定书。

1984 年

5 月 联合国环境规划署第十二届理事会在内罗毕举行。中国代表团出席了会议。

1985 年

5 月 中共中央政治局委员、中日友协名誉会长王震在人民大会堂会见了来访问的日本环境厅事务次官正田泰央率领的日本环境厅代表团。

5 月　联合国环境规划署第十三届理事会在内罗毕举行。中国政府代表团出席了会议。

6 月　中国第一次在全国开展"6·5"世界环境日纪念活动党和国家领导人以及政府有关方面负责人、社会知名人士以及联合国环境规划署的代表参加了在北京举行的纪念活动。

1986 年

9 月　国家环保局和美国东西方中心环境与政策研究所在海口市联合举办《自然系统环境影响评价讲习班》。

1987 年

2 月　世界各国议会联盟环境特别委员会会议在肯尼亚首都内罗毕召开。中国派出以全国人大常委、全国人大财经委员会副主任韩哲一同志为首席代表的全国人大代表出席会议。这是中国人大首次派团参加世界环境会议。

6 月　联合国环境规划署第十四届理事会在内罗毕召开。中国派出了代表团出席了会议。

8 月　联合国环境规划署分别授予中国国务院副总理、国务院环委会主任李鹏和国务院环委会办公室主任、国家环保局局长曲格平金质奖章，表彰他们对环境保护事业作出的杰出贡献。

9 月　以国家环保局局长曲格平为团长的中国环境科学代表团赴美，与美国环保局进行工作会谈。双方回顾了近三年来的合作情况，讨论今后扩大合作的问题，并就环境管理方面的合作签署了协议。

10 月　国家环保局和联邦德国经济部在北京联合举办"中国—联邦德国环境保护技术研讨会"和"联邦德国环境保护和环境技术情况展览会"。中德两国300 多名专家、学者就环境保护的经验及技术进行了广泛的交流。

1988 年

1 月　国务院代总理李鹏会见了来中国访问的挪威首相、世界环境与发展委员会主席布伦特兰夫人。

1989 年

2 月　联合国国际海事组织颁布了《防止船舶垃圾污染规则》，我国是该规则的第 38 个缔约国之一，该规则于 1989 年 2 月 21 日对我国有效。

3 月　联合国环境规划署和英国政府联合在伦敦召开了保护臭氧层部长级国际会议。有 123 个国家（或地区）的代表出席了会议。我国代表团在大会上发言指出，中国政府对维也纳公约和蒙特利尔议定书的宗旨和原则是支持的，并准备参加维也纳公约。蒙特利尔议定书没有充分体现"多排放、多削减"的公平原则，中国代表团以附件的形式向会议提出了修改意见，在会上引起较大反响。

3 月　联合国环境规划署在瑞士巴塞尔召开"控制危险废物越境转移及其处置全球公约"国际会议，会议讨论并通过《控制危险废物越境转移及其处置巴塞尔公约》及大会最后文件。100 多个国家派部长级代表团出席。中国代表发言对《公约》草案表示支持，并在大会最后文件上签字。

4 月　我国派团出席了在芬兰赫尔辛基举行的关于保护臭氧层维也纳会议，并以观察员身份参加关于蒙特利尔议定书缔约国第一次会议。中国代表团在全体会上发言，再一次阐明了对于保护臭氧层这一全球性环境问题的原则立场，建议设立一项保护臭氧层国际基金，从经济上确保发展中国家能够取得适宜的替代技术和替代产品。

5 月　联合国环境规划署第十五届理事会在内罗毕召开。中国派出代表团出席会议。中国代表团在会上发言，详细阐明中国政府对全球性重大环境问题的立场和看法，宣布中国准备加入"保护臭氧层的维也纳公约"，支持"控制危险废物越境转移及其处置巴塞尔公约"，以及希望尽早制定该公约的议定书。

5 月　应日本政府的邀请，国务院环委会副主任、国家环保局局长曲格平率团访问日本，同日本环境厅讨论两国环保合作协议并签署中日环保合作议定书。

6 月　为纪念"6·5"世界环境日，"我们共同未来中心"国际组织在日内瓦举行全球电视卫星转播，李鹏总理代表中国政府发表电视讲话。李鹏总理在讲话中强调指出，在经济和社会发展过程中，世界各国都产生了程度不同的环境问题，有的甚至是全球性的，阻止这种趋势的发展，需靠众多国家乃至全球的努力。

6 月　联合国环境规划署在比利时首都布鲁塞尔举行庆祝世界环境日活动和"全球 500 佳"授奖仪式。我国四川成都市动物园、广东潮州市环境教育领导小组和新疆和田县政府被评为 1989 年"全球 500 佳"先进单位。

7 月　应联合国环境规划署执行主任托尔巴博士的邀请，国务院环委会副主任、国家环保局局长曲格平出席了联合国环境规划署在日内瓦召开的保护臭氧层环境部长会议。会议主要议题是审查蒙特利尔议定书的评定意见；确定蒙特利尔议定书的执行办法。

8 月 3 日至 4 日　联合国人口基金会、日本"每日新闻"社等单位在东京召开国际人口、环境和发展研讨会。国家。环保局局长曲格平应邀出席，并作了题为《中国环境改革的新发展及国际环境合作问题》的报告。会议讨论了当前世界存在的紧迫的环境问题以及国际环境合作，特别是南北合作的方式。会议最后通过《寻求持续发展》的宣言。

8 月 5 日至 19 日　根据中苏科技合作协议，应国家环境保护局的邀请，由苏联国家自然环境保护委员会副主席科斯京率领的苏联环境保护团来华访问。8 月 7 日国务委员、国务院环境保护委员会主任宋健在人民大会堂会见了苏联代表团。这是中苏两国在环境保护领域进行的第一次政府间的交流，双方对共同关心的环境问题及技术合作进行了广泛的交流。

9 月 29 日　国务委员、国务院环境保护委员会主任宋健会见了美国生态与环境公司总裁格哈特·纽迈耶。生态与环境公司是美国唯一专门从事生态、环境保护的专业公司。访华期间，环保局局长曲格平会见了他们。

10 月 2 日　应国家环保局的邀请，联合国环境规划署环境管理高级项目官员、农业专家阿里·阿尤布等来华考察访问，主要是实地考察中国农村的生态农业试点，探讨在生态农业技术培训方面与中国长期合作的可能性和实施方案，了解中国生态农业的经验。

10 月　国务委员、国务院环委会主任宋健在国务院环委会第 16 次会议上代表我国政府首次明确提出要开展环境外交。外交部国际司、条法司设专人负责环发事务。

11月　联合国环境规划署、世界气象组织同荷兰的诺德维克联合召开"大气污染和气候变化"环境部长会议。中国政府代表团参加了这次会议，并且发言强调工业国家应为防止全球变暖作努力，指出工业化国家向发展中国家提供技术和经济支持是全球共同努力保护环境的必要条件，并对会议宣言指出三点原则建议。

11月6日　第44届联合国大会改选联合国环境规划署理事会部分理事国，中国以143票的最高票当选。

11月22日　联合国开发署高级项目官员叶修达率领的保护臭氧层专家组来华访问，以便向联合国开发署提出中国控制消耗臭氧层的氯氟烃物质的可行性方案和向中国提供资助项目的建议。

12月2日　国家环保局局长曲格平应联合国环境规划署执行主任托尔巴的邀请，以专家的名义赴肯尼亚首都内罗毕参加关于1992年环境与发展大会环境状况报告的协商会议。曲格平局长在会上发言，表明我国对1992年世界环境与发展大会的立场和观点，并着重就"环境政策"议题介绍了中国的环境政策和取得的进展。归国途中，曲格平局长应邀在曼谷环境规划署亚太地区办公室和亚太经社会就双边环境保护事项进行了会谈。

1990 年

1月22日至24日　应联合国环境规划署执行主任托尔巴博士的邀请，国家环保局局长曲格平前往肯尼亚，参加在环境规划署总部召开的保护臭氧层蒙特利尔议定书部长级非正式协商会议和24日至26日召开的环境规划署部长级非正式协商会议。两次会议的议题都是讨论为保护臭氧层设立国际基金机制问题。

1月17日　由中国国家科委、国家环保局、国际经济技术交流中心、联合国开发署联合主办的中国环境问题国际研讨会在北京举行。国务院总理李鹏会见了出席研讨会的80多位中外专家和列席代表。

2月26日　联合国环境规划署在日内瓦召开蒙特利尔议定书缔约国不限额工作组会议，就建立保护臭氧层，国际基金或财务机制等问题进行讨论。中国代表团参加了会议。代表团在会上多次发言强调当前臭氧层的破坏主要是发达国家近年来大量使用控制物质所致。因此保护臭氧层国际基金所需费用应由发达国家负担，由他们全部义务捐款。代表团的发言得到许多发展中国家和部分发达国家的响应。

3月　应加拿大政府邀请，国家环保局局长曲格平率团赴温哥华，参加"全球90年"国际环境工业贸易展览及大会。

3月25日　国家环保局局长曲格平应美国生态与环境公司的邀请前往美国商谈合作事项，并与美国环保局和美进出口银行、世界银行等机构进行了会谈。

4月23日　根据我国政府和联合国开发署关于保护臭氧层国际研究的合作协议。以伊萨克教授为首的3人专家组抵京工作。

4月　国家环保局与联合国开发署在北京签署了臭氧层保护项目协议。国务委员宋健以及有关部门领导出席了签字仪式。

4月22日　中国开展了《世界地球日》20周年纪念活动。国务院总理李鹏发表了题为《保护地球环境是我们责无旁贷的义务》的电视讲话。

5月　中国代表团赴莫斯科参加政府间气候变化专业委员会（IPCC）第二工作组第三次会议。这次会议主要是讨论、通过《气候变化的可能影响》的评价报告。中国提交的《人类活动引起的气候变化对中国环境的影响报告》，受到与会代表的重视。

5月6日　我国外交部长钱其琛和蒙古人民共和国外交部长贡布苏伦分别代表两国政府签署了《中华人民共和国政府和蒙古人民共和国政府关于保护自然环境的合作协定》。

5月11日　国务院总理李鹏在钓鱼台国宾馆会见了"争取更好世界协会"主席特纳一行，同他们进行了坦率友好的交谈。

6月2日　联合国环境规划署今年"全球500佳"评选揭晓，我国江苏省泰县沈高乡河横村因在开展农业生态系统研究、全面规划和综合发展方面取得的显著成绩而被评为我国今年唯一获此殊荣的单位。

6月18日　国务委员、国务院环境保护委员会主任宋健在人民大会堂接见了联合国前秘书长助理马丁·里斯先生，对他热情关心中国环境保护事业表示感谢。

中国环境外交大事记

附录一

6 月　联合国环境规划署在伦敦召开了第二次关于消耗臭氧层物质的蒙特利尔议定书缔约国会议。中国派出代表团参加。会议对蒙特利尔议定书进行了修正。议定书修正时采纳了我方的意见，删去了对发展中国家歧视或明显不利的条款。因此，代表团在会议闭幕时表示，将建议中国政府参加修正后的蒙特利尔议定书。

7 月 13 日　宋健在人民大会堂会见了联合国亚太经社委员会人类居住、工业与环境司司长贾拉尔博士。宋健表示，中国希望在环境保护与发展方面更多地得到国际组织的支持与帮助，中国也愿意更多地参加与保护环境相关的国际活动。

7 月　国务院环委会召开第十八次会议，会议通过了《我国关于全球环境问题的原则立场》这一指导环境外交的重要文件。

8 月 1 日　联合国环境规划署在内罗毕召开第二届特别理事会，会议主要讨论优先考虑的环境问题和加强环境规划署在联合国系统内作用。中国派出以国家环保局局长曲格平为团长的政府代表团出席。

8 月 6 日　联合国环境与发展大会筹委会第一次实质性会议在内罗毕召开。会议讨论的主要问题包括：对筹备过程中考虑的环境与发展问题进行全面评估；防止大气变化，臭氧耗竭、森林破坏、土壤流失、沙漠化以及保护生物多样性；保护海洋和淡水防止有害废物和有毒化学品对环境的污染；环境基金的来源和技术转让的原则。中国政府代表团团长为曲格平，并担任本次会议的副主席，他在大会发言中，解决世界面临的环境问题表明了原则立场。

8 月 24 日　国务院副秘书长徐志坚在人民大会堂会见了应邀来访的肯尼亚环境与自然资源部常务秘书马萨乐。

9 月 4 日　国务委员、国务院环委会主任宋健在人民大会堂会见了应邀来访的联合国环境规划署执行主任托尔巴一行，国务院总理李鹏在中南海会见了他。

9 月 15 日下午　宋健在人民大会堂会见了应邀来访的蒙古环境代表团，就自然保护领域的双边合作进行了会谈。

10 月 13 日　联合国亚太经济社会理事会在泰国曼谷召开"亚太地区部长

级环境与发展会议"。此次会议是为 1992 年全球环境与发展大会做准备的地区会议。国务委员、国务院环委会主任宋健率中国代表团出席，并在开幕式上发了言。会议通过了《亚洲及太平洋地区环境和发展会议宣言》。

10 月 22 日　"中国经济与环境协调发展国际会议"在钓鱼台国宾馆举行。会议由国务院环委会副主任、国家环保局局长曲格平主持。国务委员、国务院环委会主任宋健致开幕词并在闭幕式上讲话。会议期间，代表们提议成立一个国际咨询委员会或联合工作组，由中外高层人士组成，以研究和落实中国如何参与在环境与发展方面的国际合作。国务院总理李鹏在人民大会堂会见了出席"中国经济与环境协调发展国际会议"的代表。

10 月 26 日至 11 月 22 日　以国家环保局局长曲格平为团长的中国环境代表团应邀访问了瑞典、芬兰、挪威、丹麦四国。

10 月　中日友好环境保护中心项目第三次基本设计调查会谈结束。至此，对于该项目的规划、功能等，双方基本达成一致意见。

10 月 27 日　机械电子部主办的北京国际环境资源综合利用技术及装备展览会开幕，这是我国环境保护资源综合利用技术及装备方面规模最大的一次国际展览会。

10 月 29 日　世界气象组织、联合国环境规划署、联合国教科文组织、联合国粮农组织和国际科联共同主办的第二届世界气候大会在日内瓦举行。中国政府代表团由国务委员宋健任团长。会议通过一项《部长宣言》，呼吁各国政府立即采取措施，保护全球环境。

11 月 12 日至 16 日　国际海洋环境保护委员会第三十届会议在伦敦召开，包括中国在内的 54 个国家和 19 个国际组织的代表出席了会议。会议讨论了保护海洋环境、防备油污染和船舶溢油应急计划等 24 项议程。

11 月 27 日　第四届地球共同体国际研讨会在上海闭幕，数十位中外专家在会上讨论了目前人类面临的环境问题，国务委员宋健、国家环保局局长曲格平、上海市市长朱镕基到会并发表讲话。

12 月　国务院发布《关于进一步加强环境保护的决定》，就"积极参与解决全球环境问题的国际合作"作了原则规定，并从组织机构上明确了环境外交

的执行机关。

1991 年

1 月　日本国政府无偿援助中国项目"中日友好环境保护中心"的换文签字仪式在京举行。

2 月　国家环保局在京召开第一次外事工作会议。曲格平局长在会上作了关于环境外交的报告，解振华副局长作了题为《搞好外事工作，促进我国环保事业发展》的工作报告。

3 月　联合国环境与发展大会第二次筹委会会议在日内瓦举行。中国政府派出代表团出席会议，在 4 月 2 日的全会上发言，系统阐述了我国在环境与发展领域中的积极态度和原则立场。

3 月 18 日　国务委员宋健在人民大会堂会见了前联合国秘书长助理、"90 年代中国与世界"国际协调人马丁·里斯。宋健在会见时说，要进一步做好改革开放中的环境保护工作。

3 月 19 日　国家环保局局长曲格平会见了以冰见康二为团长的日本环境卫生中心访华代表团，该团是受日本环境厅委托，开展中国环境问题调查而来访。

3 月 23 日　应邀来华访问的泰国公主诗琳通在国家环保局局长曲格平的陪同下参观了中国环境科学院。

4 月 16 日　由国家气象局和世界自然保护基金会联合举办的"环境与气候变化及其对中国的挑战"国际研讨会在京举行，国家环保局局长曲格平到会并讲话。

4 月 19 日　国家环保局局长曲格平与应邀来访的芬兰环境部秘书长塔拉斯蒂在北京举行会谈，双方商讨了进一步发展中芬环境保护领域合作的事宜以及其他共同感兴趣的问题。

5 月　国家环境保护局和中国国际信托投资公司在北京举办"发展中国家环境保护"演讲会，特邀美国杜邦公司董事长伍洛德作专题演讲。国家环境保护局局长曲格平作了演讲。

5 月　经联合国教科文组织"人与生物圈"计划协调理事会执行局批准，我国湖北神农架自然保护区加入联合国"人与生物圈"保护网。

从斯德哥尔摩到里约热内卢

5月2日　国务委员、国务院环委会主任宋健在人民大会堂会见了由日本国务大臣、环境厅长官爱知和男率领的日本环境厅访华代表团，就双方共同关心的环境问题交换了看法。

5月20日　联合国环境规划署第16届理事会在内罗毕召开。以中国驻联合国环境规划署常驻代表吴明廉大使为团长，国家环保局副局长解振华为副团长的中国政府代表团出席了会议。

6月14日　由中国政府发起的"发展中国家环境与发展部长级会议"在北京召开。41个发展中国家的部长级代表团、10个国际组织的特邀代表和9个发达国家的观察员近200人参加了会议，研讨全球环境与发展国际合作重大问题。国务院总理李鹏出席了开幕式并发表了重要演说，希望通过这次大会促进世界各国之间的密切合作，共同为推动1992年联合国环境与发展大会的成功召开作出努力。大会主席、国务委员宋健也在会上发表了讲话。会议期间与会代表就会议的议题进行了深入讨论和紧张磋商，取得了共识，一致通过《北京宣言》这一具有重要意义的历史性文件。

6月19日　《关于消耗臭氧层物质的蒙特利尔议定书》缔约国第三次会议在联合国环境规划署总部举行。中国代表团在会上宣布：中国政府决定加入经过修订的《蒙特利尔议定书》。

6月　由能源部、经贸部、北京市人民政府和联合国技术合作部联合主办的"能源、环境与经济发展国际会议"在北京召开，参加会议的有33个国家和地区的专家和政府官员以及来自10个国家的观察员和9个联合国机构及组织的代表120人。

7月4日　亚太地区环境会议在东京召开。国家环保局局长曲格平率团参加，并在会上作了题为《中国面临的环境问题》的发言。

8月12日　"发展中国家与国际环境研讨会"在京开幕。该研讨会是联合国"国际法10年"的活动项目之一。国务委员兼外交部部长钱其琛在开幕式上致词，应邀参加会议的联合国环境规划署执行主任托尔巴在开幕式上作了题为《开发人类无穷无尽的创造力》的讲话。会议期间，国务院总理李鹏会见了与会的各国专家学者。

中国环境外交大事记

附录一

8月12日　联合国环境与发展大会第三次筹委会在日内瓦召开，中国派出代表团出席会议，强调环境与发展相协调的重要性，希望1992年环发大会成为全球环境与国际合作的重要里程碑。

8月　应邀来访的联合国环境规划署执行主任托尔巴博士与我国环境界知名人士在人民大会堂进行了座谈，我国著名环境学家、气象学家、经济学家、教育界人士出席了座谈会。

9月　经第7届全国人大第21次会议审议通过，决定批准中华人民共和国常驻联合国代表李鹿野于1990年3月22日签署的《控制危险废物越境转移及其处理巴塞尔公约》。

9月23日　《生物多样性公约》政府间谈判委员会第四届会议在内罗毕举行。中国派出了代表团参加了会议。

9月25日　李鹏总理会见并宴请来访的中日友好促进协会访华团，国家环保局局长曲格平参加了会见，并于次日同日本客人就中日环保合作进行了会谈。

10月21日　应德国环境、自然保护和核安全部部长特普费尔邀请，国家环保局局长曲格平率团访问德国。

11月16日　中国环境与发展国际合作委员会中方委员举行首次会议，该委员会经国务院批准，由中外知名学者、专家和高级官员近40人组成，宋健同志任主席，曲格平和顾明任中方副主席，加拿大国际开发署署长马塞任外方副主席。该委员会下设1个秘书处（负责日常事务）和6个专家组（负责具体合作项目）。

11月20日　受国际水污染研究与防治协会的委托，由该协会中国委员会和上海市环境保护局联合举办的"第三届亚洲地区发展与水污染控制会议暨多国展览会"在上海开幕。国家环保局局长曲格平致开幕词。

12月　香港工程师联合会在香港会议与展览中心举办第三届大都市污染控制大会，来自世界各地的几百名著名人士、专家、学者出席大会，就大城市环境问题交换意见。国家环保局局长曲格平出席了大会并任大会的国际顾问委员会委员。

1992 年

1 月 3 日　国家环保局局长曲格平会见了澳大利亚社会保障部部长格拉汉·理查森，就我国环境保护问题进行了广泛的交谈。

1 月 21 日　中国环境与发展国际合作委员会主席团会议在钓鱼台国宾馆召开，委员会主席宋健主持了会议。会议审议和讨论了委员会的有关筹备工作，包括委员会的《工作大纲》、《议事规则》和委员会的组成，专家工作组的组成等。

2 月　由世界自然保护同盟主持的第四届国家公园与保护世界大会在委内瑞拉首都加拉加斯召开。中国有七名专家出席了会议。

2 月　国务委员、国务院环委会主任宋健在人民大会堂接见了联合国环境和发展大会的副秘书长尼廷·德赛先生，双方就 1992 年联合国环境与发展大会的第四次筹委会的准备情况和南北国家的环境保护责任问题交换了意见。

2 月　国务院总理李鹏在中南海会见了以教育部长何·戈登为首的巴西政府高级代表团。

2 月 3 日　联合国环境规划署第三届特别理事会在内罗毕召开。中国政府代表团出席了会议。

3 月　联合国环境与发展大会第四次筹备大会在美国纽约举行。会议主要讨论《21 世纪议程》、《里约宣言》和向发展中国家提供资金和技术转让等问题。我国政府派出了以外交部副部长刘华秋为团长、常驻联合国代表李道豫、国家环保局副局长张坤民等人组成的代表团出席了会议。刘华秋在大会上发言，阐述中国政府对环发大会及解决全球环境问题的原则和意见。

3 月　由世界银行、联合国环境规划署和联合国开发计划署管理的"全球环境基金"，向中国赠款 260 万美元，用于《中国减少温室气体排放战略研究》和《中国保护生物多样性行动计划》。国家环保局局长曲格平出席项目的签字仪式。

3 月　联合国环境规划署"全球 500 佳"评选工程揭晓，中国安徽颍上县小张庄村长张家顺、辽宁大洼县西安生态养殖场、浙江宁波鄞县李家村荣获"全球 500 佳"称号。

3 月 21 日　联合国环境规划署和世界气象组织在纽约联合国总部联合召开

政府间气候变化框架公约谈判委员会第 5 次会议，中国代表团由外交部、国家科委、国家环保局、能源部、林业部、国家气象局和国家海洋局组成，参加了全会和两个工作组的讨论，并与"77 国集团"一起提出联合提案，为公约草案的形成作出了贡献。

3 月 15 日至 17 日　应加拿大议会议长、全球'92 国际环境大会国际咨询委员会主席弗雷泽先生的邀请，国家环保局局长曲格平率中国环境代表团赴加拿大温哥华参加全球 1992 年国际环境大会，团员有江苏等省的环保局负责人。

4 月 13 日　国务院总理李鹏在中南海紫光阁会见德国联邦环境、自然保护和核反应堆安全部部长克劳斯·特普费尔。特普费尔向李鹏转交了科尔总理的信。李鹏说中国对联合国环发大会十分重视，并愿为这次会议的圆满成功作出自己的努力。国务委员、环委会主任宋健参加了会见。

4 月 16 日　由美国"全球绿十字会"、美国太平洋基金会、美国威斯康星大学城市发展研究中心、中国环境报、上海科学技术情报研究所、中国科技导报、香港金马广告有限公司共同主办，上海环境保护宣传教育中心协办的"92 年绿满全球"活动在上海举行。

4 月 21 日　中国环境与发展国际合作委员会在北京宣告成立，国务委员、国务院环委会主任宋健担任主席，加拿大国际开发署署长马塞博士担任外方副主席，国家环保局局长曲格平和全国人大法律委员会副主任委员顾明任中方副主席，国家环保局副局长解振华任秘书长，委员会由 46 名中外著名人士组成。李鹏总理于 22 日会见出席大会的外方代表。李鹏对委员会的成立表示祝贺。

4 月 17 日　中国—芬兰环境问题研讨会在京召开。200 多位专家就一些共同的问题，如环境保护的经济手段、水环境保护、纸浆和造纸工业环境管理、白洋淀地区的水保护等进行研讨。国家环保局局长曲格平出席了会议。

4 月 27 日　联合国环境规划署在日内瓦举行第五次会议，会议决定授予中国国家环保局局长曲格平"1992 年国际环境奖"。这是联合国授予国际环境领域的最高荣誉，颁奖定于 6 月 6 日在巴西里约热内卢举行。

5 月　《控制危险废物越境转移及其处置巴塞尔公约》开始生效，中国是缔约国。

5月8日　由日方赠款，中国配套建设的"中日友好环境保护中心"举行奠基仪式。国务院副总理吴学谦和日本前首相竹下登共同揭开奠基石绸布，培下了第一锹土。

5月　中国代表团出席了在内罗毕召开的生物多样性公约政府间谈判委员会第五次会议，并在生物多样性公约草案的最后文件上签字。

5月　国务委员、国务院环委会主任宋健和国家环保局局长曲格平在人民大会堂会见了应邀来访的美国环境与生态公司高级顾问迈耶和副总裁杰克·威尔考克斯。

6月　国家环保局副局长王扬祖在北京主持召开了中国消耗臭氧层物质国家方案第一次国际研讨会，国务院有关部委和单位的50多位专家及有关人员参加了会议。

6月3日　联合国环境与发展大会在巴西里约热内卢隆重开幕。全球有178个国家1.5万人参加这次大会。其中102位国家元首或政府首脑参加了12日至14日的首脑会议。大会通过了《里约宣言》、《21世纪议程》和《关于森林问题的原则声明》3项文件。《气候变化框架公约》和《生物多样性公约》在会议期间开放签字。中国代表团由国务委员、国务院环委会主任宋健任团长、国家环保局局长曲格平任副团长。中国当选为大会副主席。以联合国前副秘书长谢启美大使为团长的中国人民环境代表团参加了在巴西举行的作为环发大会重要组成部分的《全球论坛》活动。6日在里约市政剧场隆重举行了"纪念'6·5'世界环境日暨联合国国际环境奖"颁奖仪式，曲格平局长在颁奖会上接受"联合国国际环境奖"证书和奖杯，安徽省颍上县小张庄村村长张家顺在会上接受了"全球500佳"奖章和证书。

6月　李鹏总理12日在环发大会首脑会议上发表了重要讲话。李鹏阐述了保护环境和发展经济的重要意义，提出了中国政府关于加强国际合作、促进世界环发事业的主张。

7月2日　国务院环委会召开第23次会议。宋健主任主持会议。国家环保局局长曲格平代表出席联合国环发大会的中国代表团在会上作了《出席联合国环境与发展大会的情况及履行国际环境保护义务的有关对策的报告》。

7 月　经国务院批准，中国决定加入《关于特别是作为水禽栖息地的国际重要湿地公约》。

8 月　经修正的《关于消耗臭氧层物质的蒙特利尔议定书》生效，中国正式成为该议定书的缔约国。

8 月　经党中央、国务院批准，中共中央办公厅、国务院办公厅以中办发[1992]7 号文转发了外交部、国家环保局《关于出席联合国环境与发展大会情况及有关对策的报告》。《报告》提出了中国环境与发展领域应采取的 10 条对策和措施。

9 月 16 日　中日火电厂脱硫技术工业试验合作项目签字仪式在人民大会堂举行。

10 月 26 日　联合国环境规划署西北太平洋区域行动计划第五次会议在北京召开，来自中国、朝鲜、日本、韩国和俄罗斯 5 国代表出席了会议。会议着重讨论西北太平洋地区海洋环境保护行动计划。

11 月　联合国环境规划署在丹麦哥本哈根召开了《蒙特利尔议定书》缔约国第四次会议。中国政府代表团出席了会议。

11 月　由国家环保局和德国环境、自然保护和核安全部共同主办的"中德环境与能源国际研讨会"在北京召开。国务委员、国务院环委会主任宋健会见了率团来华参加研讨会的联邦德国国务秘书斯托特曼，曲格平局长、解振华副局长陪同会见。

11 月　中国代表团出席在乌拉圭召开的《控制危险废物越境转移及其处置巴塞尔公约》第一届缔约国会议。

12 月　联合国环境规划署第四次部长级非正式磋商会议在内罗毕举行。国家环保局局长曲格平参加了会议。曲格平在会上介绍了中国在环境保护方面的进展和利用经济手段保护环境的措施，受到与会者的好评。

1993 年

1 月　国家环保局局长曲格平会见亚洲开发银行环境处执行处长洛哈尼，双方就中国环保工作及亚行提供的合作与支持交换了意见。

2 月　全球环境与发展培训网中国班在北京开学。这是由美国洛克菲勒基金会发起并资助、多国参加的一个国际性跨学科项目。旨在加强国际间在环境与发展方面的合作。我国去年加入此国际性项目，并成立了由国务委员宋健任主席、国家科委副主任邓楠任副主席的国家指导委员会。第一批学员主要来自国务院各部委，他们将接受为期两周的系统培训。

2 月 8 日　中国环境与发展国际合作委员会生物多样性工作组首次会议在北京举行。委员会秘书长解振华及工作组外方成员参加了为期 4 天的会议。

2 月　国家环保局代表中国将一盒"长城土"交赠巴西大使阿布德努尔，为巴西的"和平纪念碑"献上中国土。"和平纪念碑"是巴西政府在联合国环境与发展大会之后在里约热内卢建成的，象征国际合作与世界和平。为使这座纪念碑具有更广泛的国际意义，联合国"巴哈伊国际协作体"计划从世界各国各采集 1 公斤土壤放在纪念碑周围，作为永久纪念，为响应这一具有全球性和平纪念意义的活动，中国从长城脚下采集了 1 公斤土壤，参加 6 月 5 日举行的土壤安放仪式。

2 月　联合国环境规划署决定 1993 年世界环境日纪念大会在我国北京举行。2 月 25 日至 3 月 7 日，联合国环境规划署新闻处长勃莱维克先生及阿玛女士来北京与我国协商此次活动的具体方案。国家环保局局长曲格平会见了勃莱维克先生一行，并通过他向联合国环境规划署执行主任伊丽莎白·多德韦尔女士发出了访华邀请。

2 月　中国在联合国经社理事会会议上当选为负责联合国环境与发展大会后续工作的可持续发展委员会成员国。

3 月　《中美自然保护议定书》第四次工作组会议在美国首都华盛顿举行。经协商，中美双方就 1993 年和 1994 年合作新项目达成协议并签订了议定书附件。根据协议，中美双方将在自然保护区的建设和管理、野生动植物保护等领域进行交流和合作。

3 月 2 日　中国环境与发展国际合作委员会科学技术专家组第一次全体会议在北京召开，国家环保局副局长解振华出席会议并讲话。

3 月　蒙特利尔议定书多边基金执委会第九次会议在加拿大蒙特利尔召开。中国代表团出席会议。会议审议批准了《中国消耗臭氧层物质逐步淘汰国

家方案》，并最终审定了向中国第一批削减臭氧层物质的 5 个项目提供 766.2 万美元的赠款。

4 月　全国人大环保委主任委员、国家环保局局长曲格平应邀出席欧共体国家驻华使馆举行的环境专题聚会，并就欧共体国家比较关心的中国环保产业市场情况、环境保护发展的优先领域、环保产业协会在帮助企业引进外资和促进国内外合作方面的作用等问题作了介绍。

4 月　国际生态环境与农村就业大会在印度马德拉斯召开。国务委员宋健出席大会并在《星火计划与农村就业》的讲演中着重强调，人类需要一种有益于环境的持续发展。

4 月　中国"人与生物圈"国家委员会第 8 届会议召开。会议决定建立中国生物圈保护区网络。

4 月　《中华人民共和国国家环境保护局和加拿大环境部环境合作备忘录》在加拿大蒙特利尔由中国国家环保局局长曲格平和加拿大环境部部长吉昂·夏雷共同签署。这是中加两国政府环境主管部门达成的第一个正式合作协议。

5 月　中国环境与发展国际合作委员会第二次会议在杭州召开。中外方委员、特邀代表和观察员 160 人出席了会议。委员会主席和副主席宋健、马塞、曲格平、顾明轮流担任会议主席。会议首先听取了委员会秘书长解振华关于委员会闭会期间的工作汇报和各专家组的建立及工作进展情况报告，会议向中国政府提出了 6 条建议。会后国家主席江泽民在人民大会堂会见了出席会议的外方代表。

5 月 4 日　联合国教科文组织在意大利主持召开了环境与发展事务部长级决策者和高级管理人员专家会议，国家环保局叶汝求副局长出席了此次会议。

5 月 10 日　联合国环境规划署第十七届理事会在内罗毕召开。国家环保局派团出席会议。

5 月　臭氧基金世界银行第一批项目协议签字仪式在国家环保局举行，国家环保局王扬祖副局长、臭氧项目办公室及行业主管部门、项目承担单位参加。世界银行的第一批项目共有 5 个，总投资为 800 万元。

5 月　国家环保局副局长解振华会见荷兰国际合作部负责东南亚事务的局

长施林格曼，就中荷在环境保护领域的合作交换了意见。

5 月　由国家环保局、联合国环境规划署主办，中国环境文化促进会承办的《拍下你的世界》——国际环境摄影比赛获奖作品展览在北京中国美术馆举行。国家环保局副局长解振华在开幕式上致词，全国人大常委会副委员长程思远剪彩。

5 月　全球环境基金（GEF）成员国会议在北京召开。会议议题是回顾全球环境基金进展状况，讨论体制改革问题。约 60 个国家的政府代表出席了会议。

6 月 2 日　联合国副秘书长、联合国环境规划署执行主任伊丽莎白·多德斯韦尔一行抵达我国参加联合国"6·5"世界环境日纪念活动。

中国青年环境论坛首届学术学会开幕式 3 日在北京人民大会堂举行。会议由年会执委会主席、国家环保局副局长解振华主持，全国人大副委员长王丙乾到会并讲话。

6 月 4 日　国家主席江泽民在北京会见前来参加"6·5"世界环境日纪念活动的联合国秘书长、联合国环境规划署执行主任伊丽莎白·多德斯韦尔女士。

6 月　国家环保局召开干部会议，宣布国务院 6 月 2 日任命解振华为国家环境保护局局长，同时免去曲格平同志的国家环境保护局局长的职务。在此之前，中共中央组织部已于 5 月 13 日决定同意解振华同志任国家环保局党组书记，免去曲格平同志国家环保局党组书记职务。

6 月 16 日，日本三菱商事株式会社向中华环境保护基金会捐赠 4 万美元。全国人大环资委主任委员曲格平在捐赠仪式上对三菱商事株式会社表示感谢。

6 月　以曲格平为团长的中国代表团赴日本千叶县参加由日本环境厅主办93 亚太环境会议，本次会议讨论了联合国环境与发展大会后的区域合作，可持续发展问题。

6 月 23 日　中国与联合国环境规划署签署能源合作备忘录。联合国环境规划署为支持中国开展的"能源规划中统筹考虑因素"研究项目赠款 53 万美元。

7 月 8 日　全国人大环资委主任委员曲格平会见了由联邦议员、基民盟环保副发言人利帕尔特和联邦议员社民党副发言人雷纳尔茨组成的德国联邦议员环境代表团。

8月19日　全国人大环资委主任委员曲格平在北京会见首次来华的美国参议院环境与公共工程委员会主席马克斯·鲍克斯一行。曲格平介绍了中国环保事业的发展情况，并指出中美环保合作有利于世界环保事业的发展。

8月31日　欧洲共同体环保总司司长布林考斯特先生、空间技术部主任加奇及总司长顾问赫尔一行3人来华访问。访问期间，布考斯特先生与国家环保局解振华局长进行了会谈，参观并访问了抚顺铝厂、中国环境科学研究院、清华大学环境工程系等单位。

9月3日　《中华人民共和国政府和印度共和国政府环境合作协定》在北京签署。国家环保局解振华局长和印度驻华大使达斯古普塔分别代表两国政府在协定上签字。根据这项协定，中印两国将在全球环境问题、废弃物管理、环境污染控制、环境影响评价、环境教育、环境保护立法及执法人员互访、信息交流等方面开展合作。

9月13日　首届东亚地区国家公园与保护区会议在北京举行。大会名誉主席、国务委员、国务院环委会主任宋健代表中国政府致开幕词。会议就东亚地区国家公园与保护区的发展情况和有关的政策问题进行了广泛的交流和讨论。中国、日本、韩国、蒙古、朝鲜和中国台湾、香港、澳门地区的专家、学者以及一些国际组织和欧、美、大洋洲等一些国家的代表250人出席会议。

9月　联合国持续发展高级咨询委员会第一次会议开幕。全国人大环保委主任委员曲格平在会上发言指出，解决环境问题需要全球合作，发达国家在资金和技术转让问题上应积极履行自己的责任。

9月15日　第二次东亚环境合作会议在韩国汉城召开，国家环保局副局长王扬祖率中国代表团出席了会议。韩国总统金泳三于17日会见了出席会议的日本、俄罗斯、中国、韩国环境部（局）长。

9月23日　国家环保局副局长叶汝求会见了澳大利亚前总理霍克，介绍了中国环境保护工作。双方讨论了在环保产业领域合作的可能。

10月25日　中国21世纪议程国际研讨会在北京开幕，国家科委副主任邓楠、国家计委副主任陈耀邦、全国人大环保委主任委员曲格平及联合国开发计划署驻华代表贺尔康先生等出席了开幕式并讲话。国家环保局张坤民副局长应邀在会上作了《中国的环境政策》专题报告。60 多位中外专家、有关部委和团体的代表及联合国有关机构、部分国家驻华使馆代表出席了会议。

10 月 28 日　中韩环境合作协定在京签署，国务院副总理兼外交部部长钱其琛和韩国外交部部长韩升洲在协定上签字，这是两国建交以来第一份由政府签署的环境合作协议。

10 月　中国代表团赴日本参加环境管理与城市环境问题国际研讨会。会议介绍了日本环境管理经验，讨论了发展中国家城市环境问题。

11 月 2 日　由中国环境科学学会主办的中、日环境问题国际研讨会在京举行。国家主席江泽民会见了来京参加研讨会的日本前内阁总理大臣海部俊树一行。

11 月 10 日　国家环保局副局长叶汝求应邀出席了在东京举行的日本企业界领袖环境与发展会议，并作了题为"中国的环境政策"的演讲。

11 月 17 日　国家环保局解振华局长与来访的欧洲共同体环保总司司长布林考斯特先生举行会谈。双方就环保领域的交流与合作等共同关心的问题交换了意见。

11 月 17 日　蒙特利尔议定书缔约国第五次会议在曼谷举行，国家环保局王扬祖副局长率中国代表团出席会议。

11 月　国家环保局叶汝求副局长会见菲律宾科技部长安柯格女士一行 6 人。

1994 年

1 月　国家环保局局长解振华会见了日本外务省经济协力局局长平林博。双方就中日友好环境保护中心建设的有关问题进行了友好的交谈。

1 月 24 日　国家环保局局长解振华会见了来访的芬兰经贸与发展部部长托米·卡冈宁米，双方讨论了环保领域合作的意向。

2 月　国务委员宋健会见了以霍斯金为团长的《濒危野生动植物国际贸易公约》高级代表团，指出：中国重视野生动物的保护。

2 月 7 日　国家环保局副局长叶汝求参加了澳大利亚"英联邦科学与工业组织"和"联合国工业发展组织"联合在澳大利亚墨尔本召开的"清洁生产促

进经济增长国际会议"。

2 月　中国代表团出席在瑞士日内瓦召开的贸易与环境部长级圆桌会议，讨论贸易与环境的关系、环境市场等问题。

2 月 19 日　我国政府同意接受《1972 年伦敦公约》缔约国协商会议去年通过的《关于逐步停止在海上处置工业废物的决议》和《关于禁止焚烧的决议》。这意味着在中国管辖海域处置一切放射性废物、处置焚烧工业废物的活动将被禁止。

2 月　应国家环保局邀请，以玛丽·尼柯尔斯为团长的美国环保局代表团来华访问。访问期间进行了工作会谈；并与有关部门就环境与发展问题进行了讨论。全国人大环保委主任委员曲格平、国家环保局局长解振华、副局长叶汝求分别会见了美国环保局代表团。

3 月 3 日　中日技术合作气溶胶与大气环境学术研讨会在京召开，国家环保局局长解振华和日本驻华使馆官员到会并讲话。

3 月 20 日　中日环境保护合作协定签字仪式在京举行。国家环保局局长解振华和日本驻华大使国广道彦代表两国政府签字，李鹏总理和细川首相出席签字仪式。

3 月　中国代表团出席在瑞士日内瓦召开的控制危险废物越境转移及其处置巴塞尔公约缔约国会议。

3 月　联合国《气候变化框架公约》开始生效，公约要求发达国家采取有效措施，到 2000 年把二氧化碳和其他温室气体的排放量控制到 1990 年水平。

3 月　以解振华局长为团长的中国代表团赴加拿大温哥华出席（APEC）亚太经济合作组织环境部长会议，会议讨论了环境教育、环境技术、环境标准、经济手段、可持续城市发展环境等问题。

4 月　国家环保局和世界银行共同举办的"危险废物管理国际研讨会"在京召开，国家环保局副局长王扬祖到会讲话。

4 月　中国代表团赴美参加中美科技合作联委会第六次会议，讨论扩大医药、环保、能源和先进材料等领域的合作及企业间的科技合作，并签署了有关文件。

4月25日　国家环保局王扬祖副局长会见联合国开发计划署驻中国首席代表贺尔康和联合国开发计划署总部负责全球环境问题的部门负责人诺瑞思先生，就如何加快联合国开发计划署执行的中国保护臭氧层项目的进展进行了磋商。

4月26日　国家环保局叶汝求副局长会见了芬兰贸易与工业发展部副部长一行，向芬兰代表团介绍了中国环境保护工作的现状和政策；双方探讨了进一步合作的可能性。

4月28日　国家环保局解振华局长应联合国环境规划署执行主任伊丽莎白·多德斯韦尔的邀请，出席了在巴黎国际商会总部召开的《可持续发展商务宪章》顾问委员会第一次会议。出席此次会议的有来自世界不同地区的18位环境部长和一些企业负责人、重要的非政府组织代表等。解振华在会议上发言，介绍了我国在经济发展与环境保护领域所做的工作，通报了亚太经济合作组织部长级环境会议的情况，并对《可持续发展商务宪章》阐述了建设性意见。

5月　中国代表团赴美国纽约出席联合国可持续发展委员会第二次会议，讨论21世纪议程执行情况、环境与贸易、环境与妇女、可持续发展战略等问题。

5月4日　国家环保局王玉庆副局长会见了世界野生生物基金会官员，互相介绍了情况，并探讨了进一步合作的意向。

5月5日　国家环保局王玉庆副局长接受了瑞士广播公司远东部记者吉恩·盖勃的录音采访，回答了对方提出的有关中国环保领域的一些问题。

5月27日　在北京钓鱼台国宾馆举行了中华人民共和国与俄罗斯联邦政府环境保护合作协定签字仪式，国务院总理李鹏和俄罗斯联邦政府总理切尔诺梅尔金出席了签字仪式，国家环保局局长解振华局长与俄罗斯环境保护与自然资源部部长达尼洛夫·达尼扬分别代表本国政府在协定上签字。

6月　应国家环保局的邀请，丹麦王国环境部长斯文·奥肯来华访问。国家环保局副局长叶汝求等到机场迎接。双方举行了友好会谈，国家环保局局长解振华与对方签署了中丹合作制定中国有害废物管理及执行巴塞尔公约国家行动计划的谅解备忘录。

6月27日至29日，国家环保局在北京召开了第一次全国环保系统国际合

作工作会议，各省、自治区、直辖市、计划单列市环保局和国家环保局各直属单位、局机关各司的领导和主管外事工作的干部出席了会议，解振华局长出席了会议。

7 月　国家环保局解振华局长出席了由国家计委、国家科委、外交部和联合国开发署联合主办的"中国 21 世纪议程高级国际圆桌会议"，并在会上讲话。

8 月 26 日　亚太经济合作组织环境专家会议在中国台北举行，国家环保局代表参加了会议，这是中国首次参加在台湾举行的环境会议。

8 月　以国家环保局解振华为团长的中国代表团赴香港参加"世界环境博览会 94"，参加了世界环境博览会开幕式，发表中国环境问题的演讲。

9 月　西北太平洋行动计划第一次政府间会议在韩国召开，国家环保局副局长王玉庆率中国代表团参加了会议。

9 月　中国环境与发展国际合作委员会第三次会议在京举行。国务院副总理钱其琛出席了会议。

9 月　亚太地区空间应用促进发展部长级会议在京召开，来自亚太经社会30 个国家和地区，以及 3 个非亚太成员国和 17 个国际组织的代表参加了会议。

10 月　中国代表团赴内罗毕参加蒙特利尔议定书缔约国第六次会议，讨论缔约国第五次会议以来各项决定的执行情况；关于多边基金的审查；下届执委会成员；技术和经济评估；财政问题等。

10 月　中国企业管理协会和世界经济论坛联合召开第十四次企业管理国际研讨会。

10 月　中国代表赴波兰华沙参加第三届国际清洁生产高级顾问研讨会，对过去两年中全世界清洁生产活动进展进行评估，提出今后发展的主要障碍和潜力；全球清洁生产未来发展方向。

11 月　中国代表团赴巴拿马拿骚参加生物多样性公约缔约国第一次大会，讨论秘书处的设立、"公约"的财务机制、移地遗传资源的所有权。

11 月　"城市与环境"世界会议在香港召开，来自中国、美国、英国、日本、加拿大等近百个国家的政府、非政府组织、地方社团和世界知名人士参加了会议。全国人大环资委主任委员曲格平出席了会议。

11 月 《生物多样性公约》第一次缔约国会议在巴拿马首都拿骚开幕。126个国家的政府代表团、100 多个联合国机构和非政府组织的代表参加了会议。我国代表团出席了会议。

12 月 中国代表团出席在内罗毕举行的有毒化学品和化学废弃物管理活动高级专家磋商会，紧急审议发展中国家日益增加生产和使用化学品及其带来的环境与健康问题；讨论制定解决这些问题的长、短期优先行动战略。

12 月 首届中德有害废物管理和处置研讨会在京召开。国家环保局王扬祖副局长到会并讲话。

1995 年

1 月 国家环保局副局长张坤民受比利时和捷克政府的邀请，先后赴布鲁塞尔和布拉格参加"可持续发展中的指标体系和经济手段国际研讨会"，为联合国可持续发展委员会第三次年会做准备。

2 月 由外交部、国家环保局以及有关部门组成的中国代表团出席了在纽约召开的"政府间气候变化框架公约谈判委员会"第 11 次会议。

2 月 国家环保局副局长叶汝求应英国环境大臣的邀请，出席了在赫德福特召开的"英国部长级会议"，为即将召开的"可持续发展委员会和联合国环境规划署理事会"做准备。

2 月，国家环保局局长解振华应邀赴奥斯陆出席由挪威首相布伦特兰主持的可持续消费高级圆桌会。

2 月 国家环保局局长解振华赴丹麦访问并应丹麦工业理事会的邀请，发表了演讲。

2 月 22 日 解振华赴瑞士格兰德进行访问，会见了国际自然资源保护同盟总干事等人，就一系列共同关心的问题进行了会谈。

3 月 9 日 "中国环境与发展国际合作委员会主席团国际电话会议"在北京召开，会议由国务委员、中国环境与发展国际合作委员会主席宋健主持。

3 月 20 日至 23 日 应化学品安全政府间论坛副主席尼伯拉乌斯博士的邀请，国家环保局副局长王扬祖出席了在比利时布鲁塞尔召开的"化学品案例政府间论坛第一次工作组会议"。会议主要议论了《21 世纪议程》第 19 章规定的

化学品安全优先管理的 6 个规划领域的工作。

3 月　俄罗斯联邦自然资源与环境部部长达尼洛夫·喧尼里扬一行对中国进行了访问。

3 月　"联合国气候变化框架公约批准国大会"第一次会议在德国柏林开幕。国家计委副主任陈耀邦率团出席了会议，来自 170 个国家和地区的 870 名代表参加了会议。会议通过了《柏林授权书》等文件。

4 月　中国代表团出席在纽约召开的可持续发展委员会第三次会议，会议审议了各国政府及国际组织在实现可持续发展进程中所取得的进展。

5 月　以宋健为团长的中国代表团赴内罗毕参加联合国环境规划署理事会第十八届会议，讨论和审议当前一些最为紧迫和重要的全球环境问题，联合国环发大会决定的执行情况，环境规划署的作用、地位、项目计划及财务等问题。

5 月　国家环保局在京召开国际清洁生产高级研讨会暨清洁生产工作座谈会。联合国环境规划署、联合国工业与发展组织的项目官员，加拿大、澳大利亚等国家和香港地区的专家，以及国内部分省、市和部委的代表参加了会议。

6 月　国家环保局副局长叶汝求应俄罗斯环境保护和自然资源部、白俄罗斯环境保护和自然资源部及乌克兰环境保护和核安全部的邀请，率中国环境代表团对上述三国进行了访问。

6 月　国家环保局副局长张坤民应德邀请，率中国环境代表团对德国进行了访问，代表团先后与德国各方人士进行了会谈，双方表示愿意在《中德环保合作协定》的框架下进一步加强环保合作。

6 月　由联合国确定的第一个"世界防治荒漠化和干旱日"在北京举行。国务院副总理姜春云、全国政协副主席钱正英及有关领导和 20 多个国家的外交官参加了会议。

7 月　《生物多样性公约》缔约国第一次会议主席团在日内瓦举行第十一次会议，审议了缔约国第二次会议临时议程及第二次缔约国会议期间部长级会议的有关事项。缔约国第二次会议主席团副主席、国家环保局副局长王玉庆出席了会议。

7 月　国家环保局与亚洲开发银行在山东青岛市召开"中国环境影响评价

国际研讨会"。会议就环境影响评价制度的有关政策、法规、管理及技术等方面进行了研讨。中国、美国、加拿大等国 120 名专家代表参加了会议。

9 月 15 日　国家环保局在京举行"国际保护臭氧层日"会议，国家环保局局长解振华主持。国务委员、国务院环委会主任宋健出席了会议并讲话。

9 月　国家环保局副局长王扬祖出席联合国在日内瓦召开的"关于《控制危险废物越境转移及其处置巴塞尔公约》缔约国会议"。会后，王扬祖副局长赴法国巴黎等地考察了有害废物的处理设施。

9 月　"中国环境与发展国际合作委员会第四次会议"在京召开。国务委员宋健出席了会议。李鹏总理于 19 日晚会见出席会议的代表，对会议的成功召开表示祝贺。

9 月　中国代表团出席在汉城举行的第四届东北亚环境合作会议，讨论地方政府和非政府组织在实施 21 世纪议程及可持续发展中的作用；如何在污染物越境运输问题上进行合作；各国对全球气候变化公约有关问题的看法；有毒化学品管理；城市环境管理等问题。

9 月　中华环保基金会、日本环境协会和美国东西方中心在北京联合举办了"第五届太平洋环境会议"。来自 12 个国家的代表参加会议。全国人大环资委主任委员曲格平出席了会议。

10 月　国家环保局局长解振华与来访的美国商务部长布朗在京签署《中美关于有益于环境的全球性学习与观察计划（简称"全球计划"）合作协议》。

10 月　中国代表团出席了在华盛顿召开的《保护海洋环境免受陆上活动污染全球行动方案》政府间会议。109 个国家和 44 个国际组织、非政府组织派团参加了会议。会议由联合国副秘书长、环境规划署执行主任伊丽莎自·多德韦尔女士主持。

11 月 6 日　国家环保局局长解振华与挪威环境部长本特森在人民大会堂签署了《中挪环境合作备忘录》，李鹏总理和挪威首相布伦特兰出席了签字仪式。

11 月　以国家环保局解振华局长为团长的中国代表团出席在印尼雅加达召开的《生物多样性公约》第二次缔约国会议，会议讨论了公约的财务运行机制，科技情报资料、交换机制，生物技术安全议定书，海洋生物多样性等问题。

11 月　以国家环保局解振华为团长的中国代表团出席在曼谷举行的亚太区域环境与发展部长会议，讨论了亚太区域跨世纪的环发政策和发展前景，审议和通过了《1996—2000 年有益环境的可持续发展行动方案》和《亚太区域有益环境的可持续发展部长宣言》。

11 月　"第二届中日环境问题国际研讨会"在京举行。全国人大常务委员会副委员长王光英、日本国驻华大使馆佐藤嘉恭等出席了开幕式。会议就城市的环境问题及其解决办法进行了学术交流。

11 月　国家环保局局长解振华应邀对韩国进行访问，与韩国环境部长金重纬就两国关心的环境问题和东北亚环境形势进行了会谈，并签署了《部长会谈纪要》；12 月 1 日，解振华会见了韩国外交部长孔鲁明，就中韩共同关心的问题交换了意见。

12 月 8 日　国家环保局局长解振华前往阿根廷驻华大使馆，拜会了艾斯特拉达·欧尤艾拉大使，向其介绍了中国环境保护工作的基本情况及今后重点考虑的优先领域。双方就一些共同关心的问题交换了意见。

1996 年

1 月 11 日至 14 日，应国家环保局的邀请，丹麦环境与能源大臣斯文德·奥肯访问中国。国家环保局局长解振华会见了丹麦环境与能源大臣斯文德·奥肯及其一行。双方签署了《中华人民共和国国家环境保护局与丹麦王国环境和能源部环境保护合作协议》。

1 月 17 日　联合国人类居住第二次会议秘书长沃利·恩道博士等拜会了国家环保局解振华局长，就 1996 年 3 月在北京召开的国际水会和国际水日交换了意见。

2 月　荷兰亲王贝哈德在京授予全国人大环境与资源保护委员会主任委员曲格平"金方舟"勋章中级别最高的指挥者奖，以表彰他在环境保护方面做出的突出贡献。

2 月　以国家环保局解振华为团长的中国代表团出席在巴黎举行的部分国家环境部长非正式会议，会议审议联合国环境规划署管理机构的问题。

2 月 26 日　国家环保局解振华局长会见了德国经济合作与发展部中国处处

长汉瑞克为首的代表团。双方就环境保护合作进行了会谈。解振华局长同意汉瑞克提出的派一名专家到国家环保局工作的建议。

3 月　中国代表团赴德国科隆出席第四届中德环保研讨会，讨论环境技术、废物处置等问题。

3 月 17 日至 18 日　由国家环保局副局长张坤民，外交部环境问题特别顾问、公使衔参赞钟述孔等组成的中国环境代表团出席在巴西门格拉蒂巴召开的环境部长非正式会议。该会议就《21 世纪议程》的执行情况、海洋问题和联合国环境规划署的体制改革等问题进行了讨论。

4 月　中国代表团参加联合国在纽约举行的联合国可持续发展委员会第四次会议，会上审议了《21 世纪议程》执行情况。

4 月 12 日　国家环保局副局长张坤民会见了世界银行中蒙局局长尼古拉斯·霍普。双方就世界银行淮河治理项目、环境保护技术援助项目和中国跨世纪绿色工程规划等交换了意见。

4 月 19 日至 26 日　应国家环保局的邀请，由奥茨托斯基率领的波兰环境保护、自然资源和林业部环境代表团来华访问。

5 月 4 日　国家环保局副局长张坤民应联合国环境规划署执行主任伊丽莎白·多德斯韦尔的邀请，出席联合国环境规划署关于理事结构的非正式会议。40 多个国家派代表出席了会议，并就环境规划署提出的理事结构方案进行了磋商。

5 月　以国家环保局局长解振华为团长的中国代表团出席了在芬兰赫尔辛基举行的协调环境政策与经济改革会议。

5 月 5 日　中日友好环境保护中心在北京举行落成庆典。

5 月 7 日　中日环境合作论坛第一次会议在京召开。

5 月 10 日　在肯尼亚进行国事访问的国家主席江泽民，参观了联合国环境规划署和联合国人口居住中心，受到环境规划署执行主任伊丽莎白·多德韦尔女士及该机构人员的热烈欢迎。江泽民在参观期间，还在环境规划署种植了象征和平与友谊的非洲橄榄树。

5 月　国家环保局局长解振华应邀出席在芬兰赫尔辛基召开的独联体和中

中国环境外交大事记

附录一

欧国家协调环境政策和经济改革战略国际会议。

6月　国家环保局局长解振华在京会见了来访的荷兰环境代表团。双方就环境保护方面的合作进行了磋商。

6月9日　联合国环境规划署在土耳其伊斯坦布尔举行1996年世界环境日纪念活动暨"全球500佳"颁奖仪式。我国江苏省徐州矿务局中学生环境小记者团荣获"全球500佳"称号。中国代表团应邀出席了纪念活动。

7月8日　《联合国气候变化框架公约》第二次缔约国会议在瑞士日内瓦召开。15个国家的高级代表团出席了会议。会议就《柏林授权进程》及国际社会在控制温室气体排放方面取得的进展进行了研讨。国家环保局副局长王扬祖出席了会议。

8月　第30届国际地质大会在京召开。110多个国家和地区的近7 000名代表出席了会议。李鹏总理在开幕式上强调说，中国政府决定把保护环境和生态系统提到重要的战略地位。

8月　亚非防治荒漠化论坛在京召开。来自23个国家、7个国际组织的50余名代表出席了论坛。会议通过了《亚非防治荒漠化和减轻干旱影响行动框架》，提出了亚非各国防治荒漠化的总的行动、优先行动和特别行动。

9月　以国家环保局局长解振华为团长的中国代表团出席在瑞士日内瓦举行的环境、贸易与可持续发展高级圆桌会议，讨论了多边环境协议、贸易与可持续发展、市场准入与自由化等问题。

9月　国家环保局解振华局长会见了来访的澳大利亚前总理基廷办公室主任阿兰·金吉尔，双方就共同关心的环保问题进行了交流。

9月19日　国家环保局解振华局长会见了应邀来访的菲律宾环境部长维克多·拉莫斯一行，双方就两国环境保护政策、法规、环境状况及国际环境问题交换了意见。

9月　中国环境与发展国际合作委员会第五次会议在上海召开。国务委员、中国环境与发展国际合作委员会主席宋健出席开幕式并发表讲话。

9月　联合国环境与工业办公室在英国牛津大学圣凯瑟琳学院召开第四届国际清洁生产高级研讨会。国家环保局派团出席了会议。

10 月　国家环保局局长解振华会见了来访的韩国环境部长郑宗泽一行。双方就环境保护领域的合作交换了意见。

10 月 7 日至 8 日　第五次东北亚环境合作会议在京召开。

10 月　以加拿大议会议长为团长的加拿大议会代表团一行 10 人对中国国家环保局进行访问，国家环保局副局长王玉庆会见了代表团，并介绍了我国的环境保护立法、执法等工作。

10 月　《中国 21 世纪议程》第二次高级国际圆桌会议在北京举行。国务院副总理邹家华同志代表中国政府发言。国家环保局解振华局长出席了会议。

11 月　以国家环保局解振华为团长的中国代表团赴阿根廷布宜诺斯艾利斯参加生物多样性公约第三次缔约国大会。会议通过布宜诺斯艾利斯宣言。

11 月　由联合国环境规划署组织召开的西北太平洋行动计划第二次政府间会议在日本召开，日本、韩国、俄罗斯政府派团参加。我国派出了以国家环保局副局长王玉庆为团长的代表团参加。

12 月 1 日　国务院副总理兼外交部长钱其琛与巴基斯坦外长在伊斯兰堡签订了《中巴环境保护合作协议》，推动中巴两国环境保护的交流与合作。江泽民主席和莱加里总统出席了签字仪式。

12 月　中波两国在北京共同签署《中华人民共和国国家环境保护局和波兰共和国环境保护、自然资源和林业部环境保护合作协定》。

1997 年

1 月　国家环保局局长解振华在京会见了丹麦环境与能源大臣斯文德·奥肯一行。双方就共同关心的问题进行了讨论，并签署了《中华人民共和国国家环保局与丹麦王国环境和能源部环境保护合作协议》。

1 月 24 日　国家环保局局长解振华会见了以美国众议院国家安全委员会军事研究与发展小组委员会主席威尔顿为团长的美国议员代表团。双方就环境合作交换了意见。

1 月 27 日至 2 月 7 日　国家环保局局长解振华率中国代表团出席了联合国环境规划署第十九届理事会会议。

2 月　国家环保局局长解振华出席了由联合国环境规划署执行主任伊丽莎

白·多德韦尔在法国巴黎召开的部长级非正式会议。会议的主要议题是环境规划署未来的发展及如何改善规划署的管理机构。来自 17 个国家的环境部长参加了会议。

3 月 12 日至 14 日　"21 世纪中国环境"研讨会在京举行。这标志着我国与世界银行合作开展的以《21 世纪的中国环境》为题的调研工作取得阶段性成果。

3 月　国家环保局局长解振华会见了全球环境基金（GEF）主席兼执行官阿什雷先生，双方就 GEF 的作用和地位、中国和 GEF 的合作等问题交换了意见。

3 月 25 日　国务院总理李鹏和美国副总统戈尔共同主持了"中美环境与发展讨论会"，并发表重要讲话。交换了两国在环境与发展问题上的看法，探讨了中美两国在科技、环境、能源和商业方面的合作。

3 月 26 日至 28 日　法国环境部部长丽娜·莱芭女士应国家环保局局长解振华的邀请对我国进行访问，并与解振华就两国的环境情况、管理机制和政策的环境保护合作协定，有关全球环境等问题交换了意见。27 日，国务委员、国务院环委会主任宋健在中南海会见了丽娜·莱芭女士。

4 月 1 日至 7 日　国家环保局解振华局长应澳大利亚外交贸易部邀请访澳。访问期间，就坏境保护等多方面问题，双方进行了交流。

4 月　国家环保局解振华局长应邀访问亚洲开发银行，就与亚行在环保领域合作及加大亚行对我国环保项目的援助力度等交换了意见。

4 月　中国代表团出席了在纽约联合国总部召开的联合国可持续发展委员会第五次会议。

4 月　国家环保局副局长叶汝求会见了来访的日本外务省审议官小仓和夫先生。双方就"中日友好环境中心的开放"及"1997 年中日环境论坛"等问题交换了意见。

5 月　国家环保局和联合国环境规划署共同主办的《全球环境展望——Ⅱ》第二次会议在北京召开。

5 月　应国家环保局邀请，德国经济部国务秘书洛伦·绍么鲁斯博士一行对我国进行访问。解振华局长会见了绍么鲁斯博士，并就中德两国在环境保护领域的合作交换了意见。

5 月　国家环保局解振华局长会见了以色列副总理兼环境部部长拉法尔·依坦先生，双方介绍了本国的环境保护工作情况，并就加强双边合作等达成一致意见。

5 月　国家环保局副局长叶汝求在京会见了日本外务省全球环境问题大使田边敏明先生。

6 月　由国家环保局和德国环境部主办的第五届中德环境保护研讨会在广州召开。

6 月　国家环保局解振华局长参加了在加拿大多伦多举行的亚太经济合作组织环境部长可持续发展会议，通过了 3 个议题的行动计划和战略，提交 1997 年 11 月在温哥华召开的亚太经济合作组织领导人非正式会议的部长联合声明。

6 月　国家环保局解振华局长应美国国会议员的邀请，在出席联合国特别联大会议之前对美国进行了为期一天的访问，并发表演讲，在美国议会引起强烈反映。

6 月　国务委员宋健率领的中国政府代表团出席在美国纽约联合国总部召开的关于环境与发展的第十九届特别联大会议。

8 月　罗马尼亚水利、森林和环境部部长奥尔特安先生一行 4 人对我国进行友好访问。国家环保局局长解振华与奥尔特安举行会谈并与奥尔特安草签了合作协定。

8 月　德国环境部长莫克尔女士一行对我国进行友好访问。

9 月　由中国亚太经济合作组织环境保护中心主办的亚太经济合作组织可持续城市化环境与经济政策研讨会在京召开。

9 月　国家环保局和加拿大环境部在天津市共同召开"中加海河流域水污染防治国际研讨会"，对我国海河流域水污染防治及技术对策进行了研讨。

10 月 4 日　联合国全球城市可持续发展计划年会在沈阳闭幕。

10 月　第二届中国环境与发展国际合作委员会第一次会议在京召开，委员会的中外委员和专家工作组成员近 90 名代表参加会议。国务院总理李鹏会见了会议代表。

10 月　国家环保局局长解振华会见了德国对外经济合作部部长施普兰格尔，双方对感兴趣的环保合作项目交换了意见。

10 月 24 日　挪威国王哈拉尔五世、宋雅王后访问国家环保局。

11 月　在随同李鹏总理访问日本期间，国家环保局局长解振华会见了日本外务省高级官员，向日方阐述了中国政府对气候变化问题的原则立场。

11 月　中国环境科学学会与人类生态学会联合举办的 97 中国环境论坛——经济、社会和环境可持续发展国际研讨会在京举行。江泽民主席为此发来贺信。开幕式上，国务委员宋健作了主旨发言，国家环保局解振华局长介绍了我国近期环保工作情况。

11 月　国家环保局首届环保项目国际合作会议在京举行。会议详细地介绍了 70 个经过筛选的项目，旨在让国际社会更加了解中国环境保护战略、政策和行动计划，外国企业进入中国环保市场，协助地方同国外环保企业的合作。

11 月　《联合国气候变化框架公约》第三次缔约国会议在日本东京召开，中国代表团参加了会议。

12 月　由国家环保局主办、中国环境保护产业协会承办的第三届中国环保产业暨第五届国际环保展览会在京举行。

1998 年

1 月　加拿大环境部长斯图尔特女士访华，双方重新修订并签署了《中加环境合作备忘录》。

5 月　南太环境规划署主任图坦额塔访华。

5 月　《生物多样性公约》缔约国大会第四次会议召开，中国代表团参加了会议。

6 月 17 日　中英两国签订了《中英环境合作备忘录》。

6 月 29 日　国家环境保护总局局长解振华陪同江泽民主席会见美国总统克林顿，并签署了《中美空气质量监测项目合作意向书》。

8 月 24 日　联合国环境规划署主任特普费尔访华。

9 月 28 日　国际清洁生产大会在韩国召开，国家环境保护总局副局长王心芳率团出席了大会。

9 月 国家环保总局解振华局长在参加蒙大拿环境会议之后顺访华盛顿，在一天半时间内四进白宫，一进国会，会见美国总统办公室高级官员和民主党资深参议员，取得圆满成功。外交部对此次访问的高效、精干给予通报表彰。

11 月 中国环境与发展国际合作委员会第二期二次会议举行。国务院副总理温家宝任主席，曲格平、拉贝尔、解振华、刘江任副主席。

11 月 国家主席江泽民作为中国国家元首首次访日。国家环保总局局长解振华作为主要陪同人员随同出访并代表中国政府与日本环境厅长官签署了《中日面向 21 世纪环境合作联合声明》。

11 月 国家环保总局局长解振华陪同朱镕基总理会见加拿大总理，并签署了《中加面向 21 世纪环境合作框架声明》。

11 月 由国家环保总局副局长汪纪戎为团长的中国代表团参加了。《蒙特利尔议定书》缔约国大会第十次会议，并获准于 1999 年 11 月在我国主办《蒙特利尔议定书》缔约国大会第十一次会议。这是我国首次主办如此重要大规模的环境国际会议。

11 月 持续性有机污染物（POPs）第一次政府间谈判会议在日本召开。我国代表团参加了会议。

12 月 斯里兰卡环境部长访华。国家环保总局解振华局长和斯里兰卡部长分别代表两国政府环境部门签署《中华人民共和国环境保护总局和斯里兰卡民主社会主义共和国森林与环境部环境保护合作协定》。

1999 年

1 月 国家环保总局解振华局长出席在韩国汉城举行的中日韩三国环境部长第一次会议，进一步推动了东北亚地区的环境合作。

4 月 根据外交部安排，国家环保总局解振华局长率团与朱镕基总理同期访问美国、加拿大。朱镕基总理和美国副总统戈尔出席了解振华局长与美环境保护局局长布朗诺签署中美环境保护合作项目意向书的仪式；朱镕基总理和加拿大总理克雷蒂安出席了解振华局长和加环境部长斯图尔特签署《中华人民共和国政府和加拿大政府面向 21 世纪环境合作行动计划》的仪式。

7 月　国家环境保护总局在京召开全国环境保护系统国际合作会议。会议通过了《国家环境保护国际合作工作纲要》。此次会议有力地推动了环境保护系统进一步对外开放、吸引外资，以加速改善国内环境质量的工作。

附录二　环境与发展领域的重要文献

联合国人类环境会议宣言

联合国人类环境会议于 1972 年 6 月 5 日至 16 日在斯德哥尔摩举行，考虑到需要取得共同的看法和制定共同的原则以鼓舞和指导世界各国人民保持和改善人类环境，兹宣布：

1. 人类既是他的环境的创造物，又是他的环境的塑造者，环境给予人以维持生存的东西，并给他提供了在智力、道德、社会和精神等方面获得发展的机会。生存在地球上的人类，在漫长和曲折的进化过程中，已经达到这样一个阶段，即由于科学技术发展的迅速加快，人类获得了以无数方法和在空前的规模上改造其环境的能力。人类环境的两个方面，即天然和人为的两个方面，对于人类的幸福和对于享受基本人权，甚至生存权利本身，都是必不可缺少的。

2. 保护和改善人类环境是关系到全世界各国人民的幸福和经济发展的重要问题，也是全世界各国人民的迫切希望和各国政府的责任。

3. 人类总得不断地总结经验，有所发现，有所发明，有所创造，有所前进。在现代，人类改造起环境的能力，如果明智地加以使用的话，就可以给各国人民带来开发的利益和提高生活质量的机会。如果使用不当，或轻率地使用，这种能力就会给人类和人类环境造成无法估量的损害。在地球上许多地区，我们可以看到周围有越来越多的说明人为的损害的迹象：在水、空气、土壤以及生物中污染达到危险的程度；生物界的生态平衡受到严重和不适当的扰乱；一些无法取代的资源受到破坏或陷于枯竭；在人为的环境，特别是生活和工作环境

里存在着有害于人类身体、精神和社会健康的严重缺陷。

4. 在发展中的国家中，环境问题大半是由于发展不足造成的。千百万人的生活远远低于像样的生活所需要的最低水平。他们无法取得充足的食物和衣服、住房和教育、保健和卫生设备。因此，发展中的国家必须致力于发展工作，牢记他们优先任务和保护及改善环境的必要。

为了同样目的，工业化国家应当努力缩小他们自己与发展中国家的差距。在工业化国家里，环境一般同工业化和技术发展有关。

5. 人口的自然增长继续不断地给保护环境带来一些问题，但是如果采取适当的政策和措施，这些问题是可以解决的。世间一切事物中，人是第一可宝贵的。人民推动着社会的进步，创造着社会财富，发展着科学技术，并通过自己的辛勤劳动，不断地改造着人类环境。随着社会进步和生产、科学及技术的发展，人类改善环境的能力也与日俱增。

6. 现在已达到历史上这样一个时刻：我们在决定在世界各地的行动时，必须更加审慎地考虑它们对环境产生的后果。由于无知或不关心，我们可能给我们的生活和幸福所依靠的地球环境造成巨大的无法挽回的损害。反之，有了比较充分的知识和采取比较明智的行动，我们就可能使我们自己和我们的后代在一个比较符合人类需要和希望的环境中过着较好的生活。改善环境的质量和创造美好生活的前景是广阔的。我们需要的是热烈而镇定的情绪，紧张而有秩序的工作。为了在自然界里取得自由，人类必须利用知识在同自然合作的情况下建设一个较好的环境。为了这一代和将来的世世代代，保护和改善人类环境已经成为人类一个紧迫的目标，这个目标将同争取和平、全世界的经济与社会发展这两个既定的基本目标共同和协调地实现。

7. 为实现这一环境目标，将要求公民和团体以及企业和各级机关承担责任，大家平等地从事共同的努力。各界人士和许多领域中的组织，凭他们有价值的品质和全部行动，将确定未来的世界环境的格局。各地方政府和全国政府，将对他们管辖范围内的大规模环境政策和行动，承担最大的责任。为筹措资金以支援发展中国家完成他们在这方面的责任，还需要进行国际合作。种类越来越多的环境问题，因为它们在范围上是地区性或全球性的，或者因为它们影响着共同的国际领域，将要求国与国之间广泛合作和国际组织采取行动以谋求共同的利益。会议呼吁各国政府和人民为着全体人民和他们的子孙后代的利益而做出共同的努力。

这些原则申明了共同的信念：

1. 人类有权在一种能够过尊严和福利的生活环境中，享有自由、平等和充足的生活条件的基本权利，并且负有保护和改善这一代和将来的世世代代的环境的庄严责任。在这方面，促进或维护种族隔离、种族分离与歧视、殖民主义和其他形式的压迫及外国统治的政策，应该受到谴责和必须消除。

2. 为了这一代和将来的世世代代的利益，地球上的自然资源，其中包括空气、水、土地、植物和动物，特别是自然生态类中具有代表性的标本，必须通过周密计划或适当管理加以保护。

3. 地球生产非常重要的再生资源的能力必须得到保护，而且在实际可能的情况下加以恢复或改善。

4. 人类负有特殊的责任保护和妥善管理由于各种不利的因素而现在受到严重危害的野生动物后嗣及其产地。因此，在计划发展经济时必须注意保护自然界，其中包括野生动物。

5. 在使用地球上不能再生的资源时，必须防范将来把它们耗尽的危险，并且必须确保整个人类能够分享从这样的使用中获得的好处。

6. 为了保证不使生态环境遭到严重的或不可挽回的损害，必须制止在排除有毒物质或其他物质以及散热时其数量或集中程度超过环境能使之无害的能力。应该支持各国人民反对污染的正义斗争。

7. 各国应该采取一切可能的步骤来防止海洋受到那些会对人类健康造成危害的、损害生物资源和破坏海洋生物舒适环境的或妨害对海洋进行其他合法利用的物质的污染。

8. 为了保证人类有一个良好的生活和工作环境，为了在地球上创造那些对改善生活质量所必要的条件，经济和社会发展是非常必要的。

9. 由于不发达和自然灾害的原因而导致环境破坏造成了严重的问题。克服这些问题的最好办法，是移用大量的财政和技术援助以支持发展中国家本国的努力，并且提供可能需要的及时援助，以加速发展工作。

10．对于发展中的国家来说，由于必须考虑经济因素和生态进程，因此，使初级产品和原料有稳定的价格和适当的收入是必要的。

11．所有国家的环境政策应该提高，而不应该损及发展中国家现有或将来的发展潜力，也不应该妨碍大家生活条件的改善。各国和各国际组织应当采取适当步骤，以使就应付因实施环境措施所可能引起的国内或国际的经济后果达成协议。

12．应筹集资金来维护和改善环境，其中要照顾到发展中国家的情况和特殊性，照顾到他们由于在发展计划中列入环境保护项目而需要的任何费用，以及应他们的请求而供给额外的国际技术和财政援助的需要。

13．为了实现更合理的资源管理从而改善环境，各国应该对他们的发展计划采取统一和协议的做法，以保证为了人民的利益，使发展同保护和改善人类环境的需要相一致。

14．合理的计划是协调发展的需要和保护与改善环境的需要相一致的。

15．人的定居和城市化工作必须加以规划，以避免对环境的不良影响，并为大家取得社会、经济和环境三方面的最大利益。在这方面，必须停止为殖民主义和种族主义统治而制订的项目。

16．在人口增长率或人口过分集中可能对环境或发展产生不良影响的地区，或在人口密度过低可能妨碍人类环境改善和阻碍发展的地区，都应采取不损害基本人权和有关政府认为适当的人口政策。

17．必须委托适当的国家机关对国家的环境资源进行规划、管理或监督，以期提高环境质量。

18．为了人类的共同利益，必须应用科学和技术以鉴定、避免和控制环境恶化并解决环境问题，从而促进经济和社会发展。

19．为了更广泛地扩大个人、企业和基层社会在保护和改善人类各种环境方面提出开明舆论和采取负责行为的基础，必须对年轻一代和成人进行环境问题的教育，同时应该考虑到对不能享受正当权益的人进行这方面的教育。

20．必须促进各国，特别是发展中国家的国内和国际范围内从事有关环境问题的科学研究及其发展。在这方面，必须支持和促使最新科学情报和经验的自由交流以便解决环境问题；应该使发展中的国家得到环境工艺，其条件是鼓励这种工艺的广泛传播，而不成为发展中国家的经济负担。

21．按照联合国宪章和国际法原则，各国有按自己的环境政策开发自己资源的主权；并且有责任保证在他们管辖或控制之内的活动，不致损害其他国家的或在国家管辖范围以外地区的环境。

22．各国应进行合作，以进一步发展有关他们管辖或控制之内的活动对他们管辖以外的环境造成的污染和其他环境损害的受害者承担责任和赔偿问题的国际法。

23．在不损害国际大家庭可能达成的规定和不损害必须由一个国家决定的标准的情况下，必须考虑各国的现行价值制度和考虑对最先进的国家有效，但是对发展中国家不适合或具有不值得的社会代价的标准可行程度。

24．有关保护和改善环境的国际问题应当由所有的国家，不论其大小，在平等的基础上本着合作精神来加以处理，必须通过多边或双边的安排或其他合适途径的合作，在正当地考虑所有国家的主权和利益的情况下，防止、消灭或减少和有效地控制各方面的行动所造成的对环境的有害影响。

25．各国应保证国际组织在保护和改善环境方面起协调的、有效的和能动的作用。

26．人类及其环境必须免受核武器和其他一切大规模毁灭性手段的影响。各国必须努力在有关的国际机构内就消除和彻底销毁这些种武器迅速达成协议。

（1972 年 6 月 5 日于斯德哥尔摩通过）

环境与发展领域的重要文献

发展中国家环境与发展部长级会议
北京宣言

我们来自 41 个发展中国家的部长，应中华人民共和国政府的邀请，于 1991 年 6 月 18 日至 19 日在北京举行了"发展中国家环境与发展部长级会议"，深入讨论了国际社会在确立环境保护与经济发展合作准则方面所面临的挑战，特别是对发展中国家的影响，并发表如下宣言：

1. 我们对于全球环境的迅速恶化深表关注，这主要是由于难以持久的发展模式和生活方式造成的。人类赖以生存的基本条件，如土地、水和大气，正因此受到很大威胁。严重而且普遍的环境问题包括空气污染、气候变化、臭氧层耗损、淡水资源枯竭、河流、湖泊及海洋和海岸环境污染、海洋和海岸带资源减退、水土流失、土地退化、沙漠化、森林破坏、生物多样性锐减、酸沉降、有毒物品扩散和管理不当、有毒有害物品和废弃物的非法贩运、城区不断扩展、城乡地区生活和工作条件恶化特别是卫生条件不良造成疾病蔓延，以及其他类似问题。而且发展中国家的贫困加剧，妨碍他们满足人民合理需求与愿望的努力，对环境也造成更大压力。

2. 我们确信环境保护和持续发展是全人类共同关心的问题，要求国际社会采取有效行动，并为全球合作创造了机会。出于对当代和子孙后代的强烈关注，我们庄严重申，决心铭记下列总的原则和方向，在责任有别的基础上，全力以赴地积极参与全球环境保护和持续发展的努力。

一、总则

3. 环境的变化，与人类经济和社会活动密切相关。环境问题绝不是孤立的，需要把环境保护同经济增长与发展的要求结合起来，在发展进程中加以解决。必须充分承认发展中国家的发展权利，保护全球环境的措施应该支持发展中国家的经济增长与发展。国际社会尤其应该积极支持发展中国家加强其组织管理和技术能力。

4. 应该充分考虑发展中国家的特殊情况和需要。每个国家都应能够根据自己经济、社会和文化条件的适应能力，决定改善环境的进程。发展中国家的环境问题根源在于他们的贫困。这些国家使用了发达国家提供的过时、有害环境的技术来实现发展，因之加剧了环境的退化，进而又破坏了发展进程。这不仅对发展中国家，而且对全世界都造成了不利影响。持续的发展和稳定的经济增长，是改变这种贫困与环境退化恶性循环并加强发展中国家保护环境能力的出路。最不发达国家、灾害频繁的国家以及发展中岛国和低地国家都应得到国际社会的特别重视。

5. 在当今国际经济关系中，发展中国家在债务、资金、贸易和技术转让等方面受到种种不公平待遇，导致资金倒流、人才外流和科学技术落后等严重后果。发展中国家的经济发展因而受到制约，削弱了他们有效参与保护全球环境的能力。因此，必须建立一个有助于所有国家，尤其是发展中国家持续和可持久发展的公平的国际经济新秩序，为保护全球的环境创造必要条件。各国应能决定自己的环境和发展政策，不受任何贸易壁垒和歧视的影响。

6. 环境保护领域的国际合作应以主权国家平等的原则为基础。发展中国家有权根据其发展与环境的目标和优先顺序利用其自然资源。不应以保护环境为由干涉发展中国家的内政，不应借此提出任何形式的援助或发展资金的附加条件，也不应设置影响发展中国家出口和发展的贸易壁垒。

7. 保护环境是人类的共同利益。发达国家对全球环境的退化负有主要责任。工业革命以来，发达国家以不能持久的生产和消费方式过度消耗世界的自然资源，对全球环境造成损害，发展中国家受害更为严重。

8. 鉴于发达国家对环境恶化负有主要责任，并考虑到他们拥有较雄厚的资金和技术能力，他们必须率先采取行动保护全球环境，并帮助发展中国家解决其面临的问题。

9. 发展中国家需要足够的、新的和额外的资金，这样才能够有效地处理他们面临的环境和发展问题。应该以优惠或非商业性条件向发展中国家转让环境无害技术。

环境与发展领域的重要文献

附录二

10. 发展中国家应通过加强相互间的技术合作和技术转让，对保护和改善全球环境作出贡献。

二、各领域问题

11. 土地退化、沙漠化，水旱灾害，水质恶化与供应短缺，海洋和海岸资源恶化，水土流失，森林破坏和植被退化，是发展中国家面临的严重的环境问题，也是全球环境问题的一个重要部分，应予优先考虑解决。国际论坛讨论过这些问题，并提出或通过了一些行动计划。但是，国际社会迄今尚未采取具体行动加以实施。我们敦促国际社会在这方面立即开始行动，特别是为此建立国际资金机制。

12. 我们严重关切导致气候变化的温室气体的不断增加及其对全球生态系统可能产生的影响，特别是对发展中国家、尤其是岛屿和低地的发展中国家构成的威胁。应从历史的、积累的和现实的角度确定温室气体排放的责任，解决办法应以公平的原则为基础，造成污染多的发达国家应多做贡献。

因此，发达国家应承担义务，采取措施制止人为引发的气候变化，建立保障发展中国家环境安全和发展的机制，包括为此以优惠或非商业性条件向发展中国家转让技术。

13. 正在谈判中的气候变化框架公约应确认发达国家对过去和现在的温室气体的排放负主要责任，发达国家必须立即采取行动，确定目标，以稳定和减少这种排放。近期内不能要求发展中国家承担任何义务。但是应该通过技术和资金合作鼓励他们在不影响日益增长的能源需要的前提下，根据其计划和重点，采取既有助于经济发展又有助于解决气候变化问题的措施。框架公约必须包含发达国家向发展中国家转让技术的明确承诺，建立一个单独资金机制，并且开发经济上可行的新的和可再生的能源以及建立可持续的农业生产方式，作为缓解气候变化主因的重要步骤。此外，发展中国家在解决气候变化带来的不利影响时，必须获得充分必要的科技和资金合作。

14. 我们认为，《保护臭氧层维也纳公约》和1990年6月修改后的《关于消耗臭氧层物质的蒙特利尔议定书》的宗旨和原则是积极的。发展中国家如何履行修改后的议定书中规定的义务，取决于议定书批准国有效地落实向发展中国家提供资金和转让技术的安排。我们敦促发达国家就《维也纳公约》和1990年6月修改后的《蒙特利尔议定书》所提出的充足资金和迅速转让技术的长期安排作出承诺。

15. 我们对生物多样性锐减表示关注。发展中国家拥有大部分活生物体和它们的栖息地，多年来承担着保护它们的费用。这一努力应得到国际社会和任何国际公约及其议定书的承认和支持。每一个国家都对其生物资源拥有主权，因此保护措施应与其计划和重点相一致。正在谈判中的生物多样性的国际法律文件应特别表明，获得遗传物质与转让生物技术之间、物种所在国研究与发展之间、分享科研成果及分享商业利润之间的关系。知识产权问题必须得到圆满解决，不应成为技术转让包括生物技术转让的障碍。而且，国际法律文件还必须承认和奖励主要分布在发展中国家的农村居民在保护和利用生物物种多样性方面的创新。

16. 我们注意到，虽然对有害废弃物和有毒物的控制和管理需要国际合作，但两年前通过的《巴塞尔公约》并未生效。我们呼吁那些尚未批准的国家考虑加入，并呼吁所有国家采取行动建立责任和赔偿制度，建立向发展中国家转让低废技术的机制，提高鉴别、分析和处理废物的能力，以便建立一个在全球禁止向缺乏此类能力的发展中国家出口危险废物的机制。同样，我们对继续非法贩运有毒有害物品和废弃物，特别是把它们从发达国家运至发展中国家表示关切。我们敦促发达国家采取适当措施制止此类贩运。

17. 保护森林和促进可持久经营的多边措施，包括就森林问题形成全球协商一致的建议，旨在提高森林的经济、社会及环境方面的潜力。管理计划应把生物资源的保护和开发的优先顺序及目标结合起来，并顾及当地社区包括生境的需要。应承认和支持这方面的各种努力，包括发展中国家促进持久利用热带森林的具体项目。这种支持应采取以资金和技术援助的形式，并确保增值较高的热带木材有更好的市场。资金、技术援助和提供市场同确保国际社会为保护和发展森林而进行资金合作具有同等的重要意义。为此，国际社会应为绿化世界做出努力。过去大范围毁坏了森林的国家应通过植树造林的计划提高森林覆盖率。

18．我们深为关切沙漠化的扩展和长期持续的干旱，国际社会已认识到这是重大的环境问题。因此迫切需要高度重视，优先考虑，采取一切必要措施，包括为遏制和扭转沙漠化、持续干旱提供适当的资金和科技资源，为保持全球生态平衡作贡献。

19．主要由发达国家进行的不合理开发和污染造成的海洋和沿海资源的恶化，严重制约了依赖这些资源的国家的发展。必须在保护和使用区域海洋方面扩大合作，根据更好的认识和信息促进合理使用。必须禁止在海洋弃置毒物和核废物，其他倾废也应严格管理。

20．在发展中国家人口稠密的城市，资源不足造成基本公共设施效率低下、城市环境退化的无限扩展。城市规划包括为可持久的发展筹资机制，必须有助于提高城乡居民的生活质量。为可持久的发展筹资的新机制应优先处理上述问题。

三、跨领域问题

21．国际社会的广泛参与是保护全球环境努力取得成功的关键。这在很大程度上取决于能否在跨领域问题上取得实质性进展，特别是发达国家能否向发展中国家提供充足的、新的和额外的资金，以及优惠的或非商业性的技术转让。

22．有关全球环境问题的国际法律文件都应包括充足的、新的、额外的资金条款，并对发达国家的这项义务作出明确规定。关键在于资金的"充足性"，即应包括发展中国家解决环境问题和承担国际法律文件中规定的义务所增加的费用。发达国家承担的义务不仅应包括保护环境的费用，还应包括减缓过去行为积累的不利影响所需要的费用。发展中国家也要在自愿的基础上捐赠资金。

23．为解决关系发展中国家切身利益的那些长期存在的而且迅速恶化的环境问题，应专门建立"绿色基金"，向发展中国家提供充足的、额外的资金援助。该项基金应用来解决现行专项国际法律文件以外的环境问题，如水污染、对海岸林产生危害的海岸带污染、水源短缺和水质恶化、森林破坏、水土流失、土地退化和沙漠化。该项基金还应包括转让环境无害技术和提高发展中国家环境保护和科学技术研究能力所需费用，应由发展中国家和发达国家的对等代表共同管理基金，并确保发展中国家能够方便地利用。

24．我们强调科学技术在保护全球环境方面的重要作用，重申需要采取措施确保以优先的、最有利的、优惠的和非商业性的条件向发展中国家转让环境无害技术。向发展中国家转让这类技术应视为对人类共同利益的贡献。

发达国家应通过包括对私营部门奖惩措施在内的程序和安排，促进向发展中国家转让环境无害的技术。

四、关于 1992 年联合国环境与发展大会

25．根据联合国大会第 44/228 号决议，我们强调，1992 年联合国环境与发展大会不仅应讨论气候变化、臭氧层耗损及相应对策这类全球环境问题，还应讨论发展中国家面临的其他全球问题，特别是那些与环境有关的发展问题。会议达成的有关协议应该指导关于贸易、金融、技术和其他类似问题的国际讨论。这种相互联系应适当反映在每个协议中。

26．我们认为，联合国环境与发展大会将产生的《地球宪章》和《21 世纪议程》应符合联合国大会有关决议所载原则。上述文件必须反映发展中国家会议的成果，这些会议就环境与发展的内在联系、发展中国家的特殊情况和需要等进行了富有成果的工作。《21 世纪议程》应付诸实施，解决发展中国家的环境问题和需要，以便将环境问题与发展结合起来。

27．我们还认为贫困是发展中国家环境问题的根源，这次会议可以为形成一个针对贫困及其对全球环境影响的宏大国际方案，增加力量和影响。

五、发展中国家在环境与发展问题上的协调与合作

28．我们认为，在 1992 年大会筹备阶段各种国际论坛有关环境问题的努力，

将对发展中国家产生直接和深远的影响。发展中国家的当务之急是加强相互磋商和协调，以便更有效地向国际论坛陈述我们的观点，更好地维护发展中国家的整体利益。

29．我们决定在 1992 年会议筹备阶段以及其他国际论坛上，根据 1990 年新德里会议和这次北京会议的精神，进一步加强发展中国家之间的磋商和协调。

30．我们认为，应采取措施探索发展中国家在环境和发展领域进行技术合作的途径、方法和形式。发展中国家将努力提出适当的环境目标，改善生活质量和环境状况，同时确定和评估完成这些目标的资金和技术需要。

31．考虑到联合国环境规划署迄今在内罗毕取得的成功以及更好地进行工作的需要。我们支持联合国环境规划署总部及其活动中心仍设在内罗毕，并加强其工作。

32．我们再次强调，在不妨碍经济发展的前提下，发展中国家将充分参与保护环境的国际努力，并且强调，如果发达国家能作出积极的、建设性的和现实的反应，从而形成一个适于全球合作的气氛，我们就能和发达国家一道，共同为自己和后代开创一个更加美好的未来。

（1991 年 6 月 19 日通过）

里约环境与发展宣言

联合国环境与发展会议于 1992 年 6 月 3 日至 14 日在里约热内卢召开，重申了 1972 年 6 月 16 日在斯德哥尔摩通过的联合国人类环境会议的宣言，并谋求以之为基础。

目标是通过在国家、社会重要部门和人民之间建立新水平的合作来建立一种新的和公平的全球伙伴关系，为签订尊重大家的利益和维护全球环境与发展体系完整的国际协定而努力，认识到我们的家园地球的大自然的完整性和互相依存性，谨宣告：

原则 1

人类处在关注持续发展的中心。他们有权同大自然协调一致从事健康的、创造财富的生活。

原则 2

各国根据《联合国宪章》和国际法原则有至高无上的权利按照它们自己的环境和发展政策开发它们自己的资源，并有责任保证在它们管辖或控制范围内的活动不对其他国家或不在其管辖范围内的地区的环境造成危害。

原则 3

必须履行发展的权利，以便公正合理地满足当代和世世代代的发展与环境需要。

原则 4

为了实现持续发展，环境保护应成为发展进程中的一个组成部分，不能同发展进程孤立开看待。

原则 5

各国和各国人民应该在消除贫穷这个基本任务方面进行合作，这是持续发展必不可少的条件，目的是缩小生活水平的悬殊和更好地满足世界上大多数人的需要。

原则6

发展中国家，尤其是最不发达国家和那些环境最易受到损害的国家的特殊情况和需要，应给予特别优先的考虑。在环境和发展领域采取的国际行动也应符合各国的利益和需要。

原则7

各国应本着全球伙伴关系的精神进行合作，以维持、保护和恢复地球生态系统的健康和完整。鉴于造成全球环境退化的原因不同，各国负有共同但有区别的责任。发达国家承认，鉴于其社会对全球环境造成的压力和它们掌握的技术和资金，它们在国际寻求持续发展的进程中承担着责任。

原则8

为了实现持续发展和提高所有人的生活质量，各国应减少和消除不能持续的生产和消费模式和倡导适当的人口政策。

原则9

各国应进行合作，通过科技知识交流提高科学认识和加强包括新技术和革新技术在内的技术的开发、适应、推广和转让，从而加强为持续发展形成的内生能力。

原则10

环境问题最好在所有有关公民在有关一级的参加下加以处理。在国家一级，每个人应有适当的途径获得有关公共机构掌握的环境问题的信息，其中包括关于他们的社区内有害物质和活动的信息，而且每个人应有机会参加决策过程。各国应广泛地提供信息，从而促进和鼓励公众的了解和参与。应提供采用司法和行政程序的有效途径，其中包括赔偿和补救措施。

原则11

各国应制订有效的环境立法。环境标准、管理目标和重点应反映它们所应用到的环境和发展范围。某些国家应用的标准也许对其他国家，尤其是发展中国家不合适，对它们造成不必要的经济和社会损失。

原则12

各国应进行合作以促进一个支持性的和开放的国际经济体系，这个体系将导致所有国家的经济增长和持续发展，更好地处理环境退化的问题。为环境目的采取的贸易政策措施不应成为一种任意的或不合理的歧视的手段，或成为一种对国际贸易的社会科学限制。应避免采取单方面行动去处理进口国管辖范围以外的环境挑战。处理跨国界的或全球的环境问题的环境措施，应该尽可能建立在国际一致的基础上。

原则 13

各国应制订有关对污染的受害者和其他环境损害负责和赔偿的国家法律。各国还应以一种迅速的和更果断的方式进行合作，以进一步制订有关对在它们管辖或控制范围之内的活动对它们管辖范围之外的地区造成的环境损害带来的不利影响负责和赔偿的国际法。

原则 14

各国应有效地进行合作，以阻止或防止把任何会造成严重环境退化或查明对人健康有害的活动和物质迁移和转移到其他国家去。

原则 15

为了保护环境，各国应根据它们的能力广泛采取预防性措施。凡有可能造成严重的或不可挽回的损害的地方，不能把缺乏充分的科学肯定性作为推迟采取防止环境退化的费用低廉的措施的理由。

原则 16

国家当局考虑到造成污染者在原则上应承担污染的费用并适当考虑公共利益而不打乱国际贸易和投资的方针，应努力倡导环境费用内在化和使用经济手段。

原则 17

应对可能会对环境产生重大不利影响的活动和要由一个有关国家机构作决定的活动作环境影响评估，作为一个国家手段。

原则 18

各国应把任何可能对其他国家的环境突然产生有害影响的自然灾害或其他意外事件立即通知那些国家。国际社会应尽一切努力帮助受害的国家。

原则 19

各国应事先和及时地向可能受影响的国家提供关于可能会产生重大的跨边

界有害环境影响的活动的通知和信息，并在初期真诚地与那些国家磋商。

原则 20

妇女在环境管理和发展中起着极其重要的作用。因此，她们充分参加这项工作对取得持续发展极其重要。

原则 21

应调动全世界青年人的创造性、理想和勇气，形成一种全球的伙伴关系，以便取得持续发展和保证人人有一个更美好的未来。

原则 22

本地人和他们的社团及其他地方社团，由于他们的知识和传统习惯，在环境管理和发展中也起着极其重要的作用。各国应承认并适当地支持他们的特性、文化和利益，并使他们能有效地参加实现持续发展的活动。

原则 23

应保护处在压迫、统治和占领下的人民的环境和自然资源。

原则 24

战争本来就是破坏持续发展的。因此各国应遵守规定在武装冲突时期保护环境的国际法，并为在必要对进一步制订国际法而进行合作。

原则 25

和平、发展和环境保护是相互依存的和不可分割的。

原则 26

各国应根据《联合国宪章》通过适当的办法和平地解决它们所有的环境争端。

原则 27

各国和人民应真诚地本着伙伴关系的精神进行合作，贯彻执行本宣言中所体现的原则，进一步制订持续发展领域内的国际法。

（1992 年 6 月 14 日在里约通过）

附录三　中外双边环境合作协议

中华人民共和国国务院环境保护领导小组办公室和美利坚合众国环境保护局环境保护科学技术合作议定书

中华人民共和国国务院环境保护领导小组办公室和美利坚合众国环境保护局（以下简称"双方"）

根据和遵循 1979 年 1 月 31 日在华盛顿特区签订的中华人民共和国政府和美利坚合众国政府科学技术合作协定，为促进双方在环境保护科学技术领域的合作和协作，达成协议如下：

第一条

双方同意在平等、互利和互惠的基础上进行交流和合作活动。

第二条

双方同意在环境保护科学技术领域相互合作。在诸如空气污染、水污染、土壤污染、海洋污染、环境污染对人体健康和生态系统的影响、城市环境的改善、大自然的保护、环境立法、环境管理、环境经济，以及双方感兴趣的其他领域，可进行合作。

第三条

双方同意合作可包括下列形式：

（1）互派科学家、学者、专家和代表团；

（2）交换和提供环境保护科学技术情报资料；

（3）对双方感兴趣的课题进行合作研究；

（4）联合组织学术会议、讨论会、讲座和训练班；

（5）交换和提供用于测试、鉴定和其他目的的样品、试剂、原料、数据资料、仪器和部件；

（6）双方同意的其他合作形式。

第四条

双方应对有关政府部门、研究机构、工业企业、大学及其他单位间发展往来和合作，予以鼓励和提供方便，并协调这些活动的执行。

中华人民共和国国务院环境保护领导小组办公室应协调中方参加部门根据本议定书进行的合作活动，美利坚合众国环境保护局应协调美方参加部门根据本议定书进行的合作活动。

第五条

根据本议定书所进行的合作活动应视双方所能获得的经费和人力而定。

关于上述活动的具体任务、职责和条件，包括支付费用的责任，应由双方逐项商定。

为进行合作所必需的一切书面资料、情报资料、参考标准、试剂和样品，除另有商定者外，应予免费交换。

第六条

为协调本议定书之活动，应设立一个由双方组成的工作小组。每方各指定三人为工作小组成员，其中由一人担任两组长之一。双方各自指定的组长可通过通信联系，就采纳、协调和执行合作活动以及其他有关事宜作出决定。必要时，经双方组长同意可不定期地召集工作小组会议，磋商执行本议定书的有关事宜。

第七条

经双方同意的具体活动以及进行这些活动的条款，包括经费的安排应列入本议定书的附件内。新的合作项目将由两组长经通信联系予以确认，并将这种新的协议作为本议定书的附件。

第八条

由本议定书的合作活动所产生的科学技术情报，除按本议定书在附件中同意另作处理外，可按通常的途径和双方的正常程序提供给世界科学界使用。

第九条

根据本议定书所属的一切活动，应在按前述科学技术协定而建立的美、中科学技术合作联合委员会的指导下进行。

第十条

（一）本议定书自签字之时起生效，有效期为五年。经双方一致同意，本议定书可予以修改和延长。

（二）本议定书的终止并不影响根据本议定书正在进行的具体活动的效力和期限。

本议定书定于 1980 年 2 月 5 日在北京签订，一式两份，每份都用中文和英文写成，两种文本具有同等效力。

中华人民共和国国家环境保护局与荷兰王国住房、规划和环境部关于环境领域合作的谅解备忘录

中华人民共和国国家环境保护局和荷兰王国住房、规划和环境部（以下简称"双方"）

为在平等、互利和互惠的基础上扩大两国在环境领域的合作，经友好协商，达成协议如下：

第一条

为实现上述合作，双方将采取下列措施：

（一）交换有关资料，并在可能条件下将资料翻译成中文或英文；

（二）加强两国大专院校、研究与教育机构以及公司之间在环境领域里的科技合作与交流；

（三）分别研究共同选择的课题，并将研究结果通报对方；

（四）就访问对方的人选事先与对方进行及时的磋商；

（五）邀请对方专家或代表团参加本国有关政策方针的研讨会和进行访问；

（六）与设在中华人民共和国和荷兰王国或其他地方的有关国际研究和教育机构进行合作；举办有双方官员参加的研讨会。

第二条

中华人民共和国国家环境保护局和荷兰王国住房、规划和环境部环境总局将作为对口合作伙伴，就有关第一条中所涉及的有关项目进行选择，并做详细说明和最后确定。

第三条

双方将指定一位负责人，负责协调本备忘录第一条的执行。

第四条

上述单位代表和官员将组成两个工作组。

第五条

两个工作组将轮流在中华人民共和国或荷兰王国举行联席会议，会议内容为：

（一）评估双方对本备忘录的执行情况；

（二）在过去合作的基础上讨论增加新的合作内容；

（三）取消效益不大的合作内容；

（四）商定所需费用的支付办法。

第六条

为加强合作，双方将邀请对口合作单位派代表团参加有关环境、技术和设备的商会交易会、讨论会和展览会。

第七条

双方将联合拟订财政计划，合作经费将由双方的基金提供。关于互访，派遣方负担国际旅费，接待方负担食宿、交通和医疗费。

第八条

合作项目的具体细节将在本谅解备忘录的附件中分别陈述，附件同时还将说明各项活动的背景及实施措施。附件的内容在双方达成最终协议前将由第四条中提到的对口合作单位共同协商解决。

第九条

本备忘录的附件是本备忘录的有机组成部分。

本备忘录自签字之日起生效，如任何一方均未以书面形式提前 90 天通知另一方要求终止本备忘录则本备忘录将长期有效。在执行本备忘录中每隔三年双方将共同评估一次本备忘录的执行效果，并探讨进一步合作的可能性。

1988 年 9 月 24 日签署

中华人民共和国政府和蒙古人民共和国政府
关于保护自然环境的合作协定

中华人民共和国政府和蒙古人民共和国政府（以下简称"缔约双方"）

根据 1960 年签订的中华人民共和国和蒙古人民共和国友好互助条约的精神，为促进 1988 年签订的中华人民共和国政府和蒙古人民共和国政府关于中蒙边界制度和处理边境问题的条约的实施，为发展两国在自然环境保护领域的合作，经过协商达成协议如下：

第一条

缔约双方在平等互利的基础上建立和发展自然环境保护领域的合作。

第二条

缔约双方就以下方面进行合作：

（一）研究和实施防治流沙和土壤风化、侵蚀的技术与方法；

（二）研究和实施在戈壁地区栽培乔木、灌木和其他植物以及消灭虫害的技术与方法；

（三）共同研究戈壁和草原牧场，制定其保护和合理利用的措施；

（四）制定和实施关于保护、研究、繁殖以及合理利用接壤地区黄羊与其他野生动植物的措施；

（五）研究、监测、预防、减轻和消除自然环境污染，特别是接壤地区的大气、水和土壤污染。研究和制定防止地面水资源枯竭的技术与方法；

（六）双方在接壤地区合作建立自然保护区和禁猎区，并互相协调、组织在这些地区进行调查研究和试验工作；

（七）在专门人才培训和人员进修方面进行合作；

（八）拟定执行计划与实施方案、共同进行自然环境状况评价和自然保护的基础研究和应用研究；

（九）在联合国及其专门组织和非政府组织范围内就自然环境保护问题协调行动，进行合作；

（十）支持边界接壤地区自然环境保护机构之间建立合作关系。

第三条

缔约双方通过以下途径进行本协定第二条规定的合作：

（一）视需要和可能，考虑建立联合研究试验中心、实验室和专家组的问题；

（二）互相交换有关自然环境保护和监测方面的出版书刊、技术文献、图纸和信息；

（三）举办有关自然环境保护和监测方面的学术会议；

（四）互相交换学者与专家，考察自然环境保护和监测问题的规划与活动，并进行专题科技协作。

第四条

缔约双方支持两国有关部委和机构之间为实现本协定宗旨而建立的自然环境保护领域的合作。

第五条

中华人民共和国国家环境保护局和蒙古人民共和国自然环境保护部为本协定的执行机构。

第六条

缔约双方有关机构的代表、专家的会晤，在互相商定的时间内举行，并商定合作计划、工作方针和合作条件。

第七条

派遣代表与专家一方的国际往返旅费自理，访问期间的食宿和境内交通费由接待一方负担。

第八条

缔约双方在本国境内利用本协定范围内的合作成果和从另一方获得的信息与技术资料不受任何限制。但任何一方未经对方同意，不得将其转让给第三方，或公开发表。

第九条

本协定的任何规定不影响此前双方签订的或同第三方签订的协定或协议所承担的义务。

第十条

缔约双方经过协商可以对本协定进行修改和补充。

第十一条

本协定自签字之日起生效，有效期为五年，如缔约任何一方在本协定期满前六个月未以书面方式提出终止本协定，则本协定有效期将自动延长五年，并依此法顺延。

本协定终止后，已列入合作计划的工作应继续进行，直至全部完成。

本协定于 1990 年 5 月 6 日在北京签订，一式两份，每份都用中文和蒙文写成，两种文本具有同等效力。

中华人民共和国政府和印度共和国政府
环境合作协定

中华人民共和国政府和印度共和国政府（以下简称"双方"）

认识到，持续发展和改善环境质量是影响经济增长及人民福利的问题；注意到，中印两国在全球环境谈判和山区开发领域内进行着科技交流及合作活动；希望同与环境有关的部门增加这种互利合作。

双方协议如下：

第一条

中华人民共和国国家环境保护局，印度共和国环境和森林部将负责协调其相应参加单位在本协定下的合作活动；

第二条

双方将在平等互利的基础上保持和加强环境活动各个领域内的双边合作。

第三条

本协定下的合作应特别在下述优先的领域内进行：

（一）全球环境问题，包括生物多样性保护，全球气候变化及臭氧层保护；

（二）废物管理；

（三）环境污染控制，重点在清洁技术、水质保护、大气质量保护、包装、固体废物回收利用、有害废物问题，以及应急响应；

（四）环境影响评价程序和经验；

（五）环境保护产品的质量控制和管理；

（六）公众环境意识和教育；

（七）野生生物保护，特别是防止濒危物种的贸易；

（八）环境保护立法和执法；

（九）双方同意的其他领域。

第四条

本协定下的合作应通过下述方式进行：

（一）科学家、学者、专家以及环境管理人员互访；

（二）本协定第三条所列各个领域内的信息交换；

（三）对双方共同感兴趣的题目进行合作研究，在合作研究中，双方将根据相互同意的条件，交换和互相提供用于测试、评价及其他目的的样品、试剂、材料、数据、仪器和部件等；

（四）联合组织专题讨论会、研讨会、讲座和培训班；

（五）相互同意的其他合作方式，包括为形成和实施所确定领域内的具体合作项目而签订议定书。

第五条

双方将鼓励和帮助各级政府间或组织间，研究所间，私人部门间，学院间等进行接触和合作，并协调这些活动的实施。

第六条

（一）通过本协定的合作活动而产生的知识产权，双方各自有权决定这些产权在本国内的分配；

（二）除非具体项目协议另有规定，双方共同决定这些产权在第三国的分配。

第七条

（一）除非双方另有协议，本协定下的交流和合作活动的国际旅费将由派遣方支付，国内费用由接待方根据对等原则支付；

（二）原则上，派遣的人数和逗留时间（以人月数计算）将遵守平等和对等的原则。如对等原则执行上有困难时，双方将协商以寻求满意的解决办法。

第八条

本协定中提出的交流和合作活动的各项条款和条件将受双方的法律和规章制约，并由双方适当官员以书面形式确定。

第九条

双方每两年向本方机构首脑提交一份报告，总结工作计划中列出的合作项目的进展情况，并确定增加其他项目的可能性。

第十条

本协定自签字之日起生效，有效期五年。协定可在一方向另一方提出书面通知后六个月终止。经双方同意，可商定协定延长的期限。根据本协定所开展的具体工作或作出的安排，如在协定终止时尚未完成，其有效性或期限不应受协定终止的影响。

第十一条

经双方同意，可对本协定进行修改。

本协定于 1993 年 9 月 7 日在北京签订，一式两份，每份都用中文、印地文和英文写成，三种文本同等作准。若出现分歧，以英文本为准。

中华人民共和国政府和大韩民国政府
环境合作协定

中华人民共和国政府和大韩民国政府（以下简称"双方"）

注意到全球环境退化对人类的生存构成严重威胁；

认识到防止环境退化和达到有益环境及可持续发展的全球努力的紧迫性；

确信双方在环境领域的合作对迎接环境挑战是相互受益的，并且对保护和改善区域和全球环境是必要的；

还考虑到预防性手段应该作为双方合作活动的重要内容以最大限度减少环境破坏可能的有害影响。

为此达成协定如下：

第一条

一、在平等互利的基础上，双方应鼓励和促进在环境保护领域的合作。

二、这种合作的主要目的是为了有关环境保护的信息、技术和经验的交流提供良好的机会，并在双方共同感兴趣的问题上开展合作。

第二条

本协定下的合作活动应包括下列形式：

（一）交换有关环境保护的数据、信息、技术和资料；

（二）环境专家和官员的交流；

（三）共同举办一般性或专门性的环境问题讨论会、专题研讨会和会议；

（四）对双方感兴趣的题目开展合作研究，包括联合进行环境影响评价；

（五）双方同意的其他可能的合作形式。

第三条

如果双方同意，可在下列与环境保护和改善相关的领域开展合作。

（一）污染的减轻和控制，其中包括：

大气污染控制，包括移动源和固定源排放控制；水污染控制，包括城市和工业污水处理，水污染物的总量控制；沿海和海洋污染控制；农业径流和杀虫剂控制；固体废弃物管理和资源回收利用；控制有害废物越境转移和处置；有毒化学品管理；噪声的减少；生物多样性保护；环境和自然资源管理。

（二）为保护和改善次区域、区域和全球环境做出贡献。

（三）环境保护和改善的其他领域。

第四条

一、为了协调和促进本协定下的合作活动，双方将建立一个环境合作联合委员会（以下简称"委员会"），委员会由双方各自委派的代表组成。

二、原则上，委员会将每年在中国和韩国轮流举行一次会议，但根据实际情况，也可适当增加或减少会晤次数，会期通过外交渠道确定。

三、委员会将执行下列功能：

（一）讨论与实施本协定有关的事项；

（二）监督和评价本协定实施的进展；

（三）向双方建议加强本协定下合作的具体办法。

四、在委员会休会期间应通过外交途径进行适当的磋商。

第五条

为了促进双边合作，双方在适当的情况下应鼓励政府部门、研究机构、大学和企业之间达成补充安排，以确定具体的合作计划和项目的条款和条件、应遵循的程序以及其他相关事宜。在这些安排中，应对本协定下合作活动产生的知识产权的处理作出规定。

第六条

一、双方应在平等的基础上并根据财力可能性承担在本协定下各自政府部门间或单位间实施合作计划和项目时所发生的费用。

二、每方应为对方的国民提供实施本协定下合作活动所必需的适当帮助。

第七条

一、本协定的内容不影响双方在任何有关环境保护的条约、公约、区域或国际协定中所承担的义务。

中外双边环境合作协议

二、本协定下的合作活动，包括第五条所提到的补充安排的达成，应在符合各自国家现行法规的基础上进行。

第八条

一、本协定自签署之日起 30 天后生效，有效期五年。

二、在本协定五年期满时除非任何一方提前六个月书面通知对方终止本协定，本协定将自动延长五年。

三、本协定的终止不影响在本协定下业已开展，但在本协定终止时尚未完全执行的项目或计划的完成。

经各自政府正式授权的代表签署本协定，以昭信守。

本协定于 1993 年 10 月 28 日在北京签订，一式两份，每份都用中文、韩文、英文写成，三种文本同等作准。在解释上出现分歧时，以英文文本为准。

中华人民共和国政府和日本国政府
环境保护合作协定

中华人民共和国政府和日本国政府（以下简称"缔约双方"）

注意到，保护环境具有重要意义，希望通过国际合作在环境保护领域取得实际成果；

认识到，为兼顾当代和子孙后代的利益，为实现经济和社会的持续发展，保护和改善环境是重要的；

相信缔约双方的合作符合两国有关环境保护的共同利益；

希望通过缔约双方的合作进一步促进保护和改善全球环境的国际努力；

注意到 1980 年 5 月 28 日签署的《中华人民共和国政府和日本国政府科学技术合作协定》中缔约双方在科学技术领域的合作框架已经确定。

达成协议如下：

第一条

缔约双方在平等互利的基础上保持并促进环境领域的合作。

第二条

合作活动可在以下与保护和改善环境相关的、缔约双方同意的领域开展：

（一）大气污染及酸雨的防治；

（二）水污染防治；

（三）有害废弃物的处置；

（四）环境污染对人体健康的影响；

（五）城市环境的改善；

（六）保护臭氧层；

（七）防止全球气候变暖；

（八）自然生态环境和生物多样性保护；

（九）缔约双方今后同意的、与环境保护和改善相关的其他领域。

第三条

本协定下的合作可通过下述形式进行：

（一）交换有关环境保护的研究与开发的活动、政策、法律规章以及有关环境保护技术的信息和资料；

（二）科学家、技术人员以及其他专家的交流；

（三）举办科学家、技术人员以及其他专家的联合研讨会和座谈会；

（四）实施缔约双方已同意的合作计划（包括联合研究）；

（五）缔约双方同意的其他形式的合作。

第四条

缔约双方或缔约双方机关任何适当部门可制订根据本协定规定的专门合作项目的细节和手续的执行协议。

第五条

一、缔约双方为检查本协定的实施情况，以及在必要时为缔约双方提出适当的建议，设立中日环境保护联合委员会（以下简称"联合委员会"）。

二、缔约双方在本协定签订之日起三个月内各自指定一人为联合委员会两主席之一，并通过外交途径相互通报。

三、原则上，联合委员会每年一次轮流在中华人民共和国和日本国开会。

四、联合委员会在必要时可为研究和有效推进个别合作项目设立工作组。

五、联合委员会闭会期间，关于实施本协定的联系工作将通过外交途径进行。

第六条

缔约双方应尽可能促进两国各种团体机构及个人之间在环境保护和改善领域的合作。

第七条

本协定的任何规定均不得解释为影响本协定签订前已有的或其后缔约双方缔结的其他合作协议。

第八条

本协定应在缔约双方各自国家的法律规章以及在可能使用的资金范围内

实施。

第九条

一、本协定自签字之日起生效，有效期为两年。此后，除非缔约任何一方根据本条第二款的规定宣布终止本协定，本协定应继续有效。

二、缔约任何一方在最初两年期满时或在其后可以在六个月以前，以书面预先通知缔约另一方，随时终止本协定。

三、本协定的终止，不影响在本协定终止之前尚未履行完毕的根据第四条所制订的任何计划的执行。

本协定于 1994 年 3 月 20 日在北京签订，一式两份，每份都用中文和日文写成，两种文本同等作准。

中华人民共和国国家环境保护局、蒙古国自然与环境部和俄罗斯联邦自然保护和自然资源部关于建立中、蒙、俄共同自然保护区的协定

中华人民共和国国家环境保护局、蒙古国自然与环境部和俄罗斯联邦自然保护和自然资源部（以下简称"缔约各方"）

为了达到环境保护方面的国家和国际目标，十分重视促进和发展三国之间的合作，并认识到在共同边境地区建立中、蒙、俄自然保护区将为该地区生物多样性的保护、促进科学研究和监测作出贡献。

为此达成如下协议：

第一条

一、缔约各方在一致同意的三国接壤的边境地区的湿地和草原地带建立共同的自然保护区。

二、纳入中、蒙、俄共同自然保护区的有中国内蒙古自治区境内的达赉湖保护区、蒙古国东方省境内的蒙古达乌斯克保护区、俄罗斯联邦赤塔州境内的达乌尔斯克保护区。

三、缔约各方领土内的共同保护区部分的生态系统的管理、保护和监测由该方根据现行法律进行。

四、缔约各方可按适当的法律程序在各自领土内扩大保护区的范围，并尽快通知其他各缔约方。

第二条

建立共同自然保护区有如下目的：

（一）保护生物多样性。

（二）促进中、蒙、俄在环境保护工作中的合作，包括自然保护、自然资源的合理利用以及自然生态系统的科学研究及监测。

（三）提高协定各方公众对环境保护的目的、方法和重要性的认识。

第三条

合作方式如下：

（一）互相交换与本自然保护区有关的经验、信息和资料，包括各自的科研成果和监测数据。

（二）互派研究和管理人员，进行科学研究、现场考察和监测。

（三）联合发表论文。

（四）制定共同的研究和测量方法，缔约各方可根据各自情况加以应用。

（五）举办培训班、研讨会和学术会议。

（六）缔约各方同意的其他形式。

第四条

一、为实施本协定，将建立中、蒙、俄联合委员会（以下简称联合委员会）。

二、联合委员会负责批准科学研究和其他合作活动的计划以及协调共同保护区的合作活动。

第五条

缔约各方应保证共同自然保护区内的野生动物从这一地区到另一地区的迁徙不受任何阻碍。

第六条

一、缔约各方应采取措施保证共同自然保护区内有效和灵活的合作。

二、缔约各方应在边境口岸地区，为参加本协定下的研究工作和其他工作的人员和交通工具越境时提供必要的方便。这些口岸包括俄方的索洛维耶夫斯克和后贝加尔、蒙方的额伦察布和哈毕日嘎、中方的满洲里和阿拉哈沙特。

第七条

一、缔约各方负担其在共同保护区的本国领土内执行本协定所需要的费用。

二、在进行联合活动时，按照对等原则，接待方负担当地的食宿、交通费用，派遣方负担国际旅费。

第八条

本协定不影响以前各方或其中一方同第三方所签订的协定。

中外双边环境合作协议

附录三

第九条

本协定自签字之日起生效，并长期有效。在缔约一方书面通知缔约其他各方中止本协定三个月后，本协定即行失效。

第十条

本协定于 1994 年 3 月 29 日在乌兰巴托签订，用中、蒙、俄文写成，一式三份，三种文本具有同等效力。

中华人民共和国政府和俄罗斯联邦政府
环境保护合作协定

中华人民共和国政府和俄罗斯联邦政府（以下简称"双方"）

认识到为了两国人民及子孙后代的切身利益，保护和改善环境是极其重要的；

相信双方在环境保护方面的合作是相互受益的，并将进一步增进两国人民之间的信任和友谊；

充分考虑到两国的自然地理条件、法律、法规和生活习惯；

决心努力实现有利于自然生态保护的自然资源的可持续利用；

鉴于1992年12月18日中华人民共和国和俄罗斯联邦关于相互关系基础的联合声明，希望进一步加强两国间在环境保护方面的交流与合作；

注意到1992年6月在里约热内卢召开的联合国环境与发展大会的有关文件。

达成协议如下：

第一条

双方将在平等互利的基础上促进在环境保护领域内的合作。

第二条

双方将在下述与环境保护有关的领域内开展合作：

（一）大气污染及酸雨的防治；

（二）水资源综合利用和水体保护，包括边境河流；

（三）危险废物的运输、利用和处置；

（四）清洁生产工艺和技术；

（五）海洋环境保护，特别是西北太平洋的保护；

（六）环境监测、评价及预报；

（七）自然生态环境及生物多样性保护，包括边界地区的共同自然保护区的

建设和管理；

（八）城市及工业区的环境保护；

（九）环境保护宣传和教育；

（十）环境影响评价；

（十一）环境保护和自然资源利用的法律、法规、政策，特别是有关的经济政策；

（十二）双方同意的与保护和改善环境有关的其他领域。

第三条

双方的合作可通过下述方式进行：

（一）交换有关环境保护的研究、技术、资源、政策及法律法规等方面的信息和资料；

（二）科学家、技术人员以及其他专家的交流；

（三）共同举办由科学家、技术人员和其他专家参加的有关环境保护的研讨会、专题讨论会及其他活动；

（四）实施双方商定的合作计划，包括开展联合研究；

（五）双方同意的其他方式。

第四条

双方在适当的情况下应鼓励地方政府及各种团体和机构之间在环境保护领域内的合作。但对上述各合作组织间的契约双方均不承担责任。

第五条

本协定应在双方各自国家的法律法规允许，以及在可能使用的资金及其他资源的范围内实施。

第六条

双方或双方确认的合作项目实施部门可根据本协定签订关于具体合作项目的执行协议。

第七条

负责本协定实施的组织和协调工作的各自政府部门：

中方为中华人民共和国国家环境保护局；

俄方为俄罗斯联邦环境保护和自然资源部。

第八条

本协定的任何规定不应影响对双方任一方具有法律拘束力的任何其他协定。

第九条

为实施本协定，双方同意设立中俄环境保护联合小组以检查与评价本协定的实施情况，制订双方在一定期间内的合作计划，并于必要时为双方提供加强本协定范围内合作的具体办法。双方自本协定签字之日起三个月内各自指定一人为工作组两主席之一。原则上联合工作组每年轮流在中华人民共和国和俄罗斯联邦召开会议。

第十条

经双方同意，可对本协定进行修改。

第十一条

本协定自签字之日起生效，有效期五年。除非任何一方在期满前六个月书面通知对方终止本协定，否则本协定有效期将自动延长五年，并依此法顺延。

本协定于 1994 年 5 月 27 日在北京签字，一式两份，每份都用中、俄文写成，两种文本同等作准。

中外双边环境合作协议

附录三

中华人民共和国国家环境保护局与德意志联邦共和国联邦环境、自然保护和核安全部环境合作协定

中华人民共和国国家环境保护局和德意志联邦共和国联邦环境、自然保护和核安全部

表示了加强两国间友好关系和开展合作以保护环境的愿望。

确信：

——为了当代和后代的健康和福利，必须保护环境；

——经济的持续发展要求对自然资源进行有益于环境的管理；

——双方的合作将给两国的环境保护带来益处，并对各方政府履行维持全球环境所承担的责任是重要的；

认识到在达到对全球环境问题的充分解决方案的环境政策和实践的重要性；

表示了双方政府对在环境事务中的国际合作的重视。

达成协议如下：

第一条

中华人民共和国国家环境保护局与德意志联邦共和国联邦环境、自然保护和核安全部，以下简称"缔约双方"，将在平等互利和对等的基础上开展环境保护领域内的合作。

第二条

缔约双方对环境保护的下述领域特别感兴趣：

（一）双方共同关心的污染问题，这些问题的确定，以及有关控制技术的评价，主要包括以下工作和领域：

A．水污染控制，包括工业、城市、农业污染废水处理，制定水质标准，污泥处理，地下水源保护；

B．大气污染，包括固定源和流动源，交换有关低污染发电系统，酸雨及其影响和臭氧层保护措施方面的信息；

C．固体废弃物的管理，安全处置和资源回收利用，工业废物，尤其是有害废物的管理，减少包装材料废物；

D．海洋污染。

（二）环境政策与管理，包括行政法规手段（行政命令和禁令，环境影响评价，以及旨在将外部费用内部化的经济手段等）；

（三）提高能源效率，可再生能源的利用；

（四）提高环境意识，包括环境教育与公众参与；

（五）环境无害技术；

（六）环境问题与其他政策领域的关系，环境与发展的关系；

（七）作为联合国环发大会的后续行动，就缔约双方共同感兴趣的全球问题交换看法，尤其是有关国际公约和议定书所涉及的问题；如：气候变化，臭氧层保护，生物多样性，以及在持续发展委员会内的合作问题。

第三条

为本协定的实施，可考虑如下合作形式：

（一）就缔约双方共同感兴趣的题目，共同举办会议、技术研讨会和会议；

（二）交换有关研究与发展活动、政策、环境实践、法律条文以及环境影响分析与评价的信息和数据。如有可能，协调有关研究活动；

（三）科技专家或官员的互访，以就本协定第二条所提内容进行讨论；

（四）缔约双方同意的其他可能的合作形式。

第四条

缔约双方将尽最大努力,在最大可能的范围内协调其国际环境政策和行动，以促进旨在防止并控制环境污染的有效措施的广泛协调一致。

第五条

每一方应通告对方一名或数名负责确定和实施以本协定第三条所规定的合作方式开展的合作活动的协调员的姓名。各方还应确定它认为对最有效地参与本协定下各种合作活动所必要的管理安排。如果任何一方提出特殊的合作方案,

中外双边环境合作协议

附录三

经双方同意，可通过签署单独的协定来执行。

经缔约双方同意，可举行双方协调员联席会议，讨论本协定下正在开展和将要开展的活动。各方应保证其一方对本协定下的合作活动与两国政府间的其他合作项目进行适当的协调。

第六条

缔约双方应鼓励政府机构、学术单位以及私人经济企业参加本协定下的合作活动。

第七条

通过缔约双方同意，双方可将合作成果通报第三方。

在交换信息并向第三方传达时，缔约双方将考虑现有的法律条文，第三方的权力和国际义务。

对信息的使用，无论是值得保护的或被保护的，都需要有特殊的规定。

第八条

本协定的内容不影响缔约双方在国际法律文书下的其他协定所规定的权力和责任。本协定下的活动应以可得到的资金而定，并受各自国家适用法律和规章的制约。除非另有协定，缔约各方应各自负担其参与本协定下活动的费用。

第九条

本协定自签署之日一个月后生效，有效期五年。在本协定五年期满时除非任何一方至少提前三个月书面提出废止本协定，本协定将自动延长五年。本协定的终止不影响在本协定下已做出的安排的有效性。

本协定于1994年9月26日在波恩签订，一式两份，每份均用中文、德文、英文写成，三种文本同等作准。在解释上出现分歧时，以英文文本为准。

中华人民共和国国家环境保护局和澳大利亚环境、体育和领土部环境合作谅解备忘录

中华人民共和国国家环境保护局和澳大利亚环境、体育和领土部（以下简称"双方"）

认识到环境问题的全球性以及寻求有效而持久解决方法的紧迫性；

还认识到执行实现可持续发展的政策符合所有国家的利益；

注意到中国和澳大利亚，根据现有的协议和备忘录，在与环境有关的领域，包括气象和候鸟保护领域，正在开展交流和合作；

愿意增加这种合作，以共享在与环境有关的各个领域中的知识和经验，并以合作的精神汇集双方的部分资源；

确信国家间在环境领域的合作是相互受益的。

达成如下谅解：

第一条

双方将在平等、互利的基础上，并尊重和考虑到他们在相关的发展和各自环境政策上的不同，保持和加强在环境领域内的双边合作。

第二条

一、关于可能合作的领域，双方确认下述领域是高度优先的领域并应为此作出适当努力。

（一）环境影响评价及其他政策和管理方法；

（二）水和废水处理、固体废物管理、噪声控制及有毒化学品等方面的环境技术，包括通过商业关系在这些方面的合作；

（三）通过减少污染源、改变生产工艺和妥善管理等清洁生产方法，防止污染，特别是制造业带来的污染；

（四）大气污染模型和监测，及大气质量保护政策的制定；

中外双边环境合作协议

附录三

（五）对有害化学品的有益于环境的管理，以及对新的和现有的化学品的危害评价；

（六）通过替代技术和机构能力的建设，尤其是通过制冷和消防领域替代技术和机构能力的建设，保护臭氧层；

（七）生物多样性保护和可持续利用，以及自然保护区的管理；

（八）世界遗产方面的活动，包括世界遗产地区的确定、评价和管理；

（九）历史、考古和文化古迹的管理及保护；

（十）气候变化，包括区域气候变化趋势的预测，及其影响和对策研究，减少温室气体排放的技术转让；

（十一）土地和水资源的可持续管理，包括防止沙漠化的行动；

（十二）沿海和海洋区域管理；

（十三）利用经济手段管理环境和改善对环境资源的价值确定；

（十四）环境立法及其实施；

（十五）就全球环境问题的政策交换意见。

二、合作亦可包括双方商定的其他共同感兴趣的领域。

第三条

本谅解备忘录下的合作形式：

（一）官员定期会晤；

（二）科学家、学者、专家及环境管理人员互访；

（三）交换有关环境问题、环境科学研究和监测的信息；

（四）对双方感兴趣的课题进行合作研究并在合作研究中根据双方商定的条件相互交换和提供用于测试、鉴定和其他目的的样品、试剂、材料、数据、仪器和部件；

（五）联合组织学术会议、研讨会、讲座、商务代表团、培训班和考察；

（六）交换有关评价管理措施和政策实施的信息；

（七）双方认同的其他合作形式，包括通过相互受益的商业合作关系。

第四条

一、中华人民共和国国家环境保护局负责协调中方参加单位根据本谅解备忘录进行的合作活动，澳大利亚环境、体育和领土部负责协调澳方参加单位根据本谅解备忘录进行的合作活动。

二、双方将鼓励两国各级政府部门或组织间、研究所间、私人部门间、学院间进行环境方面的接触和合作，并为这方面的接触和合作提供便利以及协调这些活动的实施。现有的双边合作协议将继续通过已建立的双边联系渠道加以协调。

第五条

通过本谅解备忘录下的合作活动而产生的知识产权，双方各自有权决定这些产权在本国内的分配。除非具体项目另有安排，双方将共同决定这些产权在第三国的分配。

第六条

一、除非双方另有协议，与这些交流和合作活动有关的国际旅费将由派遣方支付，国内费用由接待方根据对等原则支付。

二、派遣人数和停留时间（以人月计算）将根据平等和对等的原则决定。如对等原则执行上有困难时，双方将进行协商，以寻求满意的解决办法。

第七条

本谅解备忘录中提出的合作活动的条款和条件将受双方的法律和规章的制约，并由双方适当官员以书面形式确定。

第八条

本谅解备忘录可根据双方书面协议随时进行修正。

第九条

本谅解备忘录自双方签字之日起生效，有效期为十年。期满后，任何一方未通知对方要求终止本谅解备忘录，则本谅解备忘录将继续有效。在有效期十年期间或之后一方可以书面的形式通知对方终止本谅解备忘录，本谅解备忘录可在一方向另一方提出书面通知六个月后终止。本谅解备忘录的终止将不影响在本谅解备忘录下业已开展，但在本谅解备忘录终止时尚未完成的具体活动的有效性或期限。

本谅解备忘录，一式两份，每份都用中文和英文写成并签署，两种文本同

中外双边环境合作协议

附录三

等作准。

1995 年 4 月 5 日　订于堪培拉

从斯德哥尔摩到里约热内卢

中华人民共和国国家环境保护局与乌克兰环境保护和核安全部环境保护合作协定

中华人民共和国国家环境保护局和乌克兰环境保护和核安全部（以下简称"双方"）

遵照 1992 年联合国环发大会通过的里约宣言和 21 世纪议程；

本着 1994 年 9 月 6 日中乌联合声明的精神；

认识到环境问题的全球性以及寻求有效而持久解决方法的紧迫性；

愿意在环境领域内开展合作，以共享在此领域的知识和经验；

坚信双方在环保领域的合作是相互受益的，并能进一步增进两国人民之间的友谊和信任。

达成协定如下：

第一条

双方将在平等互利的基础上促进环境保护领域内的合作，并充分考虑和尊重各自在发展和环境政策上的不同。

第二条

双方将主要在以下领域开展合作：

（一）大气污染防治，与核电站有关的环境保护问题；

（二）水环境保护及水资源合理利用；

（三）保护海洋环境，包括近海及沿岸的环境管理，合理开发海洋资源；

（四）环境保护的经济手段和可持续发展问题；

（五）环境监测、环境影响评价及预报；

（六）土壤、森林和生物多样性保护；

（七）清洁生产工艺和技术；

（八）固体废物的处置、回收和再利用；

中外双边环境合作协议

附录三

（九）有害废物的监督管理，包括越境转移；

（十）环境教育；

（十一）能源的合理利用；

（十二）双方同意的与保护和改善环境有关的其他领域。

第三条

双方合作可通过下述方式进行：

（一）有关信息和资料的交换；

（二）互派学者、专家和代表团；

（三）共同举办由科学家、专家和其他有关人员参加的研讨会、专题讨论会及其他会议；

（四）实施双方商定的合作计划，包括开展联合研究；

（五）双方同意的其他合作方式。

第四条

为实现本协定之目的，双方将促进两国从事环保工作的机关、团体和企业之间建立和发展直接的联系和接触。但对上述合作组织间的契约，双方均不承当责任。

第五条

本协定下的合作活动应在双方各自国家法律法规允许，以及在可能利用的资金和其他资源的范围内进行。

第六条

双方或双方确认的合作项目实施部门，在执行具体合作项目时，可根据本协定另行签署具体合作项目的执行协议。

第七条

本协定的任何规定不影响双方政府在此之前签订的各国际协定中规定的义务。

第八条

双方自本协定签字之日起三个月内，为安排必要的联系，各自指定一名或几名协调员，以检查与评价本协定的实施情况，制定双方在一定期间内的合作计划；并于必要时为双方提供加强本协定范围内合作的具体办法。

原则上双方协调员应每年一次轮流在中华人民共和国和乌克兰召开例会。

第九条

经双方同意可对本协定进行修改。

第十条

本协定自签字之日起生效，有效期为五年。除非任何一方在期满前六个月书面通知对方终止本协定，否则本协定有效期将自动延长五年，并依此法顺延。

本协定于 1995 年 6 月 24 日在基辅签订，用中文、乌克兰文和英文写成，一式两份，三种文本同等作准。在解释上发生分歧时，以英文文本作准。

中外双边环境合作协议

附录三

中华人民共和国国家环境保护局与
芬兰共和国环境部环境合作谅解备忘录

中华人民共和国国家环境保护局与芬兰共和国环境部（以下简称"双方"）认识到为了保护环境需要进一步开展合作，尤其是寻求全球问题的解决办法，确信为达到可持续发展的目标，双方在环境领域的合作是相互受益的。

达成协议如下：

第一条

双方将在平等、互利的基础上，促进可持续发展，加强和开展在环境保护领域的合作。

第二条

双方同意下列为优先合作领域：

（一）水污染预防和控制，重点在造纸工业；

（二）与燃煤有关的大气污染预防和控制；

（三）环境管理，包括环境数据收集和环境统计中指标体系的开发。

（四）促进解决全球环境问题，如生物多样性保护臭氧层保护；

（五）促进环境技术和能源效率方面的合作；

（六）双方同意的其他领域。

第三条

本备忘录下的合作活动可包括下列形式：

（一）交流环境保护信息和专家；

（二）共同举办研讨会和培训活动；

（三）双方同意的其他合作形式。

第四条

中华人民共和国环境保护局将负责协调中方参加机构和单位在本备忘录下

的合作活动，芬兰共和国环境部将协调芬方参加机构和单位在本备忘录下的合作活动。双方应鼓励和协助其他各级政府或组织、研究和学术单位，工业和企业部门间建立联系和合作。

第五条本备忘录下的合作活动应以现有的相应资金和其他资源而定，并应遵循每一国家的适用法律和法规。

除非双方另有安排，与交流和合作活动有关的国际旅费应由派遣方负担，其他费用逐次协商确定。

第六条

每一方应提名一名或几名负责确定和协调本备忘录下合作活动的协调员。

具体合作活动和项目应经双方同意，并达成单独协议实施。

第七条

本备忘录的任何内容不影响双方在任何有关环境保护的条约、公约、区域或国际协定中所承担的义务。

第八条

本备忘录自签署之日起 30 天后生效。

本备忘录有效期五年，在有效期终止之前，双方可协商确定延长本备忘录。

任何一方应书面通知终止本备忘录。本备忘录将在发出书面通知之日起六个月后终止。但不影响在本备忘录下业已开展而在本备忘录终止时尚未完成的项目或计划。

本备忘录于 1995 年 7 月 6 日在赫尔辛基签订，一式两份，每份都用中文、芬兰文和英文写成，三种文本同等作准。在解释上出现分歧时以英文本为准。

中外双边环境合作协议

附录三

中华人民共和国国家环境保护局与挪威王国环境部 环境合作备忘录

从斯德哥尔摩到里约热内卢

中华人民共和国国家环境保护局和挪威王国环境部（以下简称"双方"）认识到环境问题的全球性以及寻求其有效而持久的解决办法的紧迫性；

还认识到里约首脑会议所确定的可持续发展目标应为所有国家所追求并符合所有国家的利益；

意识到实现可持续发展需要广泛的多边和双边的国际合作；

注意到中国和挪威之间在环境领域已成功地开展了一些交流和合作活动；

愿意扩大这种合作，本着合作的精神，共享双方在与环境有关的各个领域中的知识和经验，并集中双方的部分力量进行合作；

确信双方在环境领域的合作在实现可持续发展目标方面是相互受益的。

达成协议如下：

第一条

双方将在平等、互利的基础上，尊重和考虑到双方在环境政策和社会经济发展方面的不同，保持和加强在环境领域的双边合作。

第二条

双方将鼓励对环境领域国际公约的实施有所贡献的具体项目之间的联络与实施。

本备忘录中的合作活动可包括下列形式：

（一）交换环境领域的研究、监测计划、法律、法规、机构制度、政策和法规实施方面的信息；

（二）环境科学家、专家和环境管理人员的交流；

（三）共同开展项目；

（四）共同组织研讨会、讲座和培训课程；

（五）对相互感兴趣的课题开展合作研究；

（六）双方同意的其他合作形式。

第三条

一、双方还应在环境事务的国际论坛上进行合作，告知对方各自对国际论坛上重大动向的看法。

二、双方应鼓励和协助其他各级政府或组织、研究和学术单位、工业和企业部门间建立联系和合作。

第四条

一、双方应制订一份工作计划作为本备忘录的附件，并每两年修改一次。工作计划中将规定具体合作内容。

二、本备忘录下的合作活动应以可得到的相应资金和其他资源而定，并应遵守各自国家的法律和法规。双方应努力寻求资金以支持本备忘录下的合作活动。

三、除非另有安排，与交流和合作活动有关的国际旅费应由派遣方负担，国内费用应按对等原则由接待方负担。

第五条

一、中华人民共和国国家环境保护局将负责协调中方参加机构和单位在本备忘录下的合作活动，挪威王国环境部将协调挪方参加机构和单位在本备忘录下的合作活动。

二、各方应提名一名或几名协调员，负责确定和协调本备忘录下的合作活动及实施上述活动的工作计划。

三、经双方同意，可举行双方协调员联席会议以检查正在进行的合作活动和计划以及以后的合作活动。

第六条

本备忘录的任何规定不影响各方在任何有关环境保护的条约、公约、区域或国际协定中所承担的义务。

第七条

本备忘录自签字之日起 30 天后生效，有效期五年。

除非任何一方提前六个月书面通知对方终止本备忘录，本备忘录有效期将自动延长五年。

本备忘录的终止不影响其业已开展，但在备忘录终止时尚未完成的项目或计划的进行。

本备忘录于 1995 年 11 月 6 日在北京签订，一式两份，每份都用中文、挪威文及英文写成，三种文本同等作准。在解释上出现分歧时，以英文本为准。

从斯德哥尔摩到里约热内卢

中华人民共和国国家环境保护局和丹麦王国环境与能源部环境合作协定

中华人民共和国国家环境保护局和丹麦王国环境与能源部（以下简称"双方"）

认识到环境问题的全球性以及目前寻求既有效益而又持久的方法的紧迫性；

还认识到1992年6月里约首脑会议所确定的可持续发展目标应为所有国家追求并符合所有国家利益；

了解到实现可持续发展需要广泛的多边和双边的国际合作；

注意到中国和丹麦之间在环境领域已成功地开展了一些交流和合作活动；

愿意扩大这种合作，以共享双方在与环境有关的各个领域中的知识和经验，并以合作的精神汇集双方的部分资源；

确信双方在环境领域的合作在达到可持续发展目标方面是相互受益的。

达成协议如下：

第一条

双方将在平等、互利的基础上，尊重和考虑到双方在环境政策和社会经济发展方面的不同，保持和加强在环境事务方面的双边合作。

第二条

双方确认下述领域是双方合作的优先领域：

（一）环境与能源；

（二）有害废物管理；

（三）清洁生产；

（四）机构管理（国家、地区及地方）；

（五）固体废物管理；

中外双边环境合作协议

附录三

（六）废水管理；

（七）石油泄漏事故救援计划；

（八）交通引起的空气污染的研究；

（九）生物多样性的保护和可持续利用。

第三条

本协议下的合作活动可包括下列形式：

（一）有关环境保护的信息和出版物的交换；

（二）环境科学家、专家和环境管理人员的交流；

（三）联合进行试点工程；

（四）共同组织学术会议、研讨会、讲座和培训班；

（五）对相互感兴趣的课题进行合作研究；

（六）双方同意的其他合作形式。

第四条

（一）中华人民共和国国家环境保护局将负责协调中方参加机构和单位在本协议下的合作活动，丹麦王国环境与能源部将协调丹方参加机构和单位在本协议下的合作活动。

（二）双方应鼓励和协助其他各级政府和组织、研究和学术单位、工业和企业部门间建立联系和合作。

第五条

（一）本协议下的合作活动应以可得到的相应资金和其他资源而定，并应遵循每一国家的适用法律和法律规定。

（二）各方应努力寻求资金以支持本协议下的合作活动。

（三）除非另有安排，与交流和合作活动有关的政府官员的国际旅费应由派遣方负担。访问中政府官员的人数应经双方协商确定。国内费用应按对等原则由接待方负担。

第六条

（一）各方应指定一名或几名负责确定和协调本协议下合作活动的协调员。

（二）经双方同意，可举行双方协调员联席会议，以便制订今后的合作活动的计划和检查正在进行的合作活动。

（三）任何一方提出的具体合作活动或项目，应经双方同意，根据单独协议实施。

第七条

本协议的任何内容不影响双方在任何有关环境保护的条约、公约、区域或国际协定中所承担的义务。

第八条

本协议自签字之日起第 30 天生效，有效期五年。

本协议期满前，除非任何一方提前六个月书面通知对方终止本协议，本协议将自动延长五年。

本协议于 1996 年 1 月 12 日在北京签订，一式两份，每份都用中文、丹麦文和英文写成，三种文本同等作准。在解释上出现分歧时，以英文本为准。

中华人民共和国政府和塔吉克斯坦共和国政府
环境保护合作协定

中华人民共和国政府和塔吉克斯坦共和国政府（以下简称"双方"）

认识到，为实现经济和社会的可持续发展，保护和改善环境是重要的；

还认识到，环境问题的全球性以及通过国际合作寻求有效的持久解决方法的紧迫性；

基于双方业已形成的传统友好关系；

愿意加强双方在环境保护领域的合作；

相信双方在环境保护领域的合作是相互受益，并能进一步增进两国人民之间的信任和友谊。

达成协议如下：

第一条

双方将在平等互利的基础上促进在环境保护领域内的合作，并充分考虑和尊重各自在环境与发展政策上的不同。

第二条

双方将在以下领域开展合作：

（一）环境监测及环境影响评价；

（二）环境科学技术研究；

（三）自然生态和生物多样性保护；

（四）危险废物及放射性废物管理，包括防止非法跨境转移；

（五）清洁生产，废物最小化及废物的回收利用；

（六）环境标准，包括工业生产和产品的环境标准；

（七）环境保护政策、法律、法规，包括有关的经济手段和财政机制；

（八）协调在全球环境问题上的立场；

（九）双方同意的与保护和改善环境有关的其他领域。

第三条

双方的合作可通过以下方式进行：

（一）交换有关信息和资料；

（二）互派专家、学者和代表团；

（三）共同举办由科学家、专家、环境管理人员和其他有关人员参加的研讨会、专题讨论会及其他会议；

（四）实施双方商定的合作计划，包括开展联合研究；

（五）双方同意的其他合作方式。

第四条

为实现本协定之目的，双方将促进两国环保部门及从事环保工作的团体和企业之间建立和发展直接的接触和联系。但对上述合作组织间的契约，双方均不承担责任。

第五条

本协定规定下的合作活动应依照双方各自国家的法律法规在可能利用的资金和其他资源范围内进行。

第六条

双方或双方确认的合作项目实施部门，在执行具体合作项目时，可根据本协定另行签订具体合作项目的执行协议。

第七条

本协定的任何规定不影响双方在此之前参加的国际条约、协定规定的权利和义务。

第八条

为联系与本协定有关事宜，检查与评价本协定的实施情况，制定双方在一定期间内的合作计划，并于必要时为双方提供加强本协定范畴内合作的具体办法，双方将自本协定签字之日起六个月内各自指定一名或几名协调员。

原则上，双方协调员每年一次轮流在中华人民共和国和塔吉克斯坦共和国召开例会。

中外双边环境合作协议

附录三

参加会议的国际旅费由派遣方负担,国内费用根据对等原则由接待方负担。

第九条

经双方同意，可对本协定进行修改。

第十条

本协定自签字之日起生效，有效期五年。除非任何一方在期满前六个月以书面形式通知对方终止本协定，则本协定有效期将自动延长五年，并依此法顺延。

本协定于 1996 年 9 月 16 日在北京签订，一式两份，每份均用中文、塔吉克文和英文写成，三种文本同等作准。如在解释上发生分歧，以英文本为准。

中华人民共和国国家环境保护局和巴基斯坦伊斯兰共和国国家环境保护委员会环境保护合作协定

中华人民共和国国家环境保护局和巴基斯坦伊斯兰共和国国家环境保护委员会（以下简称"双方"）

认识到，为实现经济和社会的可持续发展，保护和改善环境是重要的；还认识到，环境问题的全球性以及通过国际合作寻求有效的持久解决办法的紧迫性；基于双方业已形成的传统友好关系；愿意加强双方在环境保护领域的合作；相信双方在环境保护领域的合作是相互受益，并能进一步增进两国人民之间的信任和友谊。

达成协议如下：

第一条

双方将在平等互利的基础上促进在环境保护领域内的合作，并充分考虑和尊重各自在环境与发展政策上的不同。

第二条

双方将在以下领域开展合作：

（一）环境政策和立法；

（二）可持续能源；

（三）城市环境保护，包括工业污染控制；

（四）生物多样性保护和自然保护；

（五）环境影响评价；

（六）环境保护产业；

（七）协调在全球环境问题上的立场；

（八）双方同意的与保护和改善环境有关的其他领域。

中外双边环境合作协议

附录三

第三条

双方的合作可通过以下方式进行：

（一）交换有关信息和科学家，包括考察和在专门的培训及研究单位进行培训；

（二）共同举办由科学家、专家、环境管理人员和其他有关人员参加的研讨会、专题讨论会及其他会议；

（三）实施双方商定的合作计划；

（四）双方同意的其他合作方式。

第四条

为实现本协定之目的，双方将促进两国环保部门及从事环保工作的团体和企业之间建立和发展直接的接触和联系。但对上述合作组织之间的契约，双方均不承担责任。

第五条

本协定规定下的合作活动应依照双方各自国家的法律法规，在可能利用的资金和其他资源范围内进行。

第六条

双方或双方确认的合作项目实施部门，在执行具体合作项目时，可根据本协定另行签订具体合作项目的执行协议。

第七条

本协定的任何规定不影响双方在此之前参加的国际条约、协定规定的权利和义务。

第八条

为联系与本协定有关事宜，检查与评价本协定的实施情况，制定双方在一定期间内的合作计划，并于必要时为双方提供加强本协定范畴内合作的具体办法，双方将自本协定签字之日起六个月内各自指定一名或几名协调员。

原则上，双方协调员每年一次轮流在中华人民共和国和巴基斯坦伊斯兰共和国召开例会。

参加会议的国际旅费由派遣方负担，国内费用根据对等原则由接待方负担。

第九条

经双方同意，可对本协定进行修改。

第十条

本协定自签字之日起生效，有效期五年。除非任何一方在期满前六个月以书面形式通知对方终止本协定，否则本协定有效期将自动延长五年，并依此法顺延。

本协定于 1996 年 12 月 1 日在伊斯兰堡签订，一式两份，每份均用中文和英文写成，两种文本同等作准。

中华人民共和国国家环境保护局和波兰共和国环境保护、自然资源和林业部环境保护合作协定

中华人民共和国国家环境保护局和波兰共和国环境保护、自然资源和林业部（以下简称"双方"）

认识到环境问题的全球性，以及国际合作对解决这些问题的重要性；遵照1992年里约热内卢环境与发展宣言所确定的目标和原则；相信双方在环境保护领域的合作是互利的，并能促进两国友好关系的进一步发展。

达成协议如下：

第一条

双方将在平等互利的基础上促进在环境保护领域内的合作，并充分考虑和尊重两国的利益。

第二条

双方将在以下领域开展合作：

（一）水污染及大气污染监测技术；

（二）污水处理技术；

（三）流域环境管理；

（四）清洁煤技术；

（五）自然资源的保护及合理利用；

（六）环境教育和公众参与；

（七）生物多样性保护；

（八）双方同意的与保护和改善环境有关的其他领域。

第三条

双方的合作须通过以下方式进行：

（一）有关信息和资料的交换；

（二）互派专家、学者和代表团；

（三）共同举办由科学家、专家、环境管理人员和其他有关人员参加的研讨会、专题讨论会及其他会议；

（四）双方同意的其他合作方式。

第四条

本协定下的合作活动应在双方各自国家法律法规允许，以及在可能利用的资金和其他资源的范围内进行。原则上，双方应各自负担实施本协定下活动所需的费用。但具体项目应根据单独项目协议作出安排。

第五条

为进行与本协定有关事宜的联系，检查与评价本协定的实施情况，制订双方在一定期间内的合作计划，并于必要时为双方提供加强本协定范畴内合作的具体办法，双方自本协定签字之日起六个月内各指定一名或几名协调员。

原则上，双方协调员每年一次轮流在中华人民共和国和波兰共和国召开例会。参加会议的国际旅费由派遣方负担，国内费用根据对等原则由接待方负担。

第六条

经双方同意，可对本协定进行修改。

第七条

本协定自签字之日起生效，有效期五年。除非任何一方在期满前六个月以书面形式通知对方终止本协定，否则本协定有效期自动延长五年，并依此法顺延。

本协定于 1996 年 12 月 2 日在北京签订，一式两份，每份均用中文、波兰文和英文写成，三种文本同等作准。如对本协定在解释上发生分歧，以英文本为准。

中外双边环境合作协议

附录三

中华人民共和国政府和法兰西共和国政府
环境保护合作协定

中华人民共和国政府和法兰西共和国政府（以下简称"双方"）

为了进一步发展两国间的友好合作关系,并考虑到1992年联合国环境与发展大会所确定的目标和原则以及中法两国政府间所签订的合作协定,愿在环境保护与合理利用自然资源方面进行长期密切的合作。

达成协议如下:

第一条

双方将在平等互利的基础上,实施与开展有关环境保护和合理利用自然资源的双边合作。

第二条

双方将在以下与环境保护有关的领域开展合作:

（一）河流流域的综合污染防治;

（二）大气、水和土壤的污染防治,以及城市与工业废弃物的处置与管理;

（三）自然保护区的管理及滨海地区和生物多样性的保护;

（四）节能及无污染或少污染能源的利用;

（五）清洁生产技术;

（六）环境教育、培训和宣传;

（七）环境监测、评价技术及环境质量的预测预报;

（八）环境保护和自然资源利用的法律、法规、政策,特别是有关的经济刺激和鼓励政策;

（九）双方同意的与保护和改善环境有关的其他领域。

第三条

双方的合作可通过下述方式进行:

（一）双方共同制订合作计划；

（二）双方专家互访并对所选定的合作项目进行信息和经验等方面的交流；

（三）交换有关环境保护的研究、技术、产业、政策及法律、法规等方面的信息和资料；

（四）实施双方商定的合作计划，包括开展有关合作研究和举办有关环境保护的研讨会、专题讨论会及其他活动；

（五）双方同意的其他合作形式。

第四条

根据本协定的目的，双方应积极鼓励两国政府机构间和民间团体间，特别是两国工业企业间，在各自国家法律法规允许的前提下进行环境保护及合理利用自然资源等方面的交流与合作。

从本协定下的活动中所获得的、不受知识产权保护的信息，除了出于国家安全或商业、工业秘密考虑而不得透露外，双方的科学界均可获得。

第五条

负责本协定实施的组织和协调工作的各自政府部门：

中方为中华人民共和国国家环境保护局；

法方为法兰西共和国环境部。

第六条

（一）为进行与本协定有关事宜的联系，检查与评价本协定的实施情况，制定双方在一定时期内的合作计划，双方负责实施本协定的政府部门在本协定签字之日起三个月内各自指定一名协调员。

（二）根据需要，双方协调员可轮流在中国和法国会面，以便确定未来合作的具体方案。

（三）参加本协定下协调员会议以及其他有关工作会议人员的国际旅费和生活费由派遣方负担，会议组织费用根据对等的原则由接待方负责。

第七条

本协定下的合作活动应在双方可利用资源的范围内进行。具体合作项目和活动所需的费用应根据双方为此而达成的专门协议分担。双方愿鼓励寻求旨在

实施环境保护合作计划的多边资金。

第八条

本协定的任何规定不影响双方在已有的双边及多边条约和协定中所享有的权利和承担的义务。

第九条

经双方同意，可对本协定进行修改。

第十条

双方如果在本协定的解释和实施方面发生争议，且不能通过第五条所指定的政府部门协商解决时，将通过外交途径解决。

第十一条

本协定自签字之日起生效，有效期为五年。除非任何一方在有效期满前六个月以书面形式通知另一方终止本协定，本协定将自动延长五年，并依此法顺延。

本协定的终止不应影响在本协定下正在实施而在协定终止时尚未完成的计划或项目，除非双方另有约定。

本协定于 1997 年 5 月 15 日在北京签订，一式两份，每份均用中文和法文写成，两种文本同等作准。

中华人民共和国政府与乌兹别克斯坦共和国政府环境保护合作协定

中华人民共和国政府和乌兹别克斯坦共和国政府（以下简称"双方"）

认识到，环境问题的区域性和全球性以及通过国际合作寻求有效、持久的解决方法的紧迫性和协调两国共同行动的重要性；

遵照 1992 年里约热内卢环境与发展宣言所确定的目标和原则；

相信双方在环境保护与合理利用自然资源方面的合作是互利的，并能促进两国友好关系的进一步发展。

达成协议如下：

第一条

双方将在平等互利的基础上，实施与开展有关环境保护和合理利用自然资源的双边合作。

第二条

双方将在以下领域开展合作：

（一）水污染及大气污染监测技术；

（二）环境科学技术研究；

（三）环境教育、培训和宣传；

（四）自然保护区的管理和生物多样性的保护；

（五）清洁生产；

（六）自然资源和环境保护的法律、法规、政策和标准，包括工业生产和产品的环境标准；

（七）双方同意的与保护和改善环境有关的其他领域。

第三条

双方的合作可通过以下方式进行：

中外双边环境合作协议

附录三

（一）有关信息和资料的交换；

（二）互派专家、学者、代表团和培训人员；

（三）共同举办由科学家、专家、环境管理人员和其他有关人员参加的研讨会，专题讨论会及其他会议；

（四）实施双方商定的合作计划，包括开展联合研究；

（五）双方同意的其他合作方式。

第四条

为实现本协定之目的，双方将促进两国环境保护部门及从事环境保护工作的团体和企业间建立和发展直接的接触和联系。但对上述合作组织间的契约，双方均不承担责任。

第五条

负责本协定实施的组织和协调工作的各自政府部门：

中方为中华人民共和国国家环境保护局；

乌方为乌兹别克斯坦共和国国家自然保护委员会。

第六条

为进行与协定有关事宜的联系，检查与评价本协定的实施情况，制定双方在一定期间内的合作计划，并于必要时为双方提供加强本协定范畴内合作的具体办法，双方自本协定签字之日起六个月内各自指定一名或几名协调员。

原则上，双方协调员每两年一次轮流在中华人民共和国和乌兹别克斯坦共和国召开例会。参加会议的国际旅费由派遣方负担，国内费用根据对等原则由接待方负担。

第七条

本协定下的合作活动应在双方各自国家法律法规允许，以及在可能利用的资金和其他资源的范围内进行。

第八条

本协定的任何规定不影响双方在已有的双边及多边条约和协议中所享有的权利和承担的义务。

第九条

经双方以书面形式同意，可对本协定进行修改和补充，并将其记入附件。该附件是本协定不可分割的一部分。

第十条

本协定自签字之日起生效，有效期五年。除非任何一方在期满前六个月以书面形式通知对方终止本协定，否则本协定有效期自动延长五年，并依此法顺延。

本协定于 1997 年 12 月 21 日在北京签署，一式两份，每份均用中文、乌兹别克文和英文写成，三种文本同等作准。在解释上发生歧义时，以英文本作准。

中华人民共和国香港特别行政区规划环境地政局与加拿大环境部有关环境事宜合作的谅解备忘录

中华人民共和国香港特别行政区规划环境地政局与加拿大环境部（以下简称"参与双方"）

关于全球性主要环境问题的特质，认同：

——所有政府都共同关注到必须推行以可持续发展为目标的政策；

——各环境当局的合作，在国内和国际层面上都有相互的利益；

——良好的经济和社会政策，有赖发展和实施根据环境研究和监测而制定的预防性环境措施和管制。

为此，达成以下谅解：

1. 参与双方将会在公平、互惠和互利的基础上，保持和加强在环境事务方面的合作。在适当时和经相互决定后，政府的其他阶层或其他社会组织亦可参与。

2. 参与双方将会向对方提供环境事宜的资料，以及就个别计划进行重要的环境研究、监测、对社会经济的影响，以及有关规管和政策因素等资料。

3. 如在根据本谅解备忘录进行合作活动时产生知识产权，参与双方都要确定如何在其司法管辖范围内分配此等福利；此外，除非某一计划安排另有规定外，参与双方亦须决定如何在第三司法管辖内分配该等权利。

4. 除了交换资料外，亦可采用其他符合研究问题性质的合作形式。此等合作活动的细则，将由参与双方适当的官员通过书信来制订。以下是双方初步认为须优先处理及致力推行的项目：

（1）可持续发展

（2）管制温室气体排放

（3）防止污染、减少废物及无污染科技

（4）综合污染管制（综合所有环保媒介）

（5）有毒空气污染及其于大气层及室内环境的管制

（6）保护环境的经济措施

（7）环境管理系统及其于私营及公营机构的推行情况

（8）建议政策的策略性环境评估

（9）保护区和野生动物保育

（10）从废物中回收资源，例如废物焚化发电技术、填埋区沼气的运用等

参与双方将会发展一项计划，以期在上述范畴进行有关活动，其中包括交换有关从业员，以及在环境技术和科技等方面进行联合研究和发展计划。

5. 除非另外作出决定，否则参与双方均须提供充分资源来履行其责任，执行上文第 4 条所述的计划。参与双方均明确了解各方是否具备能力来履行承诺，须视该方是否具备所需条款。

6. 香港特别行政区环境保护署和加拿大环境问题的太平洋及育空地区将会负责统筹第 4 条所述计划的管理工作。双方面将会发展一项工作计划，以期在这些范围进行有关活动，并由上述统筹办事处每年作出检讨。有关办事处亦会与香港环保署和加拿大环境部负责个别计划的高级经理磋商，以期进一步让香港和加拿大其他适当的团体（政府、商界和学界）参与谅解备忘录的活动。

7. 这份谅解备忘录在双方签订之日起生效，有效期五年。根据备忘录所提出的任何安排，如在谅解备忘录终止时仍未完成，将不受到谅解备忘录的终止所影响。

8. 这份谅解备忘录在获得参与方书面同意的情况下，可随时加以修订或伸展。

1998 年 1 月 14 日在香港特别行政区签订，一式两份，每份都用中文、英文及法文写成，三种文本具有同等效力。

中外双边环境合作协议

附录三

中华人民共和国国家环境保护局与加拿大环境部
环境合作备忘录

中华人民共和国国家环境保护局和加拿大环境部（以下简称"双方"）

认识到，环境问题的区域性和全球性以及通过国际合作寻求有效、持久的解决方法的紧迫必须协调两国共同行动的重要性；

遵照 1992 年里约热内卢环境与发展宣言所确定的目标和原则；

确认双方第一个五年合作中所开展的项目和活动是有益的；

相信双方在环境保护与合理利用自然资源方面的合作是互利的，并能促进两国友好关系的进一步发展。

达成如下谅解：

第一条

双方将在平等互利的基础上，实施与开展有关环境保护和合理利用自然资源的双边合作。

第二条

双方将在以下领域开展合作：

（一）水污染治理、大气污染治理和气候变化（包括监测技术）；

（二）环境科学技术研究；

（三）环境教育、培训和宣传；

（四）自然保护区的管理和生物多样性的保护；

（五）清洁生产技术；

（六）自然资源利用和环境保护的法律、法规、政策和标准，包括工业生产和产品的环境标准；

（七）双方同意的与保护和改善环境有关的其他合作领域。

第三条

双方的合作可通过以下方式进行：

（一）有关信息和资料的交换；

（二）互派专家、学者、代表团和培训人员；

（三）共同举办由科学家、专家、环境管理人员和其他有关人员参加的研讨会，专题讨论会及其他会议；

（四）实施双方商定的合作计划，包括开展联合研究；

（五）双方同意的其他合作方式。

第四条

为执行本备忘录，双方将促进两国环境保护部门及从事环境保护工作的团体和企业间建立和发展直接的接触和联系。但对上述合作组织间的任何备忘录，双方均不承担责任。

第五条

本备忘录中无任何影响双方知识产权的内容，且不应将其解释为有损于双方的知识产权。在合作中，如果可以预见到将会涉及双方的知识产权，双方则应根据各自国家的法律事先就此达成一致，以确保知识产权得到保护和分配。

第六条

负责本备忘录实施的组织和协调工作的部门：

中方为中华人民共和国国家环境保护局；

加方为加拿大环境部。

第七条

为检查与评价本备忘录的实施情况，制定双方在一定时期内的年度合作计划，并于必要时提供加强本备忘录下合作的具体办法，双方自本备忘录签字之日起六个月内各自指定一名或几名协调员。

原则上，双方协调员每两年一次轮流在中华人民共和国和加拿大召开例会。参加会议的国际话费由派遣方负担，国内费用根据对等原则由接待方负担。

第八条

本备忘录下的合作活动应在双方各自国家法律法规允许以及在可能利用的

资金和其他资源的范围内进行。

第九条

本备忘录的任何规定不影响双方在已有的双边及多边条约和谅解中所享有的权利和承担的义务。

第十条

经双方以书面形式同意，可对本备忘录进行修改和补充，并将其记入附件。该附件是本备忘录不可分割的一部分。

第十一条

本备忘录自签字之日起生效，有效期五年。除非任何一方至少在有效期满前六个月以书面形式通知对方终止本备忘录，否则本备忘录有效期将自动延长五年，并依此法顺延。

本备忘录于 1998 年 1 月 16 日在北京签署，一式两份，每份均用中文、英文和法文写成，三种文本同等作准。

中华人民共和国政府国家环境保护局和大不列颠及北爱尔兰联合王国政府关于环保合作谅解备忘录

一、中华人民共和国政府和大不列颠及北爱尔兰联合王国政府（以下简称"两国政府"），意欲增进两国之间的友谊与合作，考虑到 1992 年联合国环境与发展大会制定的目标和原则，期望在中国自然和物质环境保护与更有效管理方面从事长期合作，因此，达成谅解如下。

二、两国政府将在平等互利的基础上进行和加强环境双边合作。

三、双方可以在以下的优先环保领域寻求合作：

（1）空气污染的预防、控制与监测；

（2）可再生自然资源的利用与能源效益；

（3）生物多样性的保护，包括控制濒危物种贸易的措施；

（4）工业污染，其预防与控制以及更清洁的生产技术；

（5）水资源管理以及对地面淡水、地下水及海水污染的防治；

（6）城市固体废物的管理以及对有毒有害废物的处理；

（7）环境管理，调控框架，经济手段，及其实施与监督；

（8）可持续交通运输系统；

（9）环境规划与集水区域综合管理；

（10）气候变化，其影响和对应战略。

四、在此项目安排范围内的合作可以以如下的形式进行：

（1）两国政府均参与新项目的准备；

（2）在以上第三节提及的各优先领域里交换及互派专家，作为依照本节所准备的项目之组成部分；如果有理由单独进行，也可在其他项目中交换专家；

（3）与项目有关的培训；

（4）有关科研政策、法律规定以及其他环保方面的信息交流与文件交换；

中外双边环境合作协议

附录三

（5）组织与以上第三节确认的优先领域有关的研讨会、实验课或会议；

（6）对以上第三节所确认的各优先领域进行妥善研究；

（7）共同参与进行中项目的实施、监测和评价；

（8）经两国政府批准的两国工作人员或代表互访对方国环保机构，以熟悉其环境管理的习惯作法；

（9）开展有关环境问题的一般性对话。

五、两国政府将依照此项安排的目标，积极促进两国国营和私营机构之间的联系与合作，尤其以加强对自然和物质环境的保护。

六、在根据此项安排开展的活动中所获得的有关信息，若不在知识产权法保护范围内，将对两国政府的科学界开放，这不包括由于国家安全或工商业秘密的原因而不能公开的那些信息。

七、在此项安排范围内，负责组织和协调工作的主管部门中方的将为中华人民共和国国家环境保护局，英方的将主要为国际发展部和环境、交通及地区事务部，而外交及联邦事务部则担任一个协助配合的角色。中国国家环保局应将首先与英国驻北京领使馆的官员联系。作为此项安排的补充，英国环境部门与中国其他的有关机构、中国国家环保局与英国其他机构也可进行合作。

八、负责实施此项安排的各国政府主管部门将各任命一位主要协调人以负责联络事宜。英方这一职务将由国际发展部的中国方面经理担任。

九、必要时，两国政府的协调人员将在中国或英国会晤，以讨论未来合作的具体建议。

十、根据对等原则，与这些协调会议有关的旅行及生活费用将由旅行一方的政府支付，而组织此类会议的费用将由接待一方的政府承担。

十一、在此项目安排框架范围内的合作将在各国政府财力限度内进行。与合作项目或其他活动有关的实际费用，将按照为各项目所做的安排，由两国政府分担。

十二、两国政府还将鼓励使用多边资助以允许较大的环保项目得以实施，而英国已为若干多边开发银行、全球环境基金、《蒙特利尔议定书》多边基金的重要捐助国。

十三、此项安排可以经两国政府的共同批准获得修改。有关此项安排的解释，将通过恰当的外交途径作出任何澄清。

十四、此项安排将于签署之日起生效，有效期为五年，五年之后将通过续签每五年延长一次。任何一方政府可以随时终止此项安排，但须提前六个月以书面通知另一方。

十五、除非两国政府作出与之相悖的决定，此项安排的终止将不影响根据此项安排正在实施过程中的任何计划和项目。

十六、上述记录代表大不列颠及北爱尔兰联合王国政府与中华人民共和国政府就其中提到的问题所达成的各项谅解，于 1998 年 6 月 17 日在北京签署，一式两份，每份都用英文和中文写成两种文本均具有同等效力。

中华人民共和国政府和加拿大政府面向 21 世纪环境合作框架声明

中华人民共和国政府和加拿大政府（以下简称"双方"）对可持续发展均有承诺并肩负责任。中加两国地域辽阔，民族众多，地理和气候跨度大，双方的合作可从各自的经验中取长补短。双方认识到其不断扩大的在环境问题上的合作符合双方的利益并共同受益。

双方已经签署若干协议，包括中华人民共和国政府和加拿大政府发展合作总协定、气象合作谅解备忘录、环境合作谅解备忘录以及可再生能源和能源效率谅解备忘录。

双方还通过中国环境与发展国际合作委员会正进行着成功的合作，支持了中国政府在促进环境可持续发展方面所作出的努力。

为迎接 21 世纪的到来，双方制定如下的框架声明，以进一步开展环境领域的合作：

——双方将继续遵循双边协议以及国际宣言、公约和协议，如环境和发展里约宣言、生物多样性公约、气候变化框架公约和京都议定书中的原则进行环境合作。

——双方将在更广泛的环境领域继续加强已有的双边合作。

——双方将开展和实施具体的合作项目，以迎接气候变化的挑战。

——双方将在下列领域继续开展合作：大气、水资源管理、废物管理、清洁生产、能源效率、森林、可持续农业和生物多样性等。将通过包括机构能力建设、人力资源开发、环境保护意识提高和示范项目等具体措施加以实施。

本框架声明下的合作项目和活动可以采取下列形式进行：温室气体零排放或低排放技术转让；人员培训；政策、法规、标准、规范的制定和执行；鼓励私营企业投资；通过专家互访、组织研讨会和专题讨论会开展合作研究和技术交流。

有关温室气体减排方面可进行项目级合作，具体包括：提高能效、节约能源、可替代燃料、运输和清洁生产、增加碳汇、气候监测和预报、对气候变化和气候易变性影响的适应性措施。

双方将期望尽早在清洁发展机制下寻求最新高效技术方面的合作机会。

双方将积极鼓励和支持政府组织和机构、学术和研究机构、非政府组织、国营和私营企业建立和加强联系，开展合作项目和相应的活动。

双方将通过有关部门、机构和委员会，保持经常性对话，以就本框架中的活动包括气候变化方面的事宜交换意见。

双方决定成立中加环境合作联合委员会，以协调与本框架有关的活动。该委员会由两国与环境有关的部门、机构和委员会的代表组成。中国国家环境保护总局将是该委员会中方的牵头单位。加拿大环境部将是该委员会加方的牵头单位。本框架声明实施情况将定期向各自政府领导人报告。

本框架声明于 1998 年 11 月 19 日在北京签署，分别用中文、英文和法文写成。

中外双边环境合作协议

附录三

中华人民共和国国家环境保护总局与斯里兰卡民主社会主义共和国森林与环境部环境保护合作协定

中华人民共和国国家环境保护总局与斯里兰卡民主社会主义共和国森林与环境部（以下简称"双方"）

认识到，环境问题的区域性和全球性以及通过国际合作寻求有效、持久的解决方法的紧迫性和协调两国共同行动的重要性；

遵照 1992 年里约热内卢环境与发展宣言所确定的目标和原则；

相信双方在环境保护与合理利用自然资源方面的合作是互利的，并能促进两国友好关系的进一步发展。

达成协议如下：

第一条

双方将在平等互利的基础上，实施与开展有关环境保护和合理利用自然资源的双边合作。

第二条

在以下领域，双方将开展协商一致的合作：

（一）自然保护区的管理和生物多样性的保护；

（二）水污染及大气污染监测技术；

（三）环境教育、培训和宣传；

（四）环境科学技术研究；

（五）清洁生产；

（六）自然资源和环境保护的法律、法规、政策和标准，包括工业生产和产品的环境标准；

（七）双方同意的与保护和改善环境有关的其他领域。

第三条

双方的合作可通过以下方式进行：

（一）有关信息和资料的交换；

（二）互派专家、学者、代表团和培训人员；

（三）共同举办由科学家、专家、环境管理人员和其他有关人员参加的研讨会、专题讨论会及其他会议；

（四）实施双方商定的合作计划，包括开展联合研究；

（五）双方同意的其他合作方式。

第四条

为实现本协定之目的，双方将促进两国环境保护部门及从事环境保护工作的团体和企业间建立和发展直接的接触和联系。但对上述合作组织间的契约，双方均不承担责任。

第五条

负责本协定实施的组织和协调工作的各自政府部门：

中方为中华人民共和国国家环境保护总局。

斯方为斯里兰卡民主社会主义共和国森林与环境部。

第六条

为进行与协定有关事宜的联系，检查与评价本协定的实施情况，制定双方在一定期间内的合作计划，并于必要时为双方提供加强本协定范围内合作的具体办法，双方自本协定生效之日起六个月内各自指定一名协调员。

原则上，双方协调员每两年一次轮流在中华人民共和国和斯里兰卡民主社会主义共和国召开例会。参加会议的国际旅费由派遣方负担，国内费用根据对等原则由接待方负担。

第七条

本协定下的合作行动应在双方各自国家法律法规允许，以及在可能使用的资金和其他资源的范围内进行。

第八条

本协定的任何规定不影响双方在已有的双边及多边条约和协议中所享有的

中外双边环境合作协议

权利和承担的义务。

第九条

经双方书面同意，可对本协定进行修改和补充，修改和补充将作为本协定的附件。该附件是本协定不可分割的一部分。

第十条

本协定自签字之日起生效，有效期五年。除非任何一方在期满前六个月以书面形式通知对方终止本协定，否则本协定有效期将自动延长五年，并依此法顺延。

本协定于 1998 年 12 月 18 日在北京签署，一式两份，每份均用中文、僧加罗文和英语写成，三种文本同等作准。如在解释上发生分歧，以英文本为准。

中华人民共和国政府与加拿大政府环境合作行动计划

背景与进展

1998 年 11 月，中华人民共和国政府与加拿大政府（以下简称"双方"）签署了《面向二十一世纪的环境合作框架声明》（以下简称"框架声明"）。该"框架声明"是指导两国双边环境合作关系迈向 21 世纪的重要文件。

自 1998 年 11 月签署"框架声明"以来，双方实施了以下项目和活动：

· 1998 年 12 月 9—11 日，中国气象局与加拿大环境部共同主办了大气探测系统研讨会，以探讨一些新技术、通信网络、数据处理与传输系统以及网络战略的应用；

· 1999 年 3 月 22—25 日，海河流域污染控制技术研讨会在北京召开，以讨论废水的利用、水管理的生态系统方式以及污染预防这些问题；

· 1999 年 3 月 30 日—4 月 2 日，在加拿大协助下，国际示范林网络研讨会在浙江召开，以探讨临安加入国际示范林网络的可能性；

· 1999 年 4 月 5—18 日，中国气象局代表团访问加拿大，在现代化、灾害预防、商业活动和遥感方面进行了对话与交流，还为探讨双方所关注的与气候变化科学相关的创新技术和网络技术以及包括空气质量、适应性及影响在内的环境预测方面提供了合作的机会；

· 1999 年 4 月 12—13 日，中加促进气候变化合作研讨会北京召开，目的在于帮助双方确定潜在的合作活动、更好地了解中国的能力建设和技术需求的情况，并探讨解决这些需求的技术问题。

今后合作领域

根据"框架声明"，双方就 1999—2000 年度联合行动计划的主要内容达成一致意见。本行动计划的内容是建立在根据一系列具体的双边协议所进行的努力基础之上的，这些协议包括：中华人民共和国政府与加拿大政府发展合作总协议、气象合作计划谅解备忘录、环境合作谅解备忘录以及再生能源与能效谅解备忘录。

本行动计划的内容反映出双方在广泛的环境优先领域扩大合作的共同兴趣以及确立并实施合作项目的愿望，以迎接与可持续发展和环境相关的挑战。这一方式通过双方在环境优先领域的合作已经使两个国家受益，这些领域包括能源效率、清洁生产、减灾、自然资源保护及水域管理，这些活动除带来其他益处外还有助于增加碳汇。本计划还反映了双方通过中国环境与发展国际合作委员会来支持中国政府在促进可持续发展方面所做的努力而建立起来的成功的工作关系。

双方将通过吸收各自的有关政府部门和各有关方面的参与积极推动和寻求建立以下领域的项目与活动的合作：

1. 能源与环境

• 清洁能源和能源效率。政府间开展清洁能源、提高能源效率和替代能源的技术交流等方面的研究与合作，这些活动将有助于减少空气污染和温室气体排放；

• 城市空气质量。政府间从能源利用的角度开展空气质量监测和逐步减少城市空气污染的研究与合作。

2. 污染防治

• 清洁生产；

• 环境技术认证——提出在中国建立环境技术认证计划的政策方案。

3. 自然资源管理与利用

• 内蒙古自治区的综合扶贫和生物多样性保护；

- 内蒙古自治区草原的可持续农业和牲畜生产；
- 防洪和水资源管理；
- 小流域治理；
- 可持续林业；
- 中国自然保护区的可持续管理——支持实施中国 21 世纪议程和生物多样性行动计划，提出关于改善那些在支持可持续发展的同时又保护生物多样性的自然保护区的建立与管理的政策建议。

4. 能力建设

- 在人力资源管理、风险分析、性能衡量和复杂系统一体化等方面协助诸如中国气象局这样的中国机构的能力建设；
- 通过共享研究方法和技术，合作研究课题，交换研究数据、成果和改进了的模型来建立研究人员之间的联系；
- 公共部门运作的环境管理。

5. 中国环境与发展国际合作委员会

- 继续加强委员会框架下的各项活动。

6. 其他

双方可在与各相关政府部门和各有关方面协商后，制定和实施双方共同感兴趣的其他项目。

今后合作方式

除了继续进行上述倡议之外，为了更好地协调上述项目和活动，双方正着手建立中国—加拿大环境合作联合委员会。中国方面由国家环境保护总局牵头，由多个政府部门、相关方面共同参与联合委员会工作。加拿大方面组成一个由加拿大环境部牵头，由多部门、多方面参与的、密切协调的加拿大团队的方式参与联合委员会的工作。

联委会成立会议将于 1999 年夏天或秋天在中国举行。加拿大同意 2000 年 3 月在温哥华主办第 2 次会议。在第 1 次会议上，联委会将审议工作进展以确

中外双边环境合作协议

附录三

保"框架声明"对不断出现的双方共同关心的环境问题做出反应。

此行动计划于 1999 年 4 月 16 日在渥太华签订，一式两份，每份均用中文、英文和法文写成，三种文本同等作准。

中华人民共和国国家环境保护总局与哥伦比亚共和国环境部环境合作协定

中华人民共和国国家环境保护总局和哥伦比亚共和国环境部（以下简称"双方"）

认识到环境问题的区域性和全球性，以及通过国际合作寻求持久有效的解决方法的紧迫性和协调两国间共同行动的重要性；

致力于实现《里约环境与发展宣言》所确定的目标和原则；

确信双方在环保领域的合作是互利的，并将促进两国友好关系的发展。

达成协议如下：

第一条

双方应在平等互利和对等的基础上，实施与开展环境保护和合理利用自然资源的双边合作项目。

第二条

双方应在以下领域开展协商一致的合作：

一、海洋生态系统和海岸带保护及污染控制。

二、自然保护区的建立与管理

三、生物多样性保护；

四、中小企业的环境管理；

五、环境无害技术的研究与开发；

六、提高环境意识，包括环境教育与公众参与；

七、双方商定的与保护和改善环境有关的其他合作领域。

第三条

双方的合作可采取以下方式：

一、交换重要信息和资料；

二、互派专家、学生、代表团和实习人员；

三、共同举办由科学家、专家、环境管理人员和其他有关人员参加的研讨会、专题讨论会及其他会议；

四、实施双方商定的合作计划，包括开展联合研究；

五、双方商定的其他合作方式。

第四条

负责本协定实施和协调工作的各自部门：

中方为中华人民共和国国家环境保护总局；

哥方为哥伦比亚共和国环境部。

第五条

为执行本协定，双方应鼓励两国环境保护部门及从事环境保护工作的团体和企业之间建立和发展直接的接触和联系，但对上述组织间达成的协议，双方均不承担责任。

第六条

为就本协定所涉事宜建立联系，检查与评价本协定的实施情况，制定在一定时期内的合作计划，并在必要时为加强根据本协定开展的合作提供具体手段，双方应自本协定生效之日起六个月内各自指定一名负责组织必要的联系工作的协调员。

原则上，双方协调员每两年一次轮流在中华人民共和国和哥伦比亚共和国举行例会。与会所需国际旅费由派遣方负担，与会议有关的国内旅费由主办国对等负担。

第七条

本协定的任何内容应不影响双方根据其各自国家缔结或参加的国际条约所承担的权利和义务。本协定下的合作将受双方各自国家现行适用法律和法规的制约，并在可支配的资金和其他资源范围内进行。

第八条

本协定自签字之日起第 30 日生效，有效期五年。任何一方可在期满前三个月内以书面形式通知另一方终止本协定，否则本协定可通过双方交换函件方式延长五年。

本协定于 1999 年 5 月 14 日在北京签订，一式两份，每份均用中文和西班牙文写成，两种文本同等作准。

中外双边环境合作协议

中华人民共和国国家环境保护总局与澳大利亚 环境和遗产部环境合作行动计划

背景

1995 年 4 月，中华人民共和国国家环境保护局（现国家环境保护总局）与澳大利亚环境、体育和领土部（现澳大利亚环境和遗产部）签署了《环境合作谅解备忘录》（以下简称"备忘录"）。该备忘录指导着两国环境部门（以下简称"双方"）的环境合作，自备忘录生效以来双方已开展了一系列活动。

1996 年 7 月，澳大利亚环境和遗产部（以下简称"澳环境部"）部长罗伯特·希尔（Robert Hill）参议员访华，与国家环境保护局解振华局长举行了会谈。会谈中双方一致同意今后将加强环境领域的双边合作。

1997 年 3 月，中国国家环境保护局解振华局长率团访问澳大利亚，与澳大利亚外交部长唐纳和环境部长希尔参议员分别进行了会谈，双方就全球和区域环境问题协调了立场。此次访问进一步推动了双边环境合作关系的发展。

1999 年 5 月和 7 月，澳环境部副国务秘书安希·蒂妮访华，并与中国国家环境保护总局（以下简称"中国环保总局"）祝光耀副局长进行了会谈，双方就共同关心的环境问题和环保合作项目交换了意见。

1999 年 7 月，中澳环保产业研讨会在北京召开。会议旨在开拓两国在环保产业领域的技术合作与商业机会。来自两国政府、企业和商业界的代表出席了研讨会。

两国在环境领域连续不断的互访推动了在环境法律与法规、污染控制和预防、环境影响评价、危险废物管理与处置、环保产业发展、清洁生产、可替代能源技术和核废料安全管理等领域的交流。

双方认识到根据备忘录将继续开展合作，决定在本行动计划中记录双方建立有效合作机制的共同目标并确定近期内能使两国在环境合作领域取得实际效果的合作倡议。

今后的合作方式

为更好地协调有关环境活动，进一步推动双边环境合作，双方决定建立中澳环境合作联合委员会（以下简称"联委会"）。联委会将审议本行动计划下项目实施的进展，并在条件允许的情况下提出新倡议。

通过该联委会，预计可把澳大利亚在环境领域的优势与中国环境保护的工作重点密切结合起来，避免重复工作，建立各项目间的协调关系，监督工作进展，确立未来的倡议，并宣传项目所取得的成果。

此外，联委会还可讨论包括协调地区和全球环境事务立场在内的其他双方所共同关心的问题。

双方各一名高级官员将担任联委会的两个主席。联委会还将利用在中国或澳大利亚召开的其他论坛带来的会面机会。

今后的合作领域

双方已决定要探讨的主要内容。本行动计划附件一中列出内容反映出双方在优先环境领域扩大合作的共同兴趣以及确立并实施合作活动的愿望，以迎接与可持续发展和环境保护相关的挑战。这一方式通过双方在优先环境领域的合作预计将使两个国家受益，这些领域包括法律与法规、农村生态保护、能源与环境、自然资源保护及能力建设。

通过各自有关部门和企业界的参与，双方将寻求资金，推动和实施附件一中所建议的合作活动。

本行动计划附件一所列的主要内容将在联委会例会上审议。

本行动计划自签字之日起生效，有效期五年。在本行动计划期满前六个月，双方可协商延续其有效期。任何一方可在有效期内以书面形式通知另一方终止本行动计划。本行动计划可在一方向另一方提出书面通知六个月后终止。本行动计划的终止将不影响在本行动计划下业已开展，但在本行动计划终止时尚未完成的具体活动的有效性或期限。

本行动计划于 2000 年 5 月 11 日在北京签订，一式两份，每份均用中文和英文写成，两种文本同等作准。

附件一：

中国和澳大利亚建议的合作活动

此行动计划将在资金许可的条件下首先执行下列经双方同意的项目。经联委会同意，可以增加本附件中所列的项目。

一、法律法规

1. 空气污染

双方可协助加强中国和澳大利亚大气领域研究机构间的联系，澳环境部可以提供"澳大利亚全国环境保护措施"（NEPM）中的"大气质量计划"的信息，包括计划制定的过程和方法。澳大利亚全国环境保护措施确定了六种参照性污染物的国家标准：一氧化碳、二氧化硫、二氧化氮、颗粒物（例如 PM_{10}）、铅和光化学氧化物（例如臭氧）。澳方也可提供澳制定的国家大气有毒污染物及室内空气质量管理战略方面的信息和进展。澳大利亚商业界可展示通过清洁生产减少空气污染的实用措施。澳环境部可安排有关澳大利亚各级政府、工业界和社区团体是如何建立减少空气污染的有效合作方式的讨论。

2. 臭氧层保护

双方可探讨援助机会，以协助中国履行《蒙特利尔议定书》中规定的控制臭氧层破坏物质的措施。这些机会可促进澳大利亚转让以下领域的技术和经验：

• 哈龙回收和销毁设施及淘汰哈龙战略；

• 甲基溴替代技术；

• 包括控制方案检查、立法和志愿工业计划在内的政策支持。

二、农村地区生态系统保护

1. 土地保护

澳大利亚"土地保护计划"是一个旨在促进长期可持续农业和自然资源管理的社区活动。澳环境部可邀请中方代表团访问当地土地保护团体和场所。

2. 湿地

中国的湿地生态系统面临着一系列威胁。许多湿地都是候鸟的重要栖息地。双方同意考虑在中国开展一个改善湿地管理的项目。此项目可将重点放在机构发展、湿地目录的建立和评估、改善湿地管理，以及培训和提高社区、政府官员及湿地管理者的意识。

三、能源与环境

1. 可再生能源

澳环境部可推动中国代表团对澳大利亚的访问，以便展示澳大利亚使用可再生能源的工业。访问的目的是展示澳大利亚在二氧化碳等温室气体减排方面的专长。对澳大利亚的访问也可促进在澳大利亚同电力行业的人员交流及其他培训和发展机会。澳环境部可与相关工业协会合作，鼓励在管理和技术专长方面开展人员交流项目。

双方可共同调查在中国召开一个温室气体减排技术的贸易展览会所需的步骤，并将重点放在可再生能源技术上。

四、自然资源的管理和利用

1. 最佳矿山环境管理实践

澳环境部负责管理最佳矿山环境管理实践计划，并可以将现有的中文版手

册提供给中国环保总局。双方可研究开发一个进行中国案例分析的中国本土矿山最佳环境管理实践项目。

2．生态计划

双方正继续研究在生态系统和森林的保护和可持续管理方面研究开展培训和技术能力建设的潜在合作活动。双方可与其他相关部门合作，探讨利用澳大利亚森林规划过程（"生态计划"）中编制的一个生物多样性评估和决策支持系统。这项合作可包括开发和实施一个省级示范项目，以展示澳大利亚"生态计划"的应用。

3．生物多样性/生物安全

澳环境部可考虑开发一些能协助中国实施《生物多样性公约》条款的活动，包括转基因活生物体越境转移的管理以降低对生物多样性和生物安全带来的风险。在条件许可的情况下，这些活动可包括向中国专家提供培训，以提高他们评估风险、确定和执行适当风险管理策略的能力。

五、能力建设

1．地方 21 世纪议程

中国环保总局可协助鼓励有关部门参与在中国开展一个或更多的地方 21 世纪议程示范研究，以便开发新方法，提高地方政府的能力，以期在生物多样性和能源消耗模式方面实现当地的可持续性。澳大利亚已经开发了协助澳地方政府制定地方 21 世纪议程规划的手册，其原则和方法可根据中国国情作出调整并用于协助开展示范研究。在制定包括地方环境核算在内的地方可持续性方法方面具有丰富经验的澳大利亚地方政府和其他专家，可在能收回全部成本的条件下协助在澳大利亚或中国进行的培训。

2．陆源污染

一个在中国东北地区的陆源污染项目可利用澳大利亚专长，以便与中国相应机构合作，使与港口、近海及海上作业有关的所有各方提高对陆源污染海洋的根源的意识和理解。

·此项目可在六个月内执行，从一个海滨城市做需求分析开始。然后召开两个或三个研讨会讨论需求分析的结果并形成战略。在这个过程中，中国可与澳大利亚合作，探索解决陆源活动造成海洋污染问题。

·此项目可作为东亚海协作体（COBSEA）所进行工作的补充，有助于实施"防止陆源活动污染海洋环境的东亚海区域行动计划"。

3．环境代表团

澳环境部欢迎中国环保总局和具有环境管理职能的其他中国政府部门的代表团访问澳大利亚，以便交流政府管理环境问题方法的信息。澳环境部还可与澳大利亚的州政府联络，以便使访问者接触到环境实践的全过程。澳环境部还可帮助中国访澳代表团接触到被政府管制或受其他管理手段影响的澳大利亚工业和社区团体，以及澳大利亚解决环境挑战的案例。

4．中国能力建设项目

澳大利亚国际发展署（AusAID）为一项中国能力建设项目提供资助。该能力建设项目是一个技术合作项目，旨在通过加强中央政府几个公共行业部门来促进中国向市场经济的过渡。此项目目的是提高有关机构在制定和执行与市场经济有关政策方面的能力并提高其向公共行业提供服务的能力。中国环保总局和澳环境部可考虑将中国能力建设项目作为潜在的合作机制。

六、其他

1．环保产业

双方正在开展一个中国环保产业联合研究项目，研究中国环保产业，分析中国环保市场动态，确定优先的环境需求。优先环境需求的确定可推动制定双方共同受益的倡议。

2．澳大利亚环保企业数据库

澳环境部可通过名为"环境网"（EnviroNET）的数据库网络，协助中国了解澳大利亚地方环境管理专长和技术的信息。澳"环境网"的网址如下：

http：//www.environment.gov.au/net/environet

3．中国环境信息

中国环保总局可向澳大利亚企业提供中国环境机构系统方面的信息，包括环境管理要求、环境法规、环境状况公报、环境保护优先领域和中国正在进行的活动。可获取的因特网网址如下：

http//www.scpacic.gov.cn

http//www.scpa-pck.unep.net

http//www.col.gov.cn

澳环境部可协助把中国从事可持续发展的研究团体或联合会的网址联接到澳"环境网"的网址上。中方应提供这些团体网址以及这些团体的简要介绍。

中华人民共和国政府和保加利亚共和国政府环境合作协定

中华人民共和国政府与保加利亚共和国政府（以下简称"缔约双方"）

认识到环境问题的区域性和全球性，以及通过国际合作寻求持久有效的解决方法的紧迫性和协调两国间共同行动的重要性；

遵照《里约环境与发展宣言》所确定的目标和原则；

确信缔约双方在环境保护与可持续发展领域的合作是互利的，并将进一步促进两国友好关系的发展。

达成协定如下：

第一条

缔约双方将在互利的基础上根据各自的财力和法律规定开展和实施环境保护和合理利用自然资源方面的双边合作项目。

第二条

缔约双方将在下列领域开展协商一致的合作活动：

◆空气污染控制

◆污水处理和水资源管理

◆固体废物管理

◆管理与保护生态敏感区域：湿地、自然保护区以及沿海海岸带区域

◆环境培训、教育及公众参与

◆涉及环境破坏的法律、机构及经济问题

◆环境科学研究及环境无害技术的开发

◆缔约双方同意的有关保护和改善环境的其他领域

第三条

缔约双方的合作可采取以下方式：

1．交换环境信息和资料；

2．互派专家、学者、代表团和培训人员；

3．共同举办由科学家、专家、环境管理人员和其他有关人员参加的研讨会、专题讨论会及其他会议；

4．缔约双方商定的其他合作方式。

第四条

为实现本协定之目的，缔约双方鼓励两国从事环境保护的机构、团体以及企业建立和发展相互接触。但对上述机构间的契约，缔约双方均不承担责任。

在各自国家适用法律和规章允许范围内，实施本协定框架下经缔约双方同意的合作项目所需的仪器、物资和服务应免除进口税。

第五条

中华人民共和国政府指定国家环境保护总局、保加利亚共和国政府指定环境与水资源部为本协定的实施机构（以下简称"实施机构"）。

第六条

为确保本协定的有效实施，制定缔约双方在一定时期内的合作计划，并协调本协定下的合作活动，缔约双方将建立中国——保加利亚环境合作联合工作组。缔约双方的实施机构将自本协定签署之日起六个月内通知另一方各自的工作组组长。

原则上，缔约双方工作组组长将每两年一次轮流在中华人民共和国和保加利亚共和国举行例会。除非缔约双方另有安排，与会所需国际旅费由派遣方负担，国内费用根据对等原则由接待方负担。

第七条

本协定的任何规定不影响缔约双方参加的其他双边及多边条约中所享有的权利和承担的义务。

第八条

本协定在实施过程中的争议由缔约双方通过直接谈判解决。

第九条

经缔约双方同意，可随时对本协定通过书面形式进行修改和补充，修改和补充将作为本协定的附件。这些附件是本协定不可分割的一部分，并根据第十条的规定生效。

第十条

缔约双方在完成本协定生效所必需的各自国内法律程序后，以外交照会形式通知另一方。本协定将自收到后一份通知之日起生效，有效期五年。

除非在期满前三个月其中一方以书面形式通知另一方终止本协定，则本协定将自动延长五年，并依此法顺延。

本协定于 2000 年 6 月 28 日在索非亚签订，一式两份，每份均用中文，保加利亚文和英文写成，三种文本同等作准。在解释上出现分歧时，以英文文本为准。

中外双边环境合作协议

中华人民共和国政府和秘鲁共和国政府
环境合作协定

中华人民共和国政府与秘鲁共和国政府（以下简称"双方"）

认识到环境问题的区域性和全球性，共同面临的可持续发展挑战，以及通过国际合作寻求持久有效的解决方法的紧迫性和协调两国间共同行动的重要性；

致力于实现《里约环境与发展宣言》所确定的目标和原则；

确信双方在环境保护和促进可持续发展领域的合作是互利的；

基于双方关于拓展双边议程内容的承诺。

达成协议如下：

第一条

双方将在平等互利和对等的基础上，实施与开展环境保护和合理利用自然资源的双边合作项目。

第二条

双方将在以下领域开展协商一致的合作：

一、海洋生态系统，海岸及海洋污染控制；

二、受保护地区和自然保护区的建立与管理；

三、生物多样性保护；

四、中小企业的环境管理；

五、研究与开发有益于环境的技术，包括恢复和推广有益于环境的传统技术；

六、提高环境意识，包括环境教育与公众参与；

七、荒漠化防治技术；

八、湖泊水域污染防治与管理；

九、清理和恢复被工业、采矿业和石油开采业活动污染的自然环境；

十、环境执法，包括环境审核及处理环境纠纷；

十一、生态系统的分类与区划及自然资源监测；

十二、双方商定的与保护和改善环境有关的其他合作领域。

第三条

双方的合作可采取以下方式：

1．交换重要信息和资料；

2．互派专家、研究人员、学者、代表团和实习人员；

3．共同举办由科学家、专家、环境管理人员和其他有关人员参加的研讨会、专题讨论会及其他会议；

4．实施双方商定的合作计划，包括开展联合研究；

5．双方商定的其他合作方式。

第四条

负责本协定实施和协调工作的各自部门：

中方为中华人民共和国国家环境保护总局；

秘方为秘鲁共和国国家环境管理委员会。

第五条

为执行本协定，双方应鼓励两国环境保护部门及从事环境保护工作的团体和企业之间建立和发展直接的接触和联系，但对上述组织间达成的协议，双方均不承担责任。

第六条

为就本协定所涉事宜建立联系，检查与评价本协定的实施情况，制订在一定时期内的合作计划，并在必要时为加强根据本协定开展的合作提供具体方式，双方应自本协定生效之日起六个月内各自指定一名负责组织必要的联系工作的协调员。

原则上，双方协调员每两年一次轮流在中华人民共和国和秘鲁共和国举行例会。

第七条

本协定下的合作活动应在各自国家法律和法规允许范围内以及在资金和其他资源允许的条件下进行。

原则上，双方各自负担实施本协定第三条第 1、2、3 款中确定的合作活动所需的费用，除非双方另有安排。

实施第三条第 4 款中提到的双方商定的合作计划和联合研究所需的资金安排将在各个计划和项目中予以考虑。

召开第六条中提到的协调员会议，与会所需的国际旅费由派遣方负担，国内费用由接待方以对等的方式负担。

第八条

本协定的任何内容应不影响双方缔结或参加的国际条约所承担的权利和义务。

第九条

本协定自签字之日起 30 天后生效，有效期五年。除非任何一方在期满前三个月以书面形式通知对方终止本协定，否则本协定有效期将自动延长五年。

本协定于 2000 年 8 月 14 日在利马签订，一式两份，每份均用中文，西班牙文和英文写成，三种文本同等作准。如在解释上发生分歧，以英文本为准。

中华人民共和国国家环境保护总局与意大利共和国环境部环境合作联合声明

应中华人民共和国国家环境保护总局局长解振华阁下的邀请，意大利共和国环境部部长威勒·伯登阁下于 2000 年 10 月 17 日至 20 日访问中国。两国环境部长举行了正式会谈，讨论了中意两国之间的环境合作，就全球环境问题交换了意见；两国环境部长认识到环境问题的区域性和全球性，以及通过国际合作寻求持久有效的解决方法的紧迫性和协调两国间共同行动的重要性；确信中意两国在环境保护与可持续发展领域的合作是互利的，并将进一步促进两国友好关系的发展。

中华人民共和国环境保护总局和意大利共和国环境部（以下简称"双方"）就中意两国环境合作达成如下联合声明：

●中意两国的环境合作应遵循双边协议及诸如《里约环境与发展宣言》、保护臭氧层的《蒙特利尔议定书》、《生物多样性公约》和《气候变化公约》及《京都议定书》等国际宣言和协定所确定的原则；

●双方将通过机构能力建设、人力资源开发、增强意识和示范项目等方式，在大气、水资源管理、废物管理、清洁生产、臭氧损耗物质替代、能源效率、森林、可持续农业及生物多样性等方面进行双边合作活动；

●本联合声明框架下的合作项目和合作活动可采取以下形式：转让有益于环境的技术；培训；政策、战略、规章、标准、导则及其遵守措施的制定；动员私营部门投资；通过专家互访、组织研讨会和座谈会等方式进行合作研究和知识交流；

●双方将积极鼓励和支持政府组织和机构、学术和研究机构、非政府组织、国有企业和私营部门建立和加强联系，并开展相应合作项目和行动；

●双方一致认为，为使中意两国环境合作更具有实际意义和法律基础，双

中外双边环境合作协议

附录三

方在不远的将来签署一份正式的环境合作协议是必要的；

●为跟踪本声明所涉及的事宜，并就未来具体合作事项进行协调，双方将自本声明签署之日起六个月之内各自指定一名协调员。

本声明于 2000 年 10 月 19 日在北京用英文签订。

从斯德哥尔摩到里约热内卢

中华人民共和国政府和德意志联邦共和国政府环境保护联合声明——行动议程

1. 20 世纪是全球工业化和城市化高速发展时期，人类社会在创造巨大物质财富的同时，也付出了沉重的环境代价。空气污染、气候变化、臭氧层耗损、水污染、淡水资源枯竭、水土流失、土地退化、荒漠化、森林破坏、生物多样性锐减等环境问题日益突出。历史证明，建立在高能耗、高物耗、重污染、重生态破坏基础上的传统发展模式已难以为继。新世纪我们在追求经济和社会增长的同时，必须保护人类共同的家园，坚持走可持续发展道路，在世界范围内努力使经济增长与能源和其他资源消费不同步增长。

一、背景情况

2. 1992 年里约环发大会以来，国际社会发布了一系列重要环境文件，包括《里约环境与发展宣言》、《21 世纪议程》、《气候变化框架公约》、《京都议定书》、《生物多样性公约》以及《人居 II 全球行动计划》等，这些文件既充分体现了当今人类社会的可持续发展思想，又反映了关于环境与发展领域合作的全球共识和最高级别的承诺。中德两国确信实施 1992 年联合国环境与发展大会的成果对实现可持续发展至关重要。1992 年联合国环发大会以来，两国政府共同致力于实施可持续发展战略和保护环境的行动，并取得了一定进展。两国需要也乐于分享各自在环境领域所取得的经验。

3. 中德在环境与发展领域的合作取得了重大进展。80 年代以来，两国在提高生产和消费能源效率、开发可再生能源、减少污染物排放、处理垃圾和废水、供水、保护森林、植树造林、无氟制冷设备的开发和研制、发展生态农业等方面开展了富有成效的合作。一些合作有针对性地促进了中国有关机构的能力建设。

中外双边环境合作协议

附录三

4. 21 世纪，全球、区域和地区环境问题将依然是两国十分关注的问题。人类社会继续面临环境污染和生态破坏的挑战。中国和德国作为世界上的两个重要国家，对保护环境、保护有限的资源和保护我们共同的未来担负着责任。两国将通过促进经济增长、加强社会法制和保护生态可持续性等措施，解决环境问题，实现可持续发展。

5. 中国和德国处于不同的发展阶段。两国在保护全球环境问题上具有共同但有区别的责任。中德两国都十分关心全球气候变化和生物多样性保护等全球环境问题。中德两国将严格履行签署的国际环境公约和议定书，进一步加强交流与合作，为解决全球环境问题作出积极的贡献。

二、主要议题

6. 建立和完善环境经济政策，例如环境审计、环境标志、环境费税、征收城市污水和垃圾处理费等经济激励措施以及其他外部费用内在化的手段和机制等等，也能为企业投资环境基础设施建设和运营创造良好、稳定的外部环境。中国正努力完善其社会主义市场经济体制，利用各种政策和手段，尤其是市场手段保护环境的潜力很大。中国将借鉴德国的经验，根据中国的国情，建立和完善环境保护的法律法规和政策，并努力使保护环境的法律法规和政策落到实处。所有相关部门加强环境管理都很必要。德国政府愿意继续鼓励企业家到中国开展环境合作，中国将努力改善投资环境，欢迎世界各国企业家到中国参与环境保护方面的经济活动。

7. 根据中德政府环境保护联合声明确定的原则，中德两国政府将在平等互利的基础上加强以下领域的合作和伙伴关系：

7.1 大幅度提高能源效率。提高能源效率，加强新能源和可再生能源的开发与利用，对于环境保护至关重要。

7.2 保护土地和水资源，保护生物多样性和生物安全，建设和保护生态环境。保护和合理开发、利用有限的自然资源对于人类社会的未来具有重要意义。

7.3 城市化发展的可持续管理。建立环境友好型城市交通体系；加强城市环境基础设施建设和环境管理，降低水污染、大气污染和固体废弃物污染。加强城市环境保护，必须从城市管理入手，体现城市可持续发展和环境保护的理念。

三、展望

8. 德国在环境保护领域具有较丰富的专业知识、经验和先进的技术。中国正在进行大规模的环境治理，实施西部大开发战略。降低单位产值能源和其他资源消耗，将环境政策融入到其他领域，尤其是能源、交通、农业和工业领域是中国的重要目标。中国已出现一个十分广阔的环保产业市场。许多德国公司具有先进的环境保护技术、专业知识和丰富的实践经验，双方开展环境合作的潜力很大，并且符合双方的经济和商业利益。

两国尤其应在以下领域加强合作：

完善环境保护法律法规，确保其有效实施；建立现代环境管理模式；提高能源效率，促进可再生能源的利用；加强土地和水资源保护以及生物多样性保护和生物安全，建设良好的生态环境；加强城市环境基础设施建设，以减少废水、废气和固体废物的污染。

9. 两国政府愿意继续改善企业界在环保领域合作的条件，促进两国企业加强环境保护合作，如积极支持两国企业界为促进中国可持续发展的倡议，如设立圆桌会议以及其他促进可持续发展的方式。双方将进一步执行中德两国1994年环境合作协议。两国政府将定期召开环境保护论坛，由两国政府选择有关协会共同组织。每次论坛涉及合作的某个领域。论坛将组织地方政府、企业等进行技术、政策和经验等方面的交流。此外，双方认为，环境保护仍然是每年召开的中德政府关于加强发展合作的谈判中的重要内容。

中德两国政府将本着加强双方伙伴关系的精神，在国际环境议程中进一步发展和巩固两国之间的环境合作。

此声明于2000年12月13日由中华人民共和国政府和德意志联邦共和国政府在北京召开的中德2000年环境合作大会闭幕式上联合发表。

中外双边环境合作协议

中华人民共和国政府与摩洛哥王国政府
环境合作协定

中华人民共和国政府与摩洛哥王国政府（以下简称"双方"）

认识到环境问题的区域性和全球性，以及通过国际合作寻求持久有效的解决方法的紧迫性和协调两国间共同行动的重要性；

致力于实现《里约环境与发展宣言》所确定的目标和原则；

确信双方在环境保护领域的合作是互利的，并将促进两国友好关系的发展。

达成协议如下：

第一条

双方将在平等互利的基础上根据各自的法律规定开展环境保护和合理利用自然资源方面的双边合作。

第二条

双方将在下列领域开展合作：

（一）交换环境机构、法律和法规、计划方面的信息、科技出版物和杂志，以及两国环境状况公报；

（二）管理与保护生态敏感区域：湿地、自然保护区、山地生态系统以及沿海海岸带区域；

（三）清洁生产，城市废物的管理，回收利用、处置和削减工业废物尤其是危险废物；

（四）预防自然灾害和技术事故；

（五）评估城市噪声和空气污染；

（六）双方同意的其他有关保护和改善环境的领域。

第三条

双方的合作可采取以下方式：

（一）交换环境信息和资料；

（二）互派专家、代表团和培训人员以交流经验和促进环境无害技术的转让；

（三）共同组织由两国科学家、专家、专业人员参加的计划、研讨会及其他会议；

（四）实施双方商定的合作计划，包括开展联合研究；

（五）技术合作与援助；

（六）双方商定的其他合作方式。

第四条

中华人民共和国政府指定其国家环境保护总局、摩洛哥王国政府指定其国土整治、城市规划、住房与环境部分别作为本协定的实施机构（以下简称"实施机构"）。

第五条

为就本协定所涉事宜建立联系，检查与评价本协定的实施情况，制定一定时期内的合作计划，并在必要时为加强根据本协定开展的合作提供具体手段，实施机构应自本协定生效之日起三个月内各自指定一名协调员，并建立一个后续联合工作组。

原则上，双方协调员及联合工作组每两年一次轮流在中华人民共和国与摩洛哥王国举行例会。与会所需国际旅费由派遣方负担，国内费用根据对等原则由接待方负担。

第六条

本协定下的合作应在双方各自国家可支配的资金和其他资源的范围内进行。

在协商一致的条件下实施机构可根据本协定的宗旨就一些具体合作项目签订单独的实施协议。

第七条

根据本协定的宗旨，双方支持、鼓励两国环境机构、从事环保工作的学术团体以及企业建立和发展直接的联系。但对上述组织间达成的协议，双方均不承担责任。

第八条

除非双方另有约定，在本协定范围内获得的、不违反知识产权保护规则的信息，可以对双方的环境机构和学术界开放。但可公开的信息不包括涉及国际安全、商业或工业秘密的信息。

第九条

本协定的任何规定不影响双方参加的其他双边及多边条约中所享有的权利和承担的义务。

第十条

本协定解释和实施方面的争议由双方通过谈判解决。

经双方同意，可通过互换照会或签订适当的议定书对本协定进行修改与补充，修改和补充将作为本协定的附件。这些附件是本协定不可分割的一部分。

第十一条

本协定自签字之日起生效，有效期五年。除非在期满前六个月其中一方以书面形式通知另一方终止本协定，那么本协定将延长五年，并依此法顺延。

本协定的终止或废除将不影响依本协定正在实施的活动。

本协议于2002年2月5日在北京签订，一式两份，每份均用中文、阿拉伯文、英文写成，三种文本同等作准。如对文本解释发生分歧，以英文文本为准。

中华人民共和国国家环境保护总局与荷兰王国住房、规划和环境部环境合作谅解备忘录

中华人民共和国国家环境保护总局和荷兰王国住房、规划和环境部（以下简称"双方"）

认识到为了保护环境需要进一步开展合作，尤其是寻求合球环境问题的解决办法；

确信双方在环境保护与可持续发展领域的合作是互利的，并将进一步促进两国友好关系的发展。

达成协议如下：

第一条

本备忘录的目的是在平等互利的基础上继续双方在环境保护和政策领域的现有合作并将其扩展成为长期合作。

第二条

双方愿意在以下领域优先开展合作：

一、促进环境保护领域的立法；

二、研究促进环境执法的方法；

三、中国环境与发展国际合作委员会框架下的共同感兴趣的活动；

四、工业区的环境恢复；

五、城市固体废物管理；

六、环境政策统计指标的制定（在亚太经济和社会理事会的框架下）；

七、大型船舶的清洁拆除；

八、气候变化，包括清洁发展机制；

九、清洁生产；

十、臭氧层保护；

中外双边环境合作协议

附录三

从斯德哥尔摩到里约热内卢

十一、环境保护领域的其他活动。

以上项目将通过中荷环保合作的三种方式，即赠款、混合贷款和商业活动的方式进行。

第三条

本谅解备忘录下双方的合作可采取以下形式：

一、交换环境信息和资料；

二、互派专家、学者、代表团和培训人员；

三、共同组织由政府顾问、科学家、专家、决策者及其他相关人员参加的研讨会、专题研讨会及其他会议；

四、执行项目；

五、履行国际环境协议；

六、双方同意的其他合作方式。

第四条

负责本谅解备忘录实施和协调的部门：

中方为中华人民共和国国家环境保护总局；

荷方为荷兰王国住房、规划和环境部。

第五条

双方将成立一个联合指导委员会指导和组织此谅解备忘录的后续活动。该联合指导委员会由中华人民共和国国家环境保护总局、荷兰王国住房、规划和环境部相关部门及两国大使馆的相关人员组成。如果讨论内容有所涉及，则其他政府部门也将被邀请加入其中。联合指导委员会的联合主席由第四条中提及的部门的司长（副司长）担任。双方将分别指定一位协调员负责确认及协调合作活动及准备联合指导委员会。原则上，联合指导委员会每两年一次在中华人民共和国和荷兰王国轮流召开，如果必要，可召开特别会议。参会人员根据会议讨论的内容决定。

作为此谅解备忘录的后续活动之一，第一次联合指导委员会会议将尽快召开。

联合指导委员会召开会议时，双方各自负担其参会代表的国际旅费、国内费用（包括食宿、薪水及补贴）。

第六条

双方将尽最大努力共同执行本谅解备忘录第二条中提及的领域所涉及的项目。项目的资金事宜将根据项目的具体内容进行讨论。

第七条

双方将以本谅解备忘录为基础进行讨论，提出未来合作项目名单作为本谅解备忘录的附件。该名单每年更新一次并将在联合指导委员会会议上进行讨论。

第八条

本谅解备忘录的任何内容应不影响双方在缔结或参加的国际条约中承担的权利和义务。

第九条

本谅解备忘录将替代于 1988 年 9 月 24 日及 1996 年 6 月 4 日分别签署的中华人民共和国国家环境保护局和荷兰王国住房、规划和环境部关于环境领域合作的谅解备忘录。本谅解备忘录自签字之日起生效，有效期五年。除非任何一方至少在有效期满前 90 天以书面形式通知对方终止本谅解备忘录，否则本谅解备忘录将长期有效。

本谅解备忘录于 2002 年 2 月 13 日在卡塔赫纳签署，一式四份，中、英文各两份。

中华人民共和国政府和比利时王国政府
环境合作谅解备忘录

中华人民共和国政府与比利时王国政府（以下简称"双方"）

认识到环境问题的区域性和全球性，以及通过国际合作寻求持久有效的解决方法的紧迫性和协调两国间共同行动的重要性；

遵照《里约环境与发展宣言》所确定的目标和原则；

注意到中国和比利时之间在环境领域已成功地开展了一些交流与合作活动；

愿意扩大合作，共享双方在与环境有关的各个领域中的知识和经验；

确信双方在环境保护与可持续发展领域的合作是互利的，并将进一步促进两国友好关系的发展。

达成谅解如下：

第一条

双方将在平等、互利的基础上，尊重和考虑到双方在环境政策和社会经济发展方面的不同，保持和加强在环境保护及合理利用自然资源领域的双边合作。

第二条

双方将在下列领域开展协商一致的合作活动：

（一）空气污染控制；

（二）污水处理和水资源管理；

（三）固体废物管理；

（四）环境保护和自然资源利用的法律、法规和政策的完善；

（五）管理与保护生态敏感区域：湿地、海洋以及森林；

（六）环境培训、教育及能力建设；

（七）环境科学研究及环境无害技术的开发与交流；

（八）环境与健康；

（九）双方同意的有关保护和改善环境的其他领域。

第三条

双方的合作可采取以下方式：

（一）交换环境信息和资料；

（二）互派专家、学者、代表团和培训人员；

（三）共同举办由科学家、专家、环境管理人员和其他有关人员参加的研讨会、专题讨论会及其他会议；

（四）实施双方商定的合作计划，包括开展联合研究；

（五）双方商定的其他合作方式。

第四条

为实现本备忘录之目的，双方鼓励两国从事环境保护的机构、团体以及企业建立联合与合作。但对上述机构间的契约，双方均不承担责任。

第五条

负责本备忘录实施的各自政府部门分别是：

中方：中华人民共和国国家环境保护总局

比方：比利时王国环境部

第六条

为确保本备忘录的有效实施，制定双方在一定时期内的合作计划，协调本备忘录下的合作活动，双方负责实施本备忘录的政府部门将在备忘录签署之日起六个月内通知另一方各自的协调员人选。

原则上，双方协调员联席会议将每两年一次轮流在中华人民共和国和比利时王国举行。除非双方另有安排，参加会议的国际旅费由派遣方负担，国内费用根据对等原则由接待方负担。

第七条

本备忘录下的合作活动应以现有资金和其他可利用资源而定，并应遵循各自国家的适用法律和法规。具体合作活动和项目经双方同意，可达成单独协议实施。

中外双边环境合作协议

双方将积极寻求资金以支持合作计划与合作项目，并协调各自有关部门参与备忘录的实施。

第八条

本备忘录的任何规定不影响双方参加的其他双边及多边条约中所享有的权利和承担的义务。

第九条

本备忘录自签字之日起三十日后生效，有效期五年。

除非在期满前三个月其中一方以书面形式通知另一方终止本备忘录，否则本备忘录有效期将自动延长五年。

本备忘录的终止将不影响在本备忘录下业已开展，但在本备忘录终止时尚未完成的具体活动的有效性或期限。

本备忘录于 2002 年 3 月 26 日在北京签订，一式两份，每份均用中文、法文和英文写成，三种文本同等作准。在解释上出现分歧时，以英文文本为准。

中华人民共和国国家环境保护总局与瑞典王国环境保护局环境合作谅解备忘录

中华人民共和国国家环境保护总局与瑞典王国环境保护局（以下简称"双方"）

认识到环境问题的区域性和全球性，以及通过国际合作寻求持久有效的解决方法的紧迫性和协调两国间共同行动的重要性；

认识到两国间业已开展的，主要通过中华人民共和国对外贸易经济合作部和瑞典国际开发合作署实施的包括水、空气和废物管理以及能力建设和支持环保投资在内的环境合作的重要性；

同样也认识到双方支持作为国际社会与中国就可持续发展问题进行政策对话的重要而有建设性的舞台的中国环境与发展国际合作委员会的重要性；

基于《里约环境与发展宣言》中规定的目标与原则；

确信双方在环境保护与可持续发展领域的合作是互利的，并将进一步促进两国友好关系的发展。

达成协议如下：

第一条

双方将在平等互利的基础上，考虑到两国环境政策及社会经济发展，实施并发展在环境保护和可持续发展领域的政策合作。

在此谅解备忘录下开展的合作将作为两国正在进行的环境合作的补充。

第二条

双方合作的框架主要包括由中国和瑞典的环境管理部门交流经验、特别是在履行国际环境公约和继续与第三届中国环境与发展国际合作委员会开展合作。

第三条

双方将针对政策制定在以下领域优先开展合作：

中外双边环境合作协议

附录三

1. 生物多样性；

2. 水、空气和废物管理；

3. 化学品；

4. 气候变化；

5. 双方同意的其他领域。

第四条

双方在此谅解备忘录下可以采取以下合作形式：

1. 交换环境信息和资料；

2. 互派专家、学者、代表团和培训人员；

3. 共同举办由政府顾问、科学家、专家、环境管理人员和其他有关人员参加的研讨会、专题讨论会以及其他会议。

第五条

为履行本谅解备忘录，双方应鼓励两国其他环境保护政府机构、大学、国有及私营企业、非政府组织及其他从事环境保护的组织建立和开展直接的联系与合作。但对上述机构间的契约双方均不承担责任。

第六条

双方负责实施本谅解备忘录的政府部门将在谅解备忘录生效之日起六个月内分别指定一名协调员负责确认和协调本谅解备忘录下的合作活动。

经相互同意，双方将召开联席会议，回顾正在进行的合作并设计未来的合作活动。

第七条

本谅解备忘录下的合作活动应根据适当资金和其他可利用资源进行，并应遵循各自国家的法律和法规。双方应积极寻求资金以支持合作活动。

经双方同意，具体合作活动或项目将单独签署协议。

除非双方另有安排，合作活动的国际旅费将由派出国负担，本地费用视具体情况而定。

第八条

本谅解备忘录的任何规定不影响双方参加的其他国际条约所享有的权利和

从斯德哥尔摩到里约热内卢

承担的义务。

第九条

本谅解备忘录自签字之日起三十日后生效。

除非双方同意在有效期终止前续签，本谅解备忘录有效期为五年。

本谅解备忘录于 2002 年 8 月 31 日在约翰内斯堡签订，一式两份，每份均用中文、瑞典文和英文写成，三种文本同等作准。在解释上出现分歧时，以英文文本作准。

参考文献

[1] 世界资源报告. 北京：中国环境科学出版社，1988.

[2] 哈根·拜因豪尔等. 展望公元2000年的世界. 北京：人民出版社，1978.

[3] 公元2000年的地球. 北京：科学技术文献出版社，1981.

[4] R. 艾伦. 救救世界. 黄宏慈等译. 北京：科学出版社，1987.

[5] 中国环境报. 1985—1997.

[6] 世界环境. 1984—1998. 北京：中国环境科学出版社.

[7] 曲格平，尚忆初. 世界环境问题的发展. 北京：中国环境科学出版社，1987.

[8] 联合国环境规划署臭氧秘书处. 维也纳公约（1985），蒙特利尔议定书（1989）//国际保护臭氧层条约手册（第四版）. 1996.

[9] 艾普丽尔·奥康内尔，文森特·奥康内尔. 人格变化与最佳选择. 高继海译. 郑州：河南人民出版社，1989.

[10] 郑雪，等. 经典人格论. 广州：广东人民出版社，1988.

[11] 国家环境保护局. 人类共同的责任. 北京：中国环境科学出版社，1993.

[12] 冯特君. 当代世界政治经济与国际关系. 北京：中国人民大学出版社，1992.

[13] 天津商学院. 拯救臭氧层——回收消耗臭氧层物质. 天津，1996.

[14] 韩国刚. 救救中国——环境发出的黄牌警告. 沈阳：沈阳出版社，1989.

[15] 赵门阳，刘军宁，等. 学问中国. 南昌：江西教育出版社，1998.

[16] 张凤祥，冯学成. 急鸣的警钟——人口环境思考录. 成都：四川人民出版社，1994.

[17] 今村光一. 地球的去向·人类将延续到何时//许运室，刘桂芳译. 沈阳：辽宁大学出版社，1991.

[18] 中国环境与发展国际合作委员会. 国际环境合作与持续发展.北京：中国环境科学出版社，1997.

[19] 中国环境与发展国际合作委员会，国家环境保护总局. 第二届中国环境与发展国际合作委员会 第一次会议文件汇编. 北京：中国环境科学出版社，1998.

[20] 奈斯比特. 2000年的大趋势. 北京：中共中央党校出版社，1990.

[21] 汤因比，池田大作. 展望二十一世纪. 北京：国际文化出版公司，1995.

[22] 钟述孔. 21 世纪的机遇与挑战——全球环境与发展. 北京.

[23] 瓦·米·别列日柯夫. 外交风云录. 李金田，许俊基，晓荣译. 北京：世界知识出版社，1984.

[24] 罗伯特·艾伦. 如何拯救世界. 沈澄如，金同超，董建龙译. 北京：科学普及出版社，1986.

[25] 环境与工作通讯，第 1～252 期. 北京.

[26] 阿尔·戈尔. 濒临失衡的地球. 北京：中国编译出版社，1997.

[27] 曹凤中，刘亿. 绿色热点. 北京：中国环境科学出版社，1998.

[28] 国家环保局国际合作委员会秘书处. 中国环境与发展国际合作委员会文件汇编（三）. 北京：中国环境科学出版社，1996.

[29] [挪威]南森研究所. 绿色全球年监. 国家环保局外经办译. 北京：中国环境科学出版社，1996.

[30] 国家环保局国际合作委员会秘书处. 中国环境与发展国际合作委员会文件汇编（四）. 北京：中国环境科学出版社，1997.

[31] 曹凤中，马登奇. 绿色的冲击. 北京：中国环境科学出版社，1998.

[32] 宋健. 向环境污染宣战. 北京：中国环境科学出版社，1997.

[33] 李鹏. 论环境保护. 北京：中国环境科学出版社，1997.

[34] 国家环境保护局. 党和国家领导人谈环境保护（1989.4—1996.3）. 北京：中国环境科学出版社，1996.

[35] 国家环保局计划司. 环境信息国际研讨会论文集. 北京：中国环境科学出版社，1996.

[36] 国家环保局，等. 中国环境保护行动计划（1991—2000 年）. 北京：中国环境科学出版社，1997.

[37] 联合国规划署. 全球环境展望. 北京：中国环境科学出版社，1997.

[38] 周律，等. 美国环境保护行动. 北京：中国环境科学出版社，1997.

[39] 国际经济关系研究会首届年会. 国际经济关系论文集. 北京：中国对外经济贸易大学出版社，1983.

[40] F．佩克. 国际经济关系. 卢明华译. 贵阳：贵州人民出版社，1990.

参考文献

[41] 陈其人. 南北经济关系研究. 上海：复旦大学出版社，1994.

[42] 东西方经济合作. 高锦海译. 北京：中国展望出版社，1983.

[43] 任正德，吴建新. 国际风云 300 问. 北京：新华出版社，1996.

[44] 李学文，等. 国际政治百科. 北京：北京燕山出版社，1994.

[45] 卫林. 第二次世界大战后国际关系大事记. 北京：中国社会科学出版社，1983.

[46] 黄正柏. 美苏冷战争霸史. 武汉：华中师范大学出版社，1997.

[47] 沈颖. 发达国家与世界环境问题. 瞭望，1996（22）：44-45.

[48] 安春英. 环境危机：非洲未来生存与发展的挑战. 世界经济，1997（3）：48-51.

[49] 杨朝飞. 中国生态危机的挑战与思考. 中国环境管理，1997（1）：7-10.

[50] 张猷鼎. 亚洲发展中国家及地区的环境问题. 国外科技动态，1996（1）：7-10.

[51] 张潞. 温室效应及其对生态环境的影响. 城市环境与城市生态，1998.

[52] 孙敏. 蓝天危急——全球大气污染问题透视. 中国科技产业周刊，1997（7）：45-46.

[53] 毛文永. 环境战略的新发展. 管理科学，1994（4）.

[54] 王海忠. 全球可持续发展与国际合作. 中国人口·资源与环境，1996，6（1）：55-58.

[55] 李东燕. 全球水资源短缺对国际的影响. 世界经济与政治，1998（5）：48-53.

[56] 谢军安，常颖. 全球水资源危机与可持续发展. 世界经济与政治，1998（5）：53-57.

[57] 沈伟. 国际投资中的环境保护问题. 现代法学，1996（4）：90-96.

[58] 俞海山. 环境及我国的对策. 世界经济与政治，1997（9）：44-47.

[59] 林凌，黄剑雄. 环境问题对当代世界政治的影响. 现代国际关系，1997（1）：23-25.

[60] 曹凤中，王玉振. 美国外交和全球环境的挑战. 环境科学动态，1996（3）：2-5.

[61] 那力. 世纪之交的回顾与前瞻：人类环境问题与国际环境法. 社会科学战线，1998（2）：242-247.

[62] 卓颐悉. 便于环保产业市场贸易和就业. 科技经济瞭望，1998（1）：55-58.

[63] 张海滨. 论中国环境外交的实践及其作用. 国外社会情况，1998（3）：38-44.

[64] 朱继业，窦贻俭. 便于经济一体化中的环境与我国环境和贸易政策选择. 中国人口·资源与环境，1998，8（3）：63-67.

[65] 刘大棒，岩佐茂. 环境思想研究的回应. 北京：中国人民大学出版社，1998.

[66] 迈向二十一世纪——联合国环境与发展大会文献汇编. 北京：中国环境科学出版社，

1992.

[67] 李鹏. 论有中国特色的环境保护. 北京：中国环境科学出版社，1992.

[68] 曲格平. 中国的环境与发展. 北京：中国环境科学出版社，1992.

[69] 宋健. 向环境污染宣战. 北京：中国环境科学出版社，1997.

[70] 杨朝飞. 环境保护与环境文化. 北京：中国政法大学出版社，1994.

[71] 张坤民. 可持续发展论. 北京：中国环境科学出版社，1997.

[72] 国务院环委秘书处. 国务院环境保护委员会文件汇编. 北京：中国环境科学出版社，
1995.